龙马高新教育

◎ 编著

Word/Excel/PPT
2007 办公应用
从入门到精通

U0196832

北京大学出版社

PEKING UNIVERSITY PRESS

图书在版编目（CIP）数据

Word/Excel/PPT 2007 办公应用从入门到精通 / 龙马高新教育编著. — 北京：
北京大学出版社，2016.7
ISBN 978-7-301-27137-7

Ⅰ.①W… Ⅱ.①龙… Ⅲ.①办公自动化－应用软件 Ⅳ.①TP317.1

中国版本图书馆 CIP 数据核字 (2016) 第 105730 号

内容提要

　　本书通过精选案例引导读者深入学习，系统地介绍了用 Word/Excel/PPT 办公的相关知识和应用方法。

　　全书分为 5 篇，共 21 章。第 1 篇"Word 办公应用篇"主要介绍 Office 2007 的安装与设置、Word 的基本操作、使用图和表格美化 Word 文档，以及长文档的排版等；第 2 篇"Excel 办公应用篇"主要介绍 Excel 的基本操作、Excel 表格的美化、初级数据处理与分析、图表、数据透视表和透视图，以及公式和函数的应用等；第 3 篇"PPT 办公应用篇"主要介绍 PPT 的基本操作、图形和图表的应用、动画和多媒体的应用，以及放映幻灯片等；第 4 篇"行业应用篇"主要介绍 Office 2007 在人力资源管理、行政文秘管理、财务管理，以及市场营销中的应用等；第 5 篇"办公秘籍篇"主要介绍办公设备的使用及 Office 组件间的协作等。

　　在本书附赠的 DVD 多媒体教学光盘中，包含了 11 小时与图书内容同步的教学录像及所有案例的配套素材和结果文件。此外，还赠送了大量相关学习内容的教学录像及扩展学习电子书等。为了满足读者在手机和平板电脑上学习的需要，光盘中还赠送龙马高新教育手机 APP 软件，读者安装后可观看手机版视频学习文件。

　　本书不仅适合电脑初、中级用户学习，也可以作为各类院校相关专业学生和电脑培训班学员的教材或辅导用书。

书　　　名	Word/Excel/PPT 2007 办公应用从入门到精通
	Word/Excel/PPT 2007 BANGONG YINGYONG CONG RUMEN DAO JINGTONG
著作责任者	龙马高新教育 编著
责 任 编 辑	尹毅
标 准 书 号	ISBN 978-7-301-27137-7
出 版 发 行	北京大学出版社
地　　　址	北京市海淀区成府路 205 号　　100871
网　　　址	http://www.pup.cn　　　新浪微博：@ 北京大学出版社
电 子 信 箱	pup7@ pup.cn
电　　　话	邮购部 62752015　发行部 62750672　编辑部 62580653
印 刷 者	三河市北燕印装有限公司
经 销 者	新华书店
	787 毫米 ×1092 毫米　16 开本　24 印张　596 千字
	2016 年 7 月第 1 版　2020 年 3 月第 5 次印刷
印　　　数	10001—11000 册
定　　　价	59.00 元

Word/Excel/PPT 2007 很神秘吗？

不神秘！

学习 Word/Excel/PPT 2007 难吗？

不难！

阅读本书能掌握 Word/Excel/PPT 2007 的使用方法吗？

能！

为什么要阅读本书

Office 是现代公司日常办公中不可或缺的工具，主要包括 Word、Excel、PowerPoint 等组件，被广泛地应用于财务、行政、人事、统计和金融等众多领域。本书从实用的角度出发，结合应用案例，模拟了真实的办公环境，介绍了 Word/Excel/PPT 2007 的使用方法与技巧，旨在帮助读者全面、系统地掌握 Word/Excel/PPT 2007 在办公中的应用。

本书内容导读

本书共分为 5 篇，共 21 章，内容如下。

第 0 章　共 5 段教学录像，主要介绍了 Office 的最佳学习方法，使读者在阅读本书之前对 Office 有初步了解。

第 1 篇（第 1~4 章）为 Word 办公应用篇，共 34 段教学录像，主要介绍 Word 中的各种操作。通过对本篇的学习，读者可以掌握 Office 2007 的安装与设置，在 Word 中进行文字录入、文字调整、图文混排及在文字中添加表格和图表等操作。

第 2 篇（第 5~10 章）为 Excel 办公应用篇，共 49 段教学录像，主要介绍 Excel 中的各种操作。通过对本篇的学习，读者可以掌握如何在 Excel 中输入和编辑工作表、美化工作表及 Excel 中的数据处理与分析等。

第 3 篇（第 11~14 章）为 PPT 办公应用篇，共 36 段教学录像，主要介绍 PPT 中的各种操作。通过对本篇的学习，读者可以学习 PPT 的基本操作、图形和图表的应用、动画和多媒体的应用及放映幻灯片等操作。

第 4 篇（第 15~18 章）为行业应用篇，共 16 段教学录像，主要介绍 Office 在人力资源管理、行政文秘、财务管理、市场营销等领域的应用。

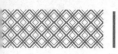
第 5 篇（第 19~20 章）为办公秘籍篇，共 10 段教学录像，主要介绍电脑办公中常用的技能，如打印机、复印机的使用等，以及 Office 组件间的协作等。

📘 选择本书的 N 个理由

❶ 简单易学，案例为主

以案例为主线，贯穿知识点，实操性强，与读者需求紧密吻合，模拟真实的工作学习环境，帮助读者解决在工作中遇到的问题。

❷ 高手支招，高效实用

每章最后提供有一定质量的实用技巧，满足读者的阅读需求，也能解决在工作学习中一些常见的问题。

❸ 举一反三，巩固提高

每章案例讲述完后，提供一个与本章知识点有关或类型相似的综合案例，帮助读者巩固和提高所学内容。

❹ 海量资源，实用至上

光盘中，赠送大量实用的模板、实用技巧及学习辅助资料等，便于读者结合光盘资料学习。另外，本书赠送《手机办公 10 招就够》手册，在强化读者学习的同时也可以在工作中提供便利。

☢ 超值光盘

❶ 11 小时名师视频指导

教学录像涵盖本书所有知识点，详细讲解每个实例及实战案例的操作过程和关键点。读者可更轻松地掌握 Office 2007 软件的使用方法和技巧，而且扩展性讲解部分可使读者获得更多的知识。

❷ 超多、超值资源大奉送

随书奉送 Office 2007 软件安装指导录像、本书素材和结果文件、通过互联网获取学习资源和解题方法、办公类手机 APP 索引、办公类网络资源索引、Office 十大实战应用技巧、200 个 Office 常用技巧汇总、1000 个 Office 常用模板、Excel 函数查询手册、Windows 10 安装指导录像、《微信高手技巧随身查》手册、《QQ 高手技巧随身查》手册、《高效能人士效率倍增》手册等超值资源，以方便读者扩展学习。

❸ 手机 APP，让学习更有趣

光盘附赠了龙马高新教育手机 APP，用户可以直接安装到手机中，随时随地问同学、问专家，尽享海量资源。同时，我们也会不定期向你手机中推送学习中常见难点、使用技

巧、行业应用等精彩内容，让你的学习更加简单有效。扫描下方二维码，可以直接下载手机 APP。

光盘运行方法

1．将光盘印有文字的一面朝上放入光驱中，几秒钟后光盘就会自动运行。

2．若光盘没有自动运行，可在【计算机】窗口中双击光盘盘符，或者双击"MyBook. exe"光盘图标，光盘就会运行。播放片头动画后便可进入光盘的主界面，如下图所示。

3．单击【视频同步】按钮，可进入多媒体教学录像界面。在左侧的章节按钮上单击鼠标左键，在弹出的快捷菜单上单击要播放的小节，即可开始播放相应小节的教学录像。

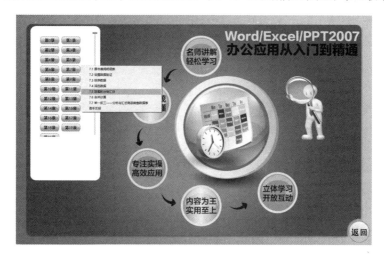

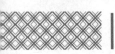
4．另外，主界面上还包括 APP 软件安装包、素材文件、结果文件、赠送资源、使用说明和支持网站 6 个功能按钮，单击可打开相应的文件或文件夹。

5．单击【退出】按钮，即可退出光盘系统。

以上资源，读者也可以通过扫描下方二维码，关注"博雅读书社"微信公众号，根据提示获取。

📖 本书读者对象

1．没有任何办公软件应用基础的初学者。

2．有一定办公软件应用基础，想精通 Word/Excel/PPT 2007 办公应用的人员。

3．有一定办公软件应用基础，没有实战经验的人员。

4．大专院校及培训学校的老师和学生。

✉ 创作者说

本书由龙马高新教育策划，左琨任主编，李震、赵源源任副主编，为您精心呈现。您读完本书后，会惊奇地发现"我已经是 Office 办公达人了"，这也是让编者最欣慰的结果。

本书编写过程中，我们竭尽所能地为您呈现最好、最全的实用功能，但仍难免有疏漏和不妥之处，敬请广大读者不吝指正。若您在学习过程中产生疑问，或有任何建议，可以通过 E-mail 与我们联系。

我们的电子邮箱是：pup7@pup.cn。

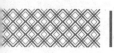
第 3 章 使用图和表格美化 Word 文档

本章 8 段教学录像

　　一篇图文并茂的文档,不仅看起来生动形象、充满活力,还可以使文档更加美观。在 Word 中可以通过插入艺术字、图片、自选图形、表格等展示文本或数据内容。

第 4 章 Word 高级应用——长文档的排版

本章 10 段教学录像

　　使用 Word 提供的创建和更改样式、插入页眉和页脚、插入页码、创建目录等操作,可以方便地对长文档进行排版。

🛠 高手支招

第 2 篇 Excel 办公应用篇

第 5 章 Excel 的基本操作

🎬 本章 11 段教学录像

    Excel 2007 提供了创建工作簿、工作表、输入和编辑数据、插入行与列、设置文本格式、页面设置等基本操作，可以方便地记录和管理数据。

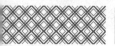

Word/Excel/PPT 2007 办公应用
从入门到精通

高手支招

第 6 章 Excel 表格的美化

本章 7 段教学录像

工作表的美化是制作表格的一项重要内容，通过对表格格式的设置，可以使表格的框线、底纹以不同的形式表现出来；同时还可以设置表格的条件格式，重点突出表格中的特殊数据。

高手支招

第 7 章 初级数据处理与分析

本章 8 段教学录像

在工作中，经常要对各种类型的数据进行统计和分析，本章以统计图书借阅明细表为例，介绍如何使用 Excel 对数据进行处理和分析。

高手支招

第8章 中级数据处理与分析——图表

🎬 本章6段教学录像

在 Excel 中使用图表不仅能使数据的统计结果更直观、更形象，还能够清晰地反映数据的变化规律和发展趋势。

第9章 中级数据处理与分析 ——数据透视表和透视图

🎬 本章8段教学录像

数据透视可以将筛选、排序和分类汇总等操作依次完成，并生成汇总表格，对数据的分析和处理有很大的帮助，熟练掌握数据透视表和透视图的运用方法，可以在处理大量数据时发挥巨大作用。

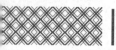
第 10 章 高级数据处理与分析
——公式和函数的应用

本章 9 段教学录像

公式和函数是 Excel 的重要组成部分，有着强大的计算能力，为用户分析和处理工作表中的数据提供了很大的方便，使用公式和函数可以节省处理数据的时间，降低在处理大量数据时的出错率。

高手支招

第 3 篇　PPT 办公应用篇

第 11 章　PPT 的基本操作

本章 11 段教学录像

使用 PowerPoint 2007 提供的为演示文稿应用主题、设置格式化文本、图文混排、添加数据表格、插入艺术字等操作，可以方便地对这些包含图片的演示文稿进行设计制作。

高手支招

第 12 章 图形和图表的应用

本章 7 段教学录像

使用 PowerPoint 2007 提供的自定义幻灯片母版、插入自选图形、插入 SmartArt 图形、插入图表等操作，可以方便地对包含图形图表的幻灯片进行设计制作。

高手支招

第 13 章 动画和多媒体的应用

本章 10 段教学录像

动画和多媒体是演示文稿的重要元素，在制作演示文稿的过程中，适当地加入动画和多媒体可以使演示文稿变得更加精彩。

第 14 章　放映幻灯片

📽 本章 8 段教学录像

　　在工作中，完成 PPT 的设计制作后，需要放映幻灯片。放映时要做好放映前的准备工作，选择 PPT 的放映方式，并要控制放映幻灯片的过程。

第 4 篇　行业应用篇

第 15 章　Office 2007 在人力资源管理中的应用

📽 本章 4 段教学录像

　　人力资源管理是一项系统又复杂的组织工作，使用 Office 2007 系列组件可以帮助人力资源管理者轻松、快速地完成各种文档、数据报表及演示文稿的制作。

第 16 章　Office 2007 在行政文秘管理中的应用

　　本章 4 段教学录像

　　行政文秘管理涉及相关制度的制定和执行推动、日常办公事务管理、办公物品管理、文书资料管理、会议管理等，经常需要使用 Office 办公软件。

第 17 章　Office 2007 在财务管理中的应用

　　本章 4 段教学录像

　　本章主要介绍 Office 2007 在财务管理中的应用，主要包括使用 Word 制作费用报销单、使用 Excel 编制试算平衡表、使用 PowerPoint 制作财务支出分析报告 PPT 等。

第 18 章　Office 2007 在市场营销中的应用

　　本章 4 段教学录像

　　本章主要介绍 Office 2007 在市场营销中的应用，主要包括使用 Word 制作市场调研分析报告、使用 Excel 设计销售业绩统计表、使用 PowerPoint 制作项目推广 PPT 等。

以下内容见本书光盘

第 5 篇　办公秘籍篇

第 19 章　办公中不得不了解的技能

　　本章 6 段教学录像

　　打印机是自动化办公中不可缺少的组成部分，是重

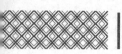
要的输出设备之一，熟悉打印机、复印机、扫描仪等办公
器材的操作是十分必要的。

高手支招

第 20 章 Office 组件间的协作

本章 4 段教学录像

在工作过程中，会经常遇到诸如在 Word 文档中使用
表格的情况，而 Office 组件间可以很方便地进行相互调用，
提高工作效率。

高手支招

第 0 章

Word/Excel/PPT 最佳学习方法

本章导读

Word 2007、Excel 2007、PowerPoint 2007是办公人士常用的Office系列办公组件，受到广大办公人士的喜爱，本章就来介绍 Word/Excel/PPT 的最佳学习方法。

思维导图

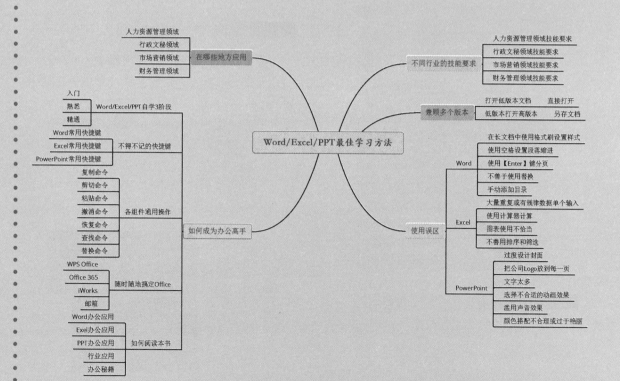

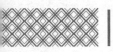

0.1 Word/Excel/PPT 都可以在哪些地方应用

Word 2007 可以实现文档的编辑、排版和审阅，Excel 2007 可以实现表格的设计、排序、筛选和计算，PowerPoint 2007 主要用于设计和制作演示文稿。

Word/Excel/PPT 主要应用于人力资源管理、行政文秘管理、市场营销和财务管理等领域。

1. 在人力资源管理领域的应用

人力资源管理是一项系统又复杂的组织工作。使用 Office 2007 系列组件可以帮助人力资源管理者轻松、快速地完成各种文档、数据报表及演示文稿的制作。如可以使用 Word 2007 制作各类规章制度、招聘启示、工作报告、培训资料等，使用 Excel 2007 制作绩效考核表、工资表、员工基本信息表、员工入职记录表等，使用 PowerPoint 2007 制作公司培训 PPT、述职报告 PPT、招聘简章 PPT 等。下图所示为使用 Word 2007 制作的公司奖惩制度文档。

2. 在行政文秘管理领域的应用

在行政文秘管理领域需要制作出各类严谨的文档，Office 2007 系列办公软件提供有批注、审阅及错误检查等功能，可以方便地核查制作的文档。如使用 Word 2007 制作委托书、合同等，使用 Excel 2007 制作项目评估表、会议议程记录表、差旅报销单等，使用 PowerPoint 2007 制作公司宣传 PPT、商品展示 PPT 等。下图所示为使用 PowerPoint 2007 制作的年终总结报告 PPT。

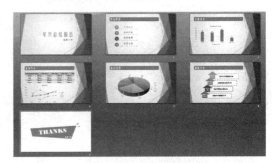

3. 在市场营销领域的应用

在市场营销领域，可以使用 Word 2007 制作项目评估报告、企业营销计划书等，使用 Excel 2007 制作产品价目表、进销存管理系统等，使用 PowerPoint 2007 制作投标书、市场调研报告 PPT、产品营销推广方案 PPT、企业发展战略 PPT 等。下图所示为使用 Excel 2007 制作的销售分析表。

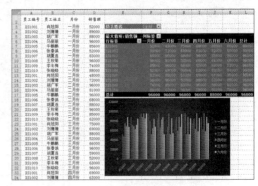

4. 在财务管理领域的应用

财务管理是一项涉及面广、综合性和制约性都很强的系统工程，通过价值形态对资金运动进行决策、计划和控制的综合性管理，是企业管理的核心内容。在财务管理领域，可以使用 Word 2007 制作询价单、公司财务分析报告等，使用 Excel 2007 制作企业财务查询表、成本统计表、年度预算表等，使用 PowerPoint 2007 制作年度财务报告 PPT、项目资金需求 PPT 等。右图所示为使用 Excel 2007 制作的试算平衡表。

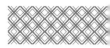

0.2 不同行业对 Word/Excel/PPT 技能的要求

不同行业的从业人员对 Word/Excel/PPT 技能的要求不同，下面就以人力资源、行政文秘、市场营销和财务管理等行业为例介绍不同行业必备的 Word、Excel 和 PPT 技能。

行业分类	Word	Excel	PPT
人力资源	1. 文本的输入与格式设置 2. 使用图片和表格 3. Word 基本排版 4. 审阅和校对	1. 内容的输入与设置 2. 表格的基本操作 3. 表格的美化 4. 条件格式的使用 5. 图表的使用	1. 文本的输入与设置 2. 图表和图形的使用 3. 设置动画及切换效果 4. 使用多媒体 5. 放映幻灯片
行政文秘	1. 页面的设置 2. 文本的输入与格式设置 3. 使用图片、表格、艺术字 4. 使用图表 5. Word 高级排版 6. 审阅和校对	1. 内容的输入与设置 2. 表格的基本操作 3. 表格的美化 4. 条件格式的使用 5. 图表的使用 6. 制作数据透视图和透视表 7. 数据验证 8. 排序和筛选 9. 简单函数的使用	1. 文本的输入与设置 2. 图表和图形的使用 3. 设置动画及切换效果 4. 使用多媒体 5. 放映幻灯片
市场营销	1. 页面的设置 2. 文本的输入与格式设置 3. 使用图片、表格、艺术字 4. 使用图表 5. Word 高级排版 6. 审阅和校对	1. 内容的输入与设置 2. 表格的基本操作 3. 表格的美化 4. 条件格式的使用 5. 图表的使用 6. 制作数据透视图和透视表 7. 排序和筛选 8. 简单函数的使用	1. 文本的输入与设置 2. 图表和图形的使用 3. 设置动画及切换效果 4. 使用多媒体 5. 放映幻灯片

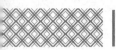

版本	Word	Excel	PPT
财务管理	1. 文本的输入与格式设置 2. 使用图片、表格、艺术字 3. 使用图表 4. Word 高级排版 5. 审阅和校对	1. 内容的输入与设置 2. 表格的基本操作 3. 表格的美化 4. 条件格式的使用 5. 图表的使用 6. 制作数据透视图和透视表 7. 排序和筛选 8. 财务函数的使用	1. 文本的输入与设置 2. 图表和图形的使用 3. 设置动画及切换效果 4. 使用多媒体 5. 放映幻灯片

0.3 万变不离其宗：兼顾 Word/Excel/PPT 多个版本

Office 的版本由 2003 更新到 2007，新版本的软件可以直接打开低版本软件创建的文件。如果要使用低版本软件打开高版本软件创建的文档，可以先将高版本软件创建的文档另存为低版本类型，再使用低版本软件打开进行文档编辑。下面以 Word 2007 为例介绍。

（1）Office 2007 打开低版本文档。

使用 Office 2007 可以直接打开 Office 2003 格式的文件。将 Office 2003 格式的文件在 Word 2007 文档中打开时，标题栏中则会显示出【兼容模式】字样。

（2）低版本 Office 软件打开 Office 2007 文档。

使用低版本 Office 软件也可以打开 Word 2007 创建的文件，只需要将其类型更改为低版本类型即可，具体操作步骤如下。

第1步 使用 Word 2007 创建一个 Word 文档，单击【Office】按钮，选择【另存为】→【Word 97-2003 文档】命令。

第2步 弹出【另存为】对话框，选择文件存储的位置，在【文件名】文本框中输入文档名称，单击【保存】按钮，即可将其转换为低版本。之后，即可使用 Word 2003 打开。

0.4 必须避免的 Word/Excel/PPT 办公使用误区

在使用 Word/Excel/PPT 办公软件办公时，一些错误的操作不仅耽误文档制作的时间，影响办公效率，看起来还不美观，再次编辑时也不容易修改。下面就简单介绍一些办公中必须避免的 Word/Excel/PPT 使用误区。

(1) Word。

① 长文档中使用格式刷修改样式。

在编辑长文档，特别是多达几十页或上百页的文档时，使用格式刷应用样式统一是不正确的，一旦需要修改该样式，则需要重新刷一遍，影响文档编辑速度，这时可以使用样式来管理，再次修改时，只需要修改样式，则应用该样式的文本将自动更新为新样式效果。

② 使用空格设置段落首行缩进。

在编辑文档时，段前默认情况下需要首行缩进 2 个字符，切忌不可使用空格调整，可以在【段落】对话框的【缩进和间距】选项卡下的【缩进】组中来设置缩进。

③ 按【Enter】键分页。

使用【Enter】键添加换行符可以达到分页的目的，但如果在分页前的文本中删除或添加文字，添加的换行符就不能起到正确分页的作用。可以单击【插入】选项卡下【页】组中的【分页】按钮或单击【页面布局】选项卡下【页面设置】组中的【分隔符】按钮，在下拉列表中添加分页符，也可以直接按【Ctrl+Enter】组合键分页。

④ 不善于使用替换。

当需要在文档中删除或替换大量相同的文本时，一个个查找并进行替换不仅浪费时间，替换操作还可能不完全，这时可以使用【替换】对话框进行替换操作，不仅能替换文本，还能够替换格式。

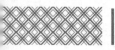

⑤ 手动添加目录。

Word 提供了自动提取目录的功能，只需要为文本设置大纲级别并为文档添加页码，即可自动生成目录，不需要手动添加。

(2) Excel。

① 大量重复或有规律数据一个个输入。

在使用 Excel 时，经常需要输入一些重复或有规律的大量数据，逐个输入会浪费时间，可以使用快速填充功能输入。

② 使用计算器计算数据。

Excel 提供了求和、平均值、最大值、最小值、计数等简单易用的函数，满足用户对数据的简单计算，不需要使用计算器即可快速计算。

③ 图表使用不恰当。

创建图表时首先要掌握每一类图表的作用，如果要查看每一个数据在总数中所占的比例，这时如果创建柱形图就不能准确表达数据，因此，选择合适的图表类型很重要。

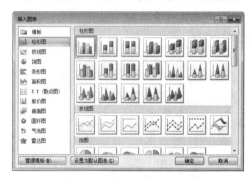

④ 不善用排序或筛选功能。

排序和筛选功能是 Excel 的强大功能之一，能够对数据快速按照升序、降序或自定义序列进行排序，使用筛选功能可以快速并准确筛选出满足条件的数据。

(3) PowerPoint。

① 过度设计封面。

一个用于演讲的 PPT，封面的设计水平和内页保持一致即可。因为第一页 PPT 停留在听众视线里的时间不会很久，演讲者需要尽快进入演说的开场白部分，然后是演讲的实质内容部分，封面不是 PPT 要呈现的重点。

② 把公司 Logo 放到每一页。

制作 PPT 时要避免把公司 Logo 以大图标的形式放到每一页幻灯片中，这样不仅干扰观众的视线，还容易引起观众的反感。

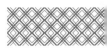
③ 文字太多。

PPT 页面中放置大量的文字，不仅不美观，还容易造成观众的视觉疲劳，给观众留下念 PPT 而不是演讲的印象。因此，制作 PPT 时可以使用图表、图片、表格等展示文字，吸引观众。

④ 选择不合适的动画效果。

使用动画是为了使重点内容等显得醒目，引导观众的思路，引起观众重视，可以在幻灯片中添加醒目的效果。如果选择的动画效果不合适，就会起到相反的效果。因此，使用动画的时候，要遵循动画的醒目、自然、适当、简化及创意原则。

⑤ 滥用声音效果。

进行长时间的讲演时，可以在中间幻灯片中添加声音效果，用来吸引观众，防止视觉疲劳，但滥用声音效果，不仅不能使观众注意力集中，还会引起观众的厌烦。

⑥ 颜色搭配不合理或过于艳丽。

文字颜色与背景色过于相似，如下图中的描述部分的文字颜色不够清晰。

0.5 如何成为 Word/Excel/PPT 办公高手

(1) Word/Excel/PPT 自学的 3 个阶段。

学习 Word/Excel/PPT 办公软件，可以按照下面三步进行学习。

第一步：入门。

① 熟悉软件界面。

② 学习并掌握每个按钮的用途及常用的操作。

③ 结合参考书能够制作出案例。

第二步：熟悉。

① 熟练掌握软件大部分功能的使用方法。

② 能不使用参考书制作出满足工作要求的办公文档。

③ 掌握大量实用技巧，节省时间。

第三步：精通。

① 掌握 Word/Excel/PPT 软件的全部功能，能熟练制作美观、实用的各类文档。

② 掌握 Word/Excel/PPT 软件在不同设备中的使用，随时随地办公。

(2) 快人一步：不得不记的快捷键。

掌握 Word、Excel 及 PowerPoint 中常用的快捷键可以提高文档编辑速度。

① Word 2007 常用快捷键。

按键	说明
Ctrl+N	创建新文档
Ctrl+O	打开文档
Ctrl+W	关闭文档
Ctrl+S	保存文档
Ctrl+C	复制文本

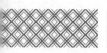

续表

按键	说明
Ctrl+V	粘贴文本
Ctrl+X	剪切文本
Ctrl+Shift+C	复制格式
Ctrl+Shift+V	粘贴格式
Ctrl+Z	撤销上一个操作
Ctrl+Y	恢复上一个操作
Ctrl+Shift+>	增大字号
Ctrl+Shift+<	减小字号
Ctrl+]	逐磅增大字号
Ctrl+[	逐磅减小字号
Ctrl+D	打开【字体】对话框更改字符格式
Alt+ ↓	打开所选的下拉列表
Home	移至条目的开头
End	移至条目的结尾
←或→	向左或向右移动一个字符
Ctrl+ ←	向左移动一个字词
Ctrl+ →	向右移动一个字词
Shift+ ←	向左选取或取消选取一个字符
Shift+ →	向右选取或取消选取一个字符
Ctrl+Shift+ ←	向左选取或取消选取一个单词
Ctrl+Shift+ →	向右选取或取消选取一个单词
Shift+Home	选择从插入点到条目开头之间的内容
Shift+End	选择从插入点到条目结尾之间的内容

② Excel 2007 常用快捷键。

按键	说明
Ctrl+Shift+:	输入当前时间
Ctrl+;	输入当前日期
Ctrl+A	选择整个工作表 如果工作表包含数据，则按【Ctrl+A】组合键将选择当前区域，再次按【Ctrl+A】组合键将选择整个工作表
Ctrl+B	应用或取消加粗格式设置
Ctrl+C	复制选定的单元格
Ctrl+D	使用【向下填充】命令将选定范围内最顶层单元格的内容和格式复制到下面的单元格中
Ctrl+F	显示【查找和替换】对话框，其中的【查找】选项卡处于选中状态 按【Shift+F5】组合键也会显示此选项卡，而按【Shift+F4】组合键则会重复上一次 "查找" 操作
Ctrl+G	显示【定位】对话框
Ctrl+H	显示【查找和替换】对话框，其中的【替换】选项卡处于选中状态
Ctrl+N	创建一个新的空白工作簿

续表

按键	说明
Ctrl+O	显示【打开】对话框以打开或查找文件 按【Ctrl+Shift+O】组合键可选择所有包含批注的单元格
Ctrl+R	使用【向右填充】命令将选定范围最左边单元格的内容和格式复制到右边的单元格中
Ctrl+S	使用其当前文件名、位置和文件格式保存活动文件
Ctrl+U	应用或取消下划线 按【Ctrl+Shift+U】组合键将在展开和折叠编辑栏之间切换
Ctrl+V	在插入点处插入剪贴板的内容，并替换任何所选内容。只有在剪切或复制了对象、文本或单元格内容之后，才能使用此快捷键。
Ctrl+W	关闭选定的工作簿窗口
Ctrl+X	剪切选定的单元格
Ctrl+Y	重复上一个命令或操作（如有可能）
Ctrl+Z	使用【撤销】命令来撤销上一个命令或删除最后键入的内容
F4	重复上一个命令或操作（如有可能） 按【Ctrl+F4】组合键可关闭选定的工作簿窗口 按【Alt+F4】组合键可关闭 Excel
F11	在单独的工作表中创建当前范围内数据的图表 按【Shift+F11】组合键可插入一个新工作表
F12	显示【另存为】组合键对话框
光标移动键	在工作表中上移、下移、左移或右移一个单元格 按【Ctrl+ 光标移动键】组合键可移动到工作表中当前数据区域的边缘 按【Shift+ 光标移动键】组合键可将单元格的选定范围扩大一个单元格 按【Ctrl+Shift+ 光标移动键】组合键可将单元格的选定范围扩展到活动单元格所在列或行中的最后一个非空单元格，或者如果下一个单元格为空，则将选定范围扩展到下一个非空单元格

③ PowerPoint 2007 常用快捷键。

按键	说明
N Enter Page Down 向右键（→） 向下键（↓） 空格键	执行下一个动画或换页到下一张幻灯片
P Page Up 向左键（←） 向上键（↑） Backspace	执行上一个动画或返回到上一个幻灯片
B 或。（句号）	黑屏或从黑屏返回幻灯片放映
W 或，（逗号）	白屏或从白屏返回幻灯片放映
S 或加号	停止或重新启动自动幻灯片放映
Esc Ctrl+Break 连字符 (–)	退出幻灯片放映

续表

按键	说明
Ctrl+P	重新显示隐藏的指针或将指针改变成绘图笔
Ctrl+A	重新显示隐藏的指针和将指针改变成箭头
Ctrl+H	立即隐藏指针和按钮

（3）各大组件的通用操作命令。

Word、Excel 和 PowerPoint 中包含有很多通用的命令操作，如复制、剪切、粘贴、撤销、恢复、查找和替换等。下面以 Word 为例进行介绍。

① 复制命令。

选择要复制的文本，单击【开始】选项卡下【剪贴板】组中的【复制】按钮 ，或按【Ctrl+C】组合键都可以复制选择的文本。

② 剪切命令。

选择要剪切的文本，单击【开始】选项卡下【剪贴板】组中的【剪切】按钮 ，或按【Ctrl+X】组合键都可以剪切选择的文本。

③ 粘贴命令。

复制或剪切文本后，将鼠标光标定位至要粘贴文本的位置，单击【开始】选项卡下【剪贴板】组中的【粘贴】按钮 的下拉按钮，在弹出的下拉列表中选择【粘贴】选项，或按【Ctrl+V】组合键都可以粘贴用户复制或剪切的文本。

④ 撤销命令。

当执行的命令有错误时，可以单击快速访问工具栏中的【撤销】按钮 ，或按【Ctrl+Z】组合键撤销上一步的操作。

⑤ 恢复命令。

执行撤销命令后，可以单击快速访问工具栏中的【恢复】按钮 ，或按【Ctrl+Y】组合键恢复撤销的操作。

> **提示**
>
> 输入新的内容后，【恢复】按钮 会变为【重复】按钮 ，单击该按钮，将重复输入新输入的内容。

⑥ 查找命令。

需要查找文档中的内容时，可以单击【开始】选项卡下【编辑】组中的【查找】按钮右侧的下拉按钮，在弹出的下拉列表中选择【查找】选项，或按【Ctrl+F】组合键打开【查找和替换】对话框查找内容。

⑦ 替换命令。

需要替换某些内容或格式时，可以使用替换命令。单击【开始】选项卡下【编辑】组中的【替换】按钮，或按【Ctrl+F】组合键打开【查找和替换】对话框，选择【替换】选项卡，在【查找内容】和【替换为】文本框中输入要查找和替换为的内容，单击【替换】按钮即可。

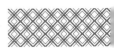

（4）在办公室、路上或家里，随时随地搞定 Office。

移动信息产品的快速发展，移动通信网络的普及，现在只需要一部智能手机或者平板电脑就可以随时随地进行办公，使工作更简单、更方便。在手机中常用的 Office 办公软件有 WPS Office、Office 365 以及 iPad 端的 iWorks 系列办公套件，用户可以通过手机自带的邮箱或 QQ 邮箱实现邮件发送。下面以 WPS Office 为例，介绍如何在手机上修改 Word 文档。

第 1 步 将随书光盘中的"素材\ch00\工作报告.docx"文档传送到手机中，然后下载并安装 WPS Office 办公软件。打开 WPS Office 进入其主界面，点击【打开】按钮，进入【打开】页面，点击【DOC】图标，即可看到手机中所有的 Word 文档，点击打开要编辑的文档。

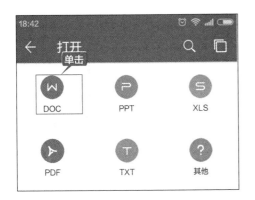

第 2 步 打开文档，点击界面左上角的【编辑】按钮，进入文档编辑状态，然后点击底部的【工具】按钮，在底部弹出的功能区中，点击【审阅】→【批注与修订】→【进入修订模式】按钮。

第 3 步 进入修订模式，长按手机屏幕，在弹出的提示框中，点击【键盘】按钮，可以对文本内容进行修改了。修订完成之后，关闭键盘，修订后效果如下图所示，将其保存即可。

第 4 步 若希望接受修订，点击【批注与修订】选项组中的【接受所有修订】按钮。如果逐个审阅，确定是否接受修订，可以点击右侧的修订记录，则显示【接受修订】按钮和【拒绝修订】按钮。

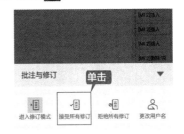

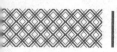
(5) 如何阅读本书。

本书以学习 Word/Excel/PPT 的最佳结构来分配章节。第 0 章可以使读者了解 Word/Excel/PPT 的应用领域及如何学习 Word/Excel/PPT。第 1 篇可使读者掌握 Word 2007 的使用方法，包括安装与设置 Office 2007、Word 的基本操作、使用图片和表格及长文档的排版。第 2 篇可使读者掌握 Excel 2007 的使用方法，包括 Excel 的基本操作、表格的美化、数据的处理与分析、图表、数据透视图与数据透视表、公式和函数的应用等。第 3 篇可使读者掌握 PPT 的使用方法，包括 PPT 的基本操作、图形和图表的应用、动画和多媒体的应用、放映幻灯片等。第 4 篇通过行业案例介绍 Word/Excel/PPT 在人力资源、行政文秘、财务管理及市场营销中的应用。第 5 篇可使读者掌握办公秘籍，包括办公设备的使用及 Office 组件间的协作。

Word 办公应用篇

本篇主要介绍 Word 中的各种操作。通过本篇的学习，读者可以学习安装 Office、Word 的基本操作、美化 Word 文档及长文档的排版等操作。

第1章

快速上手——Office 2007 的安装与设置

📖 本章导读

使用 Office 2007 软件之前,首先要掌握 Office 2007 的安装与基本设置。本章主要介绍 Office 2007 软件的安装与卸载、启动与退出、修改默认设置等操作。

✈ 思维导图

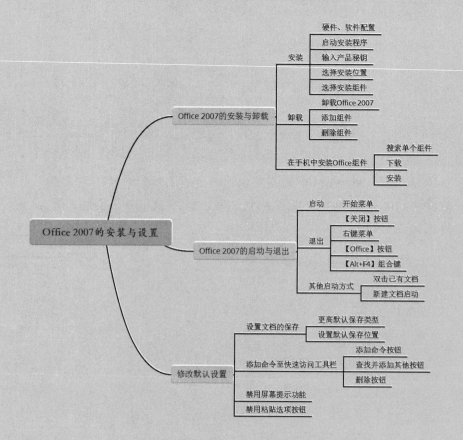

1.1 Office 2007 的安装与卸载

软件使用之前，首先要将其移植到计算机中，此过程为安装；如果不再使用此软件，可以将其从计算机中清除，此过程为卸载。本节介绍 Office 2007 三大组件的安装与卸载。

1.1.1 安装

在使用 Office 2007 之前，首先需要掌握 Office 2007 的安装操作。安装 Office 2007 之前，计算机硬件和软件的配置要达到以下要求。

硬件	最低配置	推荐配置
CPU	500MHz 或更快的处理器	2GHz 的处理器
内存	256 MB RAM 或更大的 RAM	1GB RAM 内存
显示器	1024 像素 ×768 像素或更高分辨率的监视器	1024 像素 ×768 像素
操作系统	Microsoft Windows XP Service Pack (SP) 2、Windows Server 2003 SP1 或更高版本的操作系统	Windows 7 操作系统
硬盘可用空间	2GB 可用磁盘空间，如果在安装后从硬盘上删除原始下载软件包，将释放部分磁盘空间	10GB 可用磁盘空间

电脑配置达到要求后就可以安装 Office 2007 软件。安装 Office 2007，首先要启动 Office 2007 的安装程序，按照安装向导的提示来完成软件的安装。

第1步 将光盘放入计算机的光驱中，系统会自动弹出安装提示窗口。

第2步 几秒钟后，自动进入【输入您的产品密钥】对话框，在文本框中输入产品密钥，单击【继续】按钮。

| 提示 |

　　产品密钥就是通常用的安装序列号，一般可以从软件包装或者软件书面授权书中获得。如果输入的密钥不正确，安装程序会立即给出提示，经核实后重新输入。

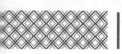
第3步 在弹出的对话框中阅读软件许可条款，选中【我接受此协议的条款】复选框，单击【继续】按钮，在弹出的对话框中选择安装类型，这里单击【自定义】按钮。

> **| 提示 |** ┊┊┊┊┊┊┊
>
> 单击【立即安装】按钮可以在默认的安装位置安装默认组件，单击【自定义】按钮可以自定义安装的位置和组件。

第4步 在弹出的对话框中可以设置【安装选项】、【文件位置】和【用户信息】。在【安装选项】选项卡中选择需要安装的 Office 2007 组件，把不需要的组件设置为【不可用】。

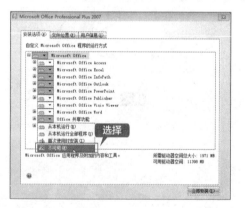

第5步 单击【立即安装】按钮，在弹出的对话框中将显示目前安装的进度。

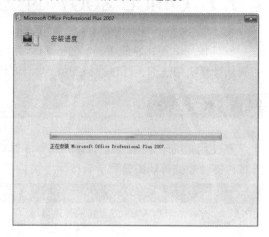

第6步 安装完成之后，单击【关闭】按钮，即可完成安装。

1.1.2 卸载

如果使用 Office 2007 的过程中软件出现问题，可以修复 Office 2007，不再使用时可以将其卸载。

1. 卸载 Office 2007

不再使用 Office 2007 时，可以将其卸载，其具体操作步骤如下。

第1步 单击【开始】按钮，在弹出的菜单中单击【控制面板】选项。

第2步 打开【控制面板】窗口，单击【程序和功能】选项。

第3步 弹出【卸载或更改程序】窗口，选择【Microsoft Office Professional Plus 2007】选项，单击鼠标右键，在弹出的快捷菜单中单击【卸载】命令。

第4步 弹出【Microsoft Office Professional Plus 2007】对话框，同时显示【安装】提示框，

单击【是】按钮，即可开始卸载 Office 2007。

2. 添加组件

添加组件的具体操作步骤如下。

第1步 重复"卸载 Office 2007"小节的第1、2步骤，打开【程序和功能】窗口，选择【Microsoft Office Professional Plus 2007】选项，单击【更改】按钮。

第2步 在弹出的【Microsoft Office Professional Plus 2007】对话框中单击选中【添加或删除功能】单选按钮，单击【继续】按钮。

第3步 单击需要添加的组件前的 按钮，在弹出的下拉列表中选择【从本机运行】选项，

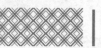
单击【继续】按钮，即可开始安装，同时显示配置进度。安装完成后，单击【关闭】按钮。

提示

下拉列表中3个选项的含义如下。

从本机运行：用户选中的组件将被安装到当前计算机内。

首次使用时安装：选中的组件在第一次使用时，才会被安装到计算机内。

不可用：不安装或者删除组件。

1.1.3 在手机中安装 Office 组件

微软推出了手持设备版本的 Office 组件，支持 Android（安卓）手机、Android 平板电脑、iPhone、iPad、Windows Phone、Windows 平板电脑。下面就以在安卓手机中安装 Word 组件为例进行介绍。

第1步 在安卓手机中打开任一下载软件的应用商店，如腾讯应用宝、360 手机助手、百度手机助手等，这里打开 360 手机助手程序，并在搜索框中输入"Word"，单击【搜索】按钮，即可显示搜索结果。

3. 删除组件

在弹出下图所示的对话框时，单击需要删除的组件前的按钮，在弹出的下拉列表中单击【不可用】选项，单击【继续】按钮，即可开始删除组件，同时显示配置进度。组件删除完成后，单击【关闭】按钮。

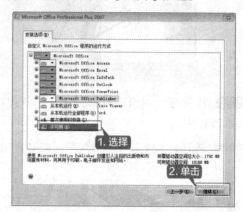

第2步 在搜索结果中单击【微软 Office Word】下的【下载】按钮，即可开始下载 Microsoft Word 组件。

第3步 下载完成，将打开安装界面，单击【安装】按钮。

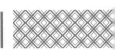

第 5 步 即可打开并进入手机版 Word 界面。

第 4 步 安装完成，在安装成功界面单击【打开】按钮。

| 提示 |

使用手机版本 Office 组件时需要登录 Microsoft 账户。

1.2 Office 2007 的启动与退出

使用 Office 办公软件编辑文档之前，首先需要启动软件，使用完成后，还需要退出软件。本节以 Word 2007 为例，介绍启动与退出 Office 2007 的操作。

1.2.1 启动 Word 2007

启动 Word 2007 的具体步骤如下。

第 1 步 在 Windows 7 操作系统的任务栏中选择【开始】→【所有程序】→【Microsoft Office】→【Microsoft Office Word 2007】命令。

第 2 步 随即会启动 Word 2007，并创建一个空白文档。

1.2.2 退出 Word 2007

退出 Word 2007 有以下几种方法。

(1) 单击窗口右上角的【关闭】按钮 ⌧ 。

(2) 在文档标题栏上单击鼠标右键，在弹出的控制菜单中选择【关闭】命令。

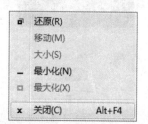

(3) 单击【Office】按钮 ，在下拉菜单中单击【退出 Word】按钮。

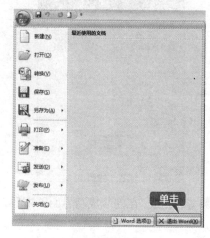

(4) 直接按【Alt+F4】组合键关闭文档。

1.2.3 其他特殊的启动方式

除了使用正常的方法启动 Word 2007 外，还可以在 Windows 桌面或文件夹的空白处单击鼠标右键，在弹出的快捷菜单中选择【新建】→【Microsoft Office Word 2007 文档】命令。执行该命令后即可创建一个 Word 文档，双击该文档即可启动 Word 2007。

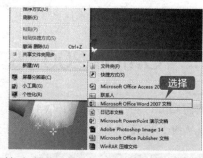

此外，双击电脑中存储的 ".docx" 格式文档，也可以快速启动 Word 2007 软件并打开该文档。

1.3 提高你的办公效率——修改默认设置

Office 2007 各组件可以根据需要修改默认的设置，设置的方法类似。本节以 Word 2007 软件为例来讲解 Office 2007 修改默认设置的操作。

1.3.1 设置文件的保存

保存文档时经常需要选择文件保存的位置及保存类型，如果需要经常将文档保存为某一类型并且保存在某一个文件夹内，可以在 Word 2007 中设置文件默认的保存类型及保存位置，具体操作步骤如下。

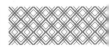

第1步 在打开的 Word 2007 文档中单击
【Office】按钮，再单击【Word 选项】按钮。

第2步 打开【Word 选项】对话框，在左侧单
击【保存】选项卡，在右侧【保存文档】组
中单击【将文件保存为此格式】后的下拉按
钮，在弹出的下拉列表中选择【Word 文档
(*.docx)】选项，将默认保存类型设置为
"Word 文档（*.docx）"格式。

第3步 单击【默认文件位置】文本框后的【浏
览】按钮，打开【修改位置】对话框，选择
文档要默认保存的位置，单击【确定】按钮。

第4步 返回至【Word 选项】对话框后即可
看到已经更改了文档的默认保存位置，单击
【确定】按钮。

第5步 新建 Word 2007 文档，单击【Office】
按钮，再选择【保存】选项，在打开的【另
存为】对话框中即可看到将自动设置为默认
的保存类型并自动打开默认的保存位置。

1.3.2 添加命令到快速访问工具栏

Word 2007 的快速访问工具栏在软件界面的左上方，默认情况下包含保存、撤销和恢复几
个按钮，用户可以根据需要将命令按钮添加至快速访问工具栏，具体操作步骤如下。

第1步 单击快速访问工具栏右侧的【自定义快速访问工具栏】按钮，在弹出的下拉列表中可以看到包含有新建、打开等多个选项，选择要添加至快速访问工具栏的选项，这里选择【打开】选项。

第2步 即可将【打开】按钮添加至快速访问工具栏，并且选项前将显示"√"符号。

1.3.3 禁用屏幕提示功能

在 Word 2007 中将鼠标指针放置在某个按钮上，将提示该按钮的名称及作用，可以通过设置禁用这些屏幕提示功能，具体操作步骤如下。

第1步 将鼠标指针放置在任意一个按钮上，例如放在【开始】选项卡下【字体】组中的【加粗】按钮上，稍等片刻，将显示该按钮的名称及作用。

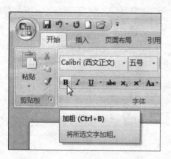

第2步 打开【Word 选项】对话框，选择左侧的【常用】选项卡，在右侧的【使用 Word 时采用的首选项】组中单击【屏幕提示样式】后的下拉按钮，在弹出的下拉列表中选择【不显示屏幕提示】选项，单击【确定】按钮，即可禁用屏幕提示功能。

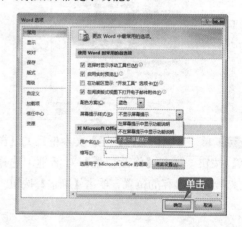

1.3.4 禁用粘贴选项按钮

默认情况下使用粘贴功能后，将会在文档中显示【粘贴选项】按钮，方便用于选择粘贴选项，可以通过设置禁用粘贴选项按钮，具体操作步骤如下。

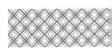

第1步 在 Word 文档中复制一段内容后，按【Ctrl+V】组合键，将在 Word 文档中显示粘贴选项按钮，如下图所示。

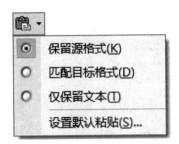

第2步 如果要禁用粘贴选项按钮，可以打开【Word 选项】对话框，选择左侧的【高级】

选项卡，在右侧的【剪切、复制和粘贴】组中撤销选中的【显示粘贴选项按钮】复选框，单击【确定】按钮。即可禁用粘贴选项按钮。

◇ 自动隐藏功能区

第1步 单击快速访问工具栏中的【自定义快速访问工具栏】按钮，在弹出的【自定义快速访问工具栏】下拉列表中选择【功能区最小化】选项。

第2步 此时将折叠功能区，仅显示选项卡。

| 提示 |

如果要显示功能区，在【自定义快速访问工具栏】下拉列表中撤销选中【功能区最小化】选项即可。

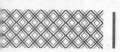
◇ 删除快速访问工具栏中的按钮

在快速访问工具栏中选择需要删除的按钮，并单击鼠标右键，在弹出的快捷菜中选择【从快速访问工具栏中删除】命令，即可将该按钮从快速访问工具栏中删除。

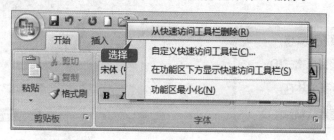

第2章
Word 的基本操作

本章导读

在文档中插入文本并进行简单的设置，是 Word 2007 最基本的操作。使用 Word 可以方便地记录文本内容，并能够根据需要设置文字的样式，从而制作公司年终总结报告、个人工作报告、租赁协议、请假条、邀请函、思想汇报文档等各类说明性文档。本章主要介绍输入文本、编辑文本、设置字体格式、设置段落格式、设置页面背景及审阅文档等内容。

思维导图

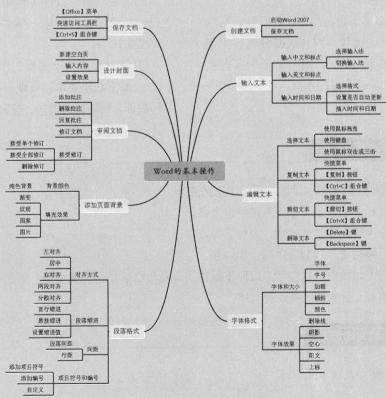

2.1 公司年终总结报告

公司年终总结报告是公司一年经营情况的总结，制作公司年终总结报告时，不仅要总结本年度公司的经营状况，还要为下一年度的工作进行安排。

实例名称：制作公司年终总结报告	
实例目的：掌握 Word 的基本操作	
素材	素材 \ch02\ 公司年终总结 .docx
结果	结果 \ch02\ 公司年终总结报告 .docx
录像	视频教学录像 \02 第 2 章

2.1.1 案例概述

公司年终总结报告是公司对一年来的经营状况进行回顾和分析，从中找出经验和教训，引出规律性认识，以指导今后工作和公司发展方向的一种应用文体。其内容包括公司一年来的情况概述、成绩、经验教训及下一年的工作计划及安排。在制作公司年终总结报告时应注意以下几点。

(1) 总结必须有情况的概述和叙述，有的比较简单，有的比较详细。这部分内容主要是对工作的主客观条件、有利和不利条件及工作的环境和基础等进行分析。

(2) 成绩和缺点。这是总结的中心，总结的目的就是要肯定成绩并找出缺点。成绩有哪些，表现在哪些方面，是怎样取得的；缺点有多少，表现在哪些方面，是什么性质的，怎样产生的，都应讲清楚。

(3) 经验和教训。为便于公司下一年工作的顺利开展，需对以往工作中的经验和教训进行分析、研究、概括、集中并上升到理论的高度来认识。

(4) 下一年度的计划及工作安排。根据今后的工作任务和要求，吸取前一年工作的经验和教训，明确努力方向，提出改进措施等。

2.1.2 设计思路

制作公司年终总结报告可以按照以下思路进行。

(1) 创建文档并输入公司年终总结报告内容。

(2) 为报告内容设置字体格式、添加字体效果。

(3) 设置段落格式、添加项目符号和编号。

(4) 邀请别人审阅自己的文档，以便使制作的公司年终总结报告更准确。

(5) 根据需要设计封面，并保存文档。

2.1.3 涉及知识点

本案例主要涉及以下知识点。

(1) 创建文档。

(2) 输入和编辑文本。

(3) 设置字体格式、添加字体效果等。

(4) 设置段落对齐、段落缩进、段落间距等。

(5) 设置页面颜色、设置填充效果等。

(6) 添加和删除批注、回复批注、接受修订等。

(7) 添加空白页面。

(8) 保存文档。

2.2 创建公司年终总结报告文档

在创建公司年终总结报告文档时，首先需要打开 Word 2007，创建一份新文档，具体操作步骤如下。

第1步 单击操作系统任务栏中的【开始】按钮，在弹出的菜单中选择【所有程序】→【Microsoft Office】 →【Microsoft Office Word 2007】选项。

第2步 即可启动 Word 2007，并创建一个名称为"文档 1"的空白文档。

第3步 单击【Office】按钮，在弹出的下拉列表中选择【保存】选项。

第4步 弹出【另存为】对话框，选择保存位置，在【文件名】文本框中输入文档名称"公司年终总结报告"，单击【保存】按钮即可完成创建公司年终总结报告文档的操作。

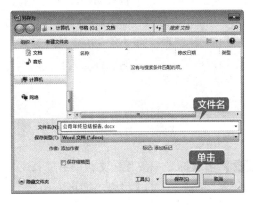

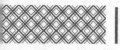

2.3 输入文本

文本的输入非常简单，只要会使用键盘打字，就可以在文档的编辑区域输入文本内容。公司年终总结报告文档保存成功后，即可在文档中输入文本内容。

2.3.1 输入中文和中文标点符号

由于 Windows 的默认语言是英语，语言栏显示的是美式键盘图标，因此如果不进行中 / 英文切换就以汉语拼音的形式输入，那么在文档中输出的文本就是英文。

可以按【Ctrl+ 空格】组合键切换至中文输入法，输入中文和标点的具体操作步骤如下。

第1步 单击语言栏中的美式键盘图标，在弹出的快捷菜单中选择中文输入法，如这里选择"搜狗拼音输入法"。

```
S 中文 (简体) - 搜狗拼音输入法
✓ 中文(简体) - 美式键盘
   显示语言栏(S)
                      20:26
                      2016/1/16
```

提示

一般情况下，在 Windows 操作系统中可以按【Ctrl+Shift】组合键切换输入法，也可以按住【Ctrl】键，然后使用【Shift】键切换。

第2步 此时在 Word 文档中输入中文内容。

```
          年终总结报告|
```

第3步 在输入的过程中，当文字到达一行的最右端时，输入的文本将自动跳转到下一行。如果在未输入完一行时想要换行输入，则可按【Enter】键来结束一个段落，这样会产生一个段落标记"↵"，然后再输入其他内容。

```
          年终总结报告↵
          尊敬的各位领导|
```

第4步 将鼠标光标放置在文档中第二行文字的句末，按键盘上的【/】键，即可输入"、"。

```
          年终总结报告↵
          尊敬的各位领导、|
```

第5步 输入其他内容并按【Shift+；】组合键，即可在文档中输入一个中文的全角冒号"："。

```
          年终总结报告↵
          尊敬的各位领导、各位同事：|
```

第6步 输入其他正文内容，可以打开随书光盘中的"素材 \ch02\ 公司年终总结 .docx"文件，将其内容粘贴至文档中。

提示

单击【插入】选项卡下【符号】组中【符号】按钮的下拉按钮，在弹出的下拉列表中选择标点符号，也可以将标点符号插入文档中。

2.3.2 输入英文和英文标点符号

在编辑文档时,有时也需要输入英文和英文标点符号,按【Shift】键即可在中文和英文输入法之间切换。下面以使用搜狗拼音输入法为例,介绍输入英文和英文标点符号的操作方法。

在中文输入法的状态下,按【Shift】键,即可切换至英文输入法状态,然后在键盘上按相应的英文字母键,即可输入英文。输入英文标点符号和输入中文标点符号的方法相同,如按【Shift+1】组合键,即可在文档中输入一个英文的感叹符号"!"。

2.3.3 输入日期和时间

在文档中输入完文本后,可以在末尾处加上文档创建的日期和时间。

第1步 将鼠标光标放置在最后一行末尾,按【Enter】键执行换行操作,单击【插入】选项卡下【文本】组中的【日期和时间】按钮 。

第3步 即可为文档插入当前的日期。

> 2016 年需要提升销售业绩、拓展销售方式、提高员工素质、户沟通、推广 xx 电器销售品牌服务、扩大服务范围、树立
> 增加员工的销售技巧与销售渠道,销售业绩比 2015 年有 30
> 注重细节,加强团队建设。
> 注重素质,培育人才,强调考核。
> 完善制度,提高执行力。
> 树立形象,提高软实力。
> 2015 年是奋斗的一年、成功的一年、收获的一年,经过一
> 绩。望各位公司员工在 2016 年继续发扬优良传统,更上一
> 2016 年 3 月 3 日

第2步 弹出【日期和时间】对话框,单击【语言】选项下拉列表框的下拉按钮,选择【中文】选项,在【可用格式】列表框中选择一种格式,单击【确定】按钮。

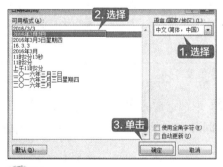

| **提示** |

在【日期和时间】对话框中选择一种时间类型,单击【确定】按钮即可插入时间。

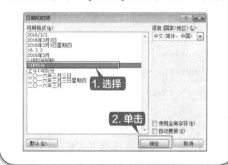

2.4 编辑文本

输入年终总结报告内容之后,即可利用 Word 编辑文本,编辑文本包括选择文本、复制和剪切文本及删除文本等。

2.4.1 选择文本

选择文本时既可以选择单个字符，也可以选择整篇文档。选择文本的方法主要有以下几种。

1. 拖曳鼠标选择文本

选择文本最常用的方法就是拖曳鼠标选取。采用这种方法可以选择文档中的任意文字，该方法是最基本和最灵活的选取方法。

第1步 将鼠标光标放在要选择的文本的开始位置，如放置在第 3 行的位置。

第2步 按住鼠标左键并拖曳，这时选中的文本会以阴影的形式显示。选择完成，释放鼠标左键，鼠标光标经过的文字就被选中了。单击文档的空白区域，即可取消文本的选择。

2. 用键盘选择文本

在不使用鼠标的情况下，我们可以利用键盘上的组合键来选择文本。使用键盘选择文本时，需先将插入点移动到将选文本的开始位置，然后按相关的组合键即可。

组合键	功能
【Shift+ ←】	选择光标左边的一个字符
【Shift+ →】	选择光标右边的一个字符
【Shift+ ↑】	选择至光标上一行同一位置之间的所有字符
【Shift+ ↓】	选择至光标下一行同一位置之间的所有字符
【Shift + Home】	选择至当前行的开始位置
【Shift + End】	选择至当前行的结束位置
【Ctrl+A】/【Ctrl+5】	选择全部文档
【Ctrl+Shift+ ↑】	选择至当前段落的开始位置
【Ctrl+Shift+ ↓】	选择至当前段落的结束位置
【Ctrl+Shift+Home】	选择至文档的开始位置
【Ctrl+Shift+End】	选择至文档的结束位置

第1步 用鼠标在起始位置单击，然后按住【Shift】键的同时单击文本的终止位置，此时可以看到起始位置和终止位置之间的文本已被选中。

第2步 取消之前的文本选择，然后按住【Ctrl】键的同时拖曳鼠标，可以选择多个不连续的文本。

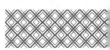

3. 使用鼠标双击或三击选中

通常情况下，在 Word 文档中的文字上双击鼠标左键，可选中鼠标光标所在位置处的词语。如果在单个文字上双击鼠标左键，如"的""嗯"等，则只能选中一个文字；放在一个词组之间则可以选择一个词组。

将鼠标光标放置在段落前，双击鼠标左键，可选择整个段落。如果将鼠标光标放置在段落内，双击鼠标左键，可选择鼠标光标所在位置后的词组。

将鼠标光标放置在段落前，连续三次单击鼠标左键，可选择整篇文档。如果将鼠标光标放置在段落内，连续三次单击鼠标左键，可选择整个段落。

2.4.2 复制和剪切文本

复制文本和剪切文本的不同之处在于，前者是把一个文本信息放到剪贴板中以供复制出更多的文本信息，但原来的文本还在原来的位置；后者也是把一个文本信息放入剪贴板中以复制出更多的文本信息，但原来的内容已经不在原来的位置。

1. 复制文本

当需要多次输入同样的文本时，使用复制文本可以使原文本产生更多同样的信息，比多次输入同样的内容更为方便，具体操作步骤如下。

第 1 步 选择文档中需要复制的文本，单击鼠标右键，在弹出的快捷菜单中选择【复制】选项。

第 2 步 单击【开始】选项卡下【剪贴板】组中的【剪贴板】按钮，在打开的【剪贴板】窗格中即可看到复制的内容，将鼠标光标定位至要粘贴到的位置，单击剪贴板中要粘贴的内容。

第 3 步 即可将复制的内容插入文档中光标所在位置，此时文档中已被插入刚刚复制的内容，但原来的文本信息还在原来的位置。

2015 年是奋斗的一年、成功的一年
绩。望各位公司员工在 2016 年继续
2016 年 3 月 3 日
年终总结报告

| 提示 |

用户也可以使用【Ctrl+C】组合键复制内容，使用【Ctrl+V】组合键粘贴内容。

2. 剪切文本

如果用户需要修改文本的位置，可以使用剪切文本来完成，具体操作步骤如下。

第1步 选择文档中需要剪切的文本，单击【开始】选项卡下【剪贴板】组中的【剪切】按钮。

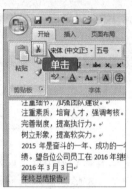

第2步 即可看到选择的文本已经被剪切掉，单击【开始】选项卡下【剪贴板】组中的【粘贴】按钮，即可完成剪切文字的操作。

> **| 提示 |**
>
> 用户可以使用【Ctrl+X】组合键剪切文本，再使用【Ctrl+V】组合键将文本粘贴到需要的位置。

2.4.3 删除文本

如果不小心输错了内容，可以选择删除文本，具体操作步骤如下。

第1步 选择需要删除的文本。

完善制度，提高执行力。↵
树立形象，提高软实力。↵
2015 年是奋斗的一年、成功
绩。望各位公司员工在 2016
2016 年 3 月 3 日↵
年终总结报告

第2步 在键盘上按【Delete】键，即可将选择的文本删除。

树立形象，提高软实力。↵
2015 年是奋斗的一年、成功
绩。望各位公司员工在 2016
2016 年 3 月 3 日↵
↵

2.5 字体格式

在输入所有内容之后，用户即可设置文档中的字体格式，并给字体添加效果，从而使文档看起来层次分明、结构工整。

2.5.1 字体和大小

设置文档中文本的字体和大小，具体操作步骤如下。

第1步 选中文档中的标题，单击【开始】选项卡下【字体】组中的【字体】按钮。

第2步 在弹出的【字体】对话框中选择【字体】选项卡，单击【中文字体】文本框后的下拉按钮，在弹出的下拉列表中选择【华文楷体】选项，选择【字号】列表框中的【二号】选项，单击【确定】按钮。

第3步 即可看到设置字体和大小后的文本效果。选择第2行文本，单击【开始】选项卡下【字体】组中的【字体】按钮的下拉按钮，在弹出的下拉列表中选择【华文楷体】选项。

第4步 即可完成字体的设置。单击【开始】选项卡下【字体】组中的【字号】按钮的下拉按钮，在弹出的下拉列表中选择"14"，文本效果如下图所示。

2.5.2 添加字体效果

有时为了突出文档标题，用户也可以给字体添加效果，具体操作步骤如下。

第1步 选中文档中的标题，单击【开始】选项卡下【字体】组中的【字体】按钮。

第5步 根据需要设置其他标题和正文的字体和字号，设置完成后效果如下图所示。

| 提示 |

选择文本后，单击【开始】选项卡下【字体】组中的【加粗】按钮，可为选择的文本设置加粗效果。

第2步 在弹出的【字体】对话框中选择【字体】选项卡，单击选中【效果】组中的【阳文】复选框，单击【确定】按钮。

第3步 即可看到添加字体效果后的效果。

2.6 段落格式

　　段落指的是两个段落标记之间的文本内容，是独立的信息单位，具有自身的格式特征。段落格式是指以段落为单位的格式设置。设置段落格式主要是指设置段落的对齐方式、段落缩进及段落间距等。

2.6.1 设置对齐方式

　　Word 2007 的段落格式命令适用于整个段落，将光标置于任意位置都可以选择段落并设置段落格式。设置段落对齐的具体操作步骤如下。

第1步 将鼠标光标放置在要设置对齐方式段落中的任意位置，单击【开始】选项卡下【段落】组中的【段落】按钮 。

第2步 在弹出的【段落】对话框中选择【缩进和间距】选项卡，在【常规】组中单击【对齐方式】文本框右侧的下拉按钮，在弹出的下拉列表中选择【居中】选项。

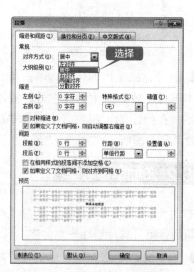

第3步 单击【确定】按钮即可将文档中第一段内容设置为居中对齐方式，效果如下图所示。

第4步 选择文档最后的日期文本，单击【开始】选项卡下【段落】组中的【右对齐】按钮 ，将日期文本设置为右对齐，效果如下图所示。

2.6.2 设置段落缩进

段落缩进是指段落到左右页边距的距离。根据中文的书写形式，通常情况下，正文中的每个段落都会首行缩进两个字符。设置段落缩进的具体操作步骤如下。

第1步 选择文档中正文第一段内容，单击【开始】选项卡下【段落】组中的【段落】按钮 。

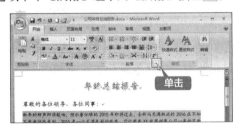

第2步 弹出【段落】对话框，单击【缩进】组中【特殊格式】文本框的下拉按钮，在弹出的下拉列表中选择【首行缩进】选项，并设置【磅值】为"2字符"（可以单击其后的微调按钮设置，也可以直接输入），设置完成，单击【确定】按钮。

> **提示**
>
> 在【缩进】组中还可以根据需要设置左侧或右侧的缩进。

第3步 即可看到为所选段落设置段落缩进后的效果。

第4步 使用同样的方法为总结报告中其他正文段落设置首行缩进。

> **提示**
>
> 在【段落】对话框中除了可以设置首行缩进外，还可以设置文本的悬挂缩进。

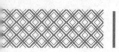
2.6.3 设置间距

设置间距指的是设置段落间距和行距，段落间距是指文档中段落与段落之间的距离，行距是指行与行之间的距离。设置段落间距和行距的具体操作步骤如下。

第1步 选中标题下的第一段内容，单击【开始】选项卡下【段落】组中的【段落】按钮。

第2步 在弹出的【段落】对话框中选择【缩进和间距】选项卡，在【间距】组中分别设置【段前】和【段后】为"0.5行"，在【行距】下拉列表中选择【1.5倍行距】选项，单击【确定】按钮。

第3步 即可完成设置第一段内容间距的操作，效果如下图所示。

第4步 使用同样的方法设置文档中其他内容的段落间距，最终效果如下图所示。

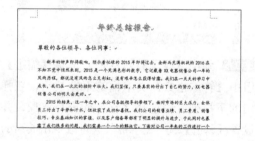

2.6.4 添加项目符号和编号

在文档中使用项目符号和编号，可以使文档中的重点内容突出显示。

1. 添加项目符号

项目符号就是在一些段落的前面加上完全相同的符号。添加项目符号的具体操作步骤如下。

第1步 选中需要添加项目符号的内容，单击【开始】选项卡下【段落】组中【项目符号】按钮的下拉按钮，在弹出的项目符号列表中选择一种样式，即可将选择的项目符号样式应用至所选的段落中。如果要自定义项目符号样式，可以单击【定义新项目符号】选项。

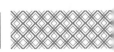

第2步 在弹出的【定义新项目符号】对话框中单击【项目符号字符】组中的【符号】按钮。

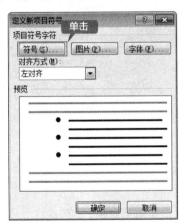

第3步 在弹出的【符号】对话框的列表框中选择一种符号样式，单击【确定】按钮。

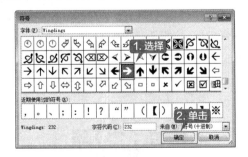

第4步 返回【定义新项目符号】对话框并再次单击【确定】按钮，新添加项目符号的效果如下图所示。

2. 添加编号

文档编号是按照大小顺序为文档中的行或段落添加编号。在文档中添加编号的具体操作步骤如下。

第1步 选中文档中需要添加编号的段落。

第2步 单击【开始】选项卡下【段落】组中【编号】按钮 的下拉按钮，在弹出的下拉列表中选择一种编号样式。

第3步 即可看到编号添加完成后的效果。

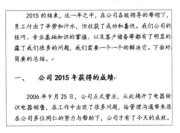

第4步 使用同样的方法，为其他段落添加编号。

2.7 添加页面背景

在 Word 2007 中,用户也可以给公司年终总结报告文档添加页面背景,以使文档看起来生动形象,充满活力。

2.7.1 设置背景颜色

在设置完文档的字体和段落格式之后,用户可以在文档中添加背景颜色,具体操作步骤如下。

第1步 单击【页面布局】选项卡下【页面背景】组中【页面颜色】按钮 的下拉按钮,在弹出的下拉列表中选择一种颜色。

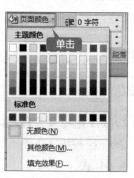

第2步 即可给文档页面填充上纯色背景,效果如下图所示。

2.7.2 设置填充效果

除了可以给文档设置背景颜色,用户也可以给文档背景设置填充效果,具体操作步骤如下。

第1步 单击【页面布局】选项卡下【页面背景】组中【页面颜色】按钮 的下拉按钮,在弹出的下拉列表中选择【填充效果】选项。

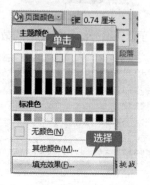

第2步 弹出【填充效果】对话框,选择【渐变】选项卡,在【颜色】组中单击【双色】单选按钮,单击【颜色1】下拉列表框,在弹出的列表中选择一种颜色,这里选择"白色,背景1,深色5%"选项。

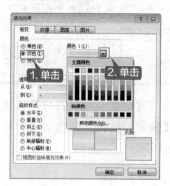

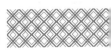

提示 ┊┊┊┊┊┊

还可以根据需要设置纹理填充、图案填充或图片填充。

第3步 单击【颜色2】下拉列表框，在弹出的列表中选择一种颜色，这里选择"白色，背景1，深色 5%"选项。在【底纹样式】组中单击选中【角部辐射】单选按钮，单击【确定】按钮。

第4步 完成填充效果的设置后，效果如下图所示。

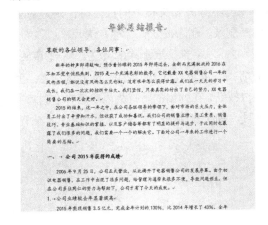

2.8 邀请别人审阅文档

使用 Word 编辑文档之后，通过审阅功能，才能递交出一份完整的公司年终总结报告。

2.8.1 添加和删除批注

批注是文档的审阅者为文档添加的注释、说明、建议和意见等信息。

1. 添加批注

添加批注的具体操作步骤如下。

第1步 在文档中选择需要添加批注的文本，单击【审阅】选项卡下【批注】组中的【新建批注】按钮。

第2步 在文档右侧出现的批注框中输入批注的内容即可。

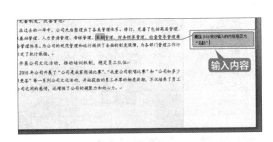

第3步 使用同样的方法，在文档中的其他位置添加批注内容。

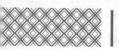

2. 删除批注

当不再需要文档中的批注时，用户可以将其删除。删除批注有3种方法。

方法一：选择要删除的批注，单击【审阅】选项卡下【批注】组中【删除】按钮的下拉按钮，在弹出的下拉列表中选择【删除】选项，即可删除单个批注。

方法三：在要删除的批注或添加了批注的文本上单击鼠标右键，在弹出的快捷菜单中选择【删除批注】选项。

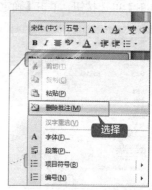

方法二：选择要删除的批注，单击【审阅】选项卡下【批注】组中【删除】按钮的下拉按钮，在弹出的下拉列表中选择【删除文档中的所有批注】选项，即可删除所有批注。

2.8.2 修订文档

修订是显示文档中所做的诸如删除、插入或其他编辑更改的标记。修订文档的具体操作步骤如下。

第1步 单击【审阅】选项卡下【修订】组中【修订】按钮的下拉按钮，在弹出的下拉列表中选择【修订】选项。

第2步 即可使文档处于修订状态，此时文档中所做的所有修改内容将被记录下来。

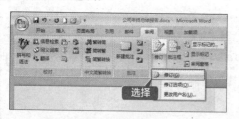

2.8.3 接受文档修订

如果修订的内容是正确的，这时即可接受修订。接受修订的具体操作步骤如下。

第1步 选择第一条修订内容。

第2步 单击【审阅】选项卡下【更改】组中【接受】按钮的下拉按钮，在弹出的下拉列表中选择【接受并移到下一条】选项。

第3步 即可接受文档中选择的修订，并自动选择下一条修订。

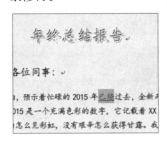

第4步 如果所有修订都是正确的，需要全部接受。单击【审阅】选项卡下【更改】组中【接受】按钮的下拉按钮，在弹出的下拉列表中选择【接受对文档的所有修订】选项即可。再次单击【审阅】选项卡下【修订】组中的【修订】按钮，结束修订状态。

2.9 设计封面

为公司年终总结报告文档设计封面，可以使制作的报告文档更加专业。设计封面的具体操作步骤如下。

第1步 将鼠标光标放置在文档开始的位置，单击【插入】选项卡下【页面】组中的【空白页】按钮。

第2步 即可在文档中添加一个新页面。

第3步 在封面中输入"年终总结报告"文本内容，并在每个字后方按【Enter】键换行。选中"年终总结报告"文本，设置【字体】为"华文楷体"，【字号】为"60"，效果如下图所示。

第4步 选中封面页中的内容，单击【开始】选项卡下【段落】组中的【居中】按钮，将文本设置为"居中"对齐。

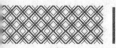

 在"年终总结报告"文本下方输入落款和日期，并根据需要调整字体格式，效果如下图所示。

2.10 保存文档

公司年终总结报告文档制作完成后，就可以保存制作后的文档了。

对已存在文档有3种方法可以保存更新。

(1) 单击【Office】按钮 ，在弹出的列表中单击【保存】选项。

(2) 单击快速访问工具栏中的【保存】图标 🔚。

(3) 按【Ctrl+S】组合键可以实现快速保存。

制作房屋租赁协议书

与制作公司年终总结报告类似的文档还有制作个人工作总结报告、房屋租赁协议书、公司合同、产品转让协议等。制作这类文档时，除了要求内容准确外，还要求条理清晰。下面就以制作房屋租赁协议书为例进行介绍。

第一步 创建并保存文档

新建空白文档，并将其保存为"房屋租赁协议书.docx"文档。根据需求输入房屋租赁协议的内容，并根据需要修改文本内容。

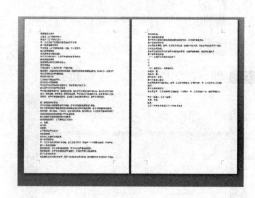

第二步 设置字体及段落格式

设置字体的样式，并根据需要设置段落格式，添加项目符号及编号。

第三步 添加背景及制作封面

添加背景并插入空白页，输入封面内容并根据需要设置字体样式。

◇ **添加汉语拼音**

在 Word 2007 中为汉字添加拼音，具体操作步骤如下。

第1步 新建空白文档，输入并选中要加注拼音的文字，单击【开始】选项卡下【字体】组中的【拼音指南】按钮。

第四步 审阅文档并保存

将制作完成的房屋租赁协议书发给其他人审阅，并根据批注修订文档，确保内容无误后，保存文档。

第2步 在弹出的【拼音指南】对话框中单击【组合】按钮，把汉字组合成一行，单击【确定】按钮，即可为汉字添加上拼音。

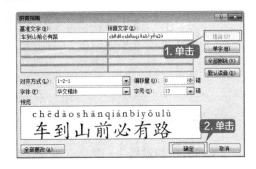

◇ 输入数学公式

数学公式在编辑数学方面的文档时使用非常广泛。在 Word 2007 中，可以直接使用【公式】按钮来输入数学公式，具体操作步骤如下。

第1步 启动 Word 2007，新建一个空白文档，单击【插入】选项卡，在【符号】选项组中单击【公式】按钮 π 公式 ▼ 的下拉按钮，在弹出的下拉列表中选择【二项式定理】选项。

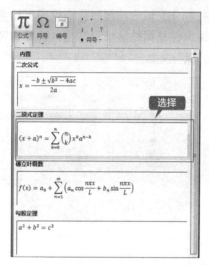

第2步 返回 Word 文档中即可看到插入的公式，输入公式后用户还可以根据需要编辑插入的公式。

$$(x+a)^n = \sum_{k=0}^{n} \binom{n}{k} x^k a^{n-k}$$

◇ 输入上标和下标

在编辑文档的过程中，输入一些公式定理、单位或者数学符号时，经常需要输入上标或下标。下面具体讲解输入上标和下标的方法。

（1）输入上标。

输入上标的具体操作步骤如下。

第1步 在文档中输入一段文字，例如这里输入"A2+B＝C"，选择字符中的数字"2"，单击【开始】选项卡下【字体】组中的【上标】按钮 x^2。

第2步 即可将数字 2 变成上标格式。

$$A^2+B=C$$

（2）输入下标。

输入下标的方法与输入上标类似，具体操作步骤如下。

第1步 在文档中输入"H2O"字样，选择字符中的数字"2"，单击【开始】选项卡下【字体】组中的【下标】按钮 x_2。

第2步 即可将数字 2 变成下标格式。

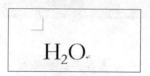

$$H_2O$$

第3章

使用图和表格美化 Word 文档

◎ 本章导读

　　一篇图文并茂的文档，不仅看起来生动形象、充满活力，还可以使文档更加美观。在 Word 中可以通过插入艺术字、图片、自选图形、表格等展示文本或数据内容。本章就以制作公司宣传彩页为例介绍使用图和表格美化 Word 文档的操作。

◎ 思维导图

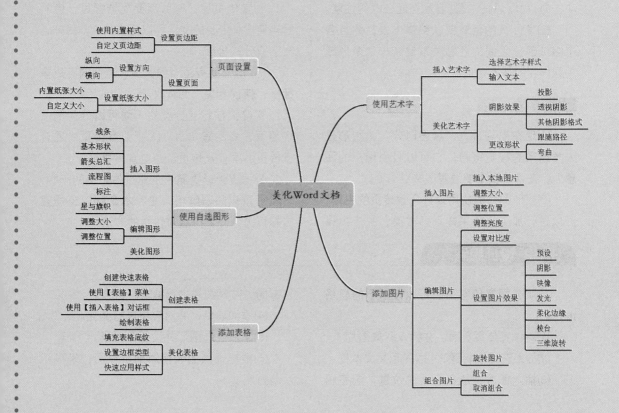

3.1 公司宣传彩页

公司宣传彩页是商业活动中的重要媒介之一，作为公司新产品上市后的一种宣传途径，该方式宣传广、力度大、成本低。排版公司宣传彩页时要做到鲜明、活泼、形象、亮丽且色彩突出，便于公众快速地接收宣传信息。

	实例名称：制作公司宣传彩页	
	实例目的：掌握使用图和表格美化 Word 文档的方式	
	素材	素材 \ch03\ 公司宣传 .txt
	结果	结果 \ch03\ 公司宣传彩页 .docx
	录像	视频教学录像 \03 第 3 章

3.1.1 案例概述

排版公司宣传彩页时，需要注意以下几点。

1. 色彩

(1)色彩可以渲染气氛，并且加强版面的冲击力，用以烘托主题，容易引起公众的注意。

(2)宣传页的色彩要从整体出发，并且各个组成部分之间的色彩关系要统一，来形成主题内容的基本色调。

2. 图文结合

(1)现在已经进入"读图时代"，图形是人类通用的视觉符号，它可以吸引用户的注意力，在宣传页中要注重图文结合。

(2)图形图片的使用要符合宣传页的主题，可以进行加工提炼来体现形式美，并产生强烈鲜明的视觉效果。

3. 编排简洁

(1)确定宣传页的页面大小是进行编排的前提。

(2)宣传页设计时版面要简洁醒目，色彩鲜艳突出，主要的文字可以适当放大。另外，文字宜分段排版。

(3) 版面要有适当的留白，避免内容过多拥挤，使读者失去阅读兴趣。

宣传页按行业分类的不同可以分为药品宣传页、食品宣传页、IT 企业宣传页、酒店宣传页、学校宣传页、企业宣传页等。

公司宣传彩页属于企业宣传页中的一种，气氛可以以热烈鲜艳为主。本章就以公司宣传彩页为例介绍排版宣传页的方法。

3.1.2 设计思路

排版公司宣传彩页时可以按以下的思路进行。

(1)制作宣传页页面，并插入背景图片。

(2)插入艺术字标题，并插入正文文本框。

(3)插入图片，放在合适的位置，调整图片布局，并对图片进行编辑、组合。

(4)添加表格，并对表格进行美化。

(5)添加自选图形并设置为背景。

(6)根据插入的表格添加折线图，来表示活动力度。

3.1.3 涉及知识点

本案例主要涉及以下知识点。
(1)设置页边距、页面大小。
(2)插入艺术字。

(3)插入图片。
(4)插入表格。
(5)插入自选图形。

3.2 宣传彩页的页面设置

在制作公司宣传彩页时，首先要设置宣传页页面的页边距和页面大小，并插入背景图片，来确定宣传页的色彩主题。

3.2.1 设置页边距

页边距的设置可以使公司宣传彩页更加美观。设置页边距，包括上、下、左、右边距，具体操作步骤如下。

第1步 打开 Word 2007 软件，新建一个 Word 空白文档。

第2步 单击 Office 按钮 ，选择【另存为】选项，弹出【另存为】对话框，选择文件要保存的位置，并在【文件名】文本框中输入"公司宣传彩页"，单击【保存】按钮。

第3步 单击【页面布局】选项卡下【页面设置】组中的【页边距】按钮 ，在弹出的下拉列表中单击选择【自定义边距】选项。

第4步 弹出【页面设置】对话框，在【页边距】选项卡下【页边距】组中可以自定义设置"上""下""左""右"页边距，在此将【上】、【下】页边距均设为"1.2 厘米"，【左】、【右】页边距均设为"1.8 厘米"，在【预览】组中可以查看设置后的效果。

第5步 单击【确定】按钮，在 Word 文档中可以看到设置页边距后的效果。

3.2.2 设置页面大小

设置好页边距后，还可以根据需要设置页面大小和纸张方向，使页面满足公司宣传彩页的格式要求，具体操作步骤如下。

第1步 单击【页面布局】选项卡下【页面设置】组中的【纸张方向】按钮，在弹出的下拉列表中可以设置纸张方向为"横向"或"纵向"，这里选择【横向】选项。

提示

也可以在【页面设置】对话框的【页边距】选项卡下的【纸张方向】组中设置纸张的方向。

第2步 单击【页面布局】选项卡下【页面设置】选项组中的【纸张大小】按钮，在弹出的下拉列表中选择【其他页面大小】选项。

第3步 在弹出的【页面设置】对话框中，在【纸张】选项卡下的【纸张大小】组中设置【宽度】为"30 厘米"，【高度】为"21.6 厘米"，在【预览】组中可以查看设置后的效果。

第4步 单击【确定】按钮，在 Word 文档中可以看到设置页面大小后的效果。

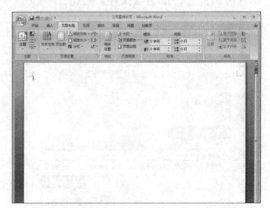

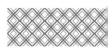

3.3 使用艺术字美化标题

　　使用 Word 2007 提供的艺术字功能，可以制作出精美绝伦的艺术字，丰富宣传页的内容，使公司宣传彩页更加鲜明醒目。具体操作步骤如下。

第 1 步 单击【插入】选项卡下【文本】组中的【艺术字】按钮 艺术字，在弹出的下拉列表中选择一种艺术字样式。

第 2 步 弹出【编辑艺术字文字】对话框，在【文本】文本框内输入文本，并设置【字体】为"华文行楷"、【字号】为"40"。

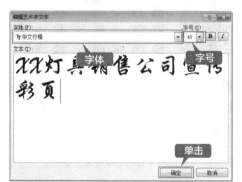

第 3 步 单击【确定】按钮，即可在文当中插入艺术字。

第 4 步 选中艺术字，单击【艺术字工具】→【格式】选项卡下【阴影效果】组中的【阴影效果】按钮 ，在弹出的下拉列表中选择【阴影样式 1】选项。

第 5 步 选中艺术字，单击【绘图工具】→【格式】选项卡下【艺术字样式】组中的【更改形状】按钮 更改形状，在弹出的下拉列表中选择【弯曲】选项组中的【山形】选项。

第 6 步 选中艺术字，单击【开始】选项卡下【段落】组中的【居中】按钮 ，使艺术字处于文档的正中位置。

第 7 步 选中艺术字，单击【艺术字工具】→【格式】选项卡下【形状样式】组中的【形状轮廓】按钮 形状轮廓，在弹出的下拉列表中选择一种颜色。

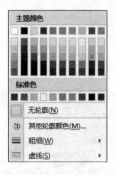

第8步 打开随书光盘中的"素材 \ch03\ 公司宣传 .txt"文件，选择第一段的文本内容，并按【Ctrl+C】组合键，复制选中的内容。

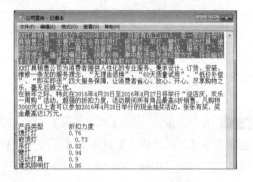

第9步 单击【插入】选项卡下【文本】组中的【文本框】按钮，在弹出的下拉列表中选择【绘制文本框】选项。

第10步 将鼠标光标定位在文档中，拖曳出文本框，按【Ctrl+V】组合键将复制的内容粘贴在文本框内，并根据需求设置字体及段落样式。

第11步 单击【格式】选项卡下【形状样式】组中的【形状填充】按钮 形状填充 ，在弹出的下拉列表中选择【线性向上渐变 – 强调文字颜色 5】选项。

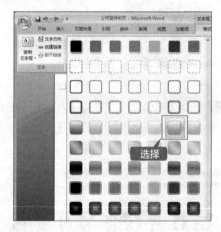

第12步 重复上面的步骤，将其余的段落内容复制、粘贴到文本框中。添加文本后的效果如下图所示。

3.4 添加宣传图片

在文档中添加图片元素，可以使宣传页看起来更加生动、形象、充满活力。在 Word 2007 中可以对图片进行编辑处理，并且可以把图片组合起来避免图片变动。

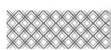

3.4.1 插入图片

插入图片，可以使宣传页更加多彩。Word 2007 中不仅可以插入文档图片，还可以插入背景图片。Word 2007 支持更多的图片格式，例如".jpg"".jpeg"".jfif"".jpe"".png"".bmp" ".dib"和".rle"等。在宣传页中添加图片的具体步骤如下。

第1步 单击【插入】选项卡下【页眉和页脚】组中的【页眉】按钮，在弹出的下拉列表中选择【编辑页眉】选项。

第2步 单击【页眉和页脚工具】→【设计】选项卡下【插入】组中的【图片】按钮，在弹出的【插入图片】对话框中选择"素材 \ch03\01.jpg"文件，单击【插入】按钮。

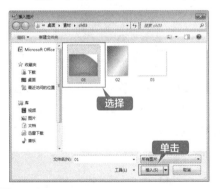

第3步 选择插入的图片并右击，在弹出的快捷菜单中选择【文字环绕】级联菜单下的【衬于文字下方】选项。

第4步 把图片调整为页面大小，单击【页眉和页脚工具】→【设计】选项卡下【关闭】组中的【关闭页眉和页脚】按钮，并设置页眉【边框】为"无"即可看到设置完成的宣传页页面效果。

第5步 调整文本框的位置，并将光标定位于文档中，然后单击【插入】选项卡下【插图】组中的【图片】按钮。

第6步 在弹出的【插入图片】对话框中选择"素材 \ch03\03.png"文件，单击【插入】按钮，即可插入该图片。

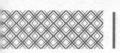
第7步 根据需要调整图片的大小和位置，鼠标右键单击该图片并在弹出的快捷菜单中选择【文字环绕】级联菜单下的【衬于文字下方】选项。

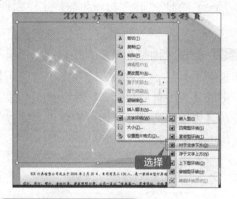

第8步 根据需要调整插入图片的大小和位置，效果如下图所示。

3.4.2 编辑图片

对插入的图片进行更正、调整、添加艺术效果等编辑，可以使图片更好地融入宣传页的氛围中。具体操作步骤如下。

第1步 选择插入的图片，单击【图片工具】→【格式】选项卡下【调整】组中的【亮度】按钮 亮度 的下拉按钮，在弹出的下拉列表中选择任一选项。

第2步 选择插入的图片，单击【图片工具】→【格式】选项卡下【调整】组中的【对比度】按钮 对比度 的下拉按钮，在弹出的下拉列表中选择任一选项。

第3步 即可改变图片的亮度与对比度。

第4步 选择插入的图片，单击【图片工具】→【格式】选项卡下【图片样式】组中的【图片效果】按钮 图片效果 ，在弹出的下拉列表中选择任一选项。

第5步 即可改变图片的艺术效果。

第6步 单击【图片工具】→【格式】选项卡下【图片样式】组中的【图片效果】按钮 图片效果，在弹出的下拉列表中选择【预设】→【预设5】选项。

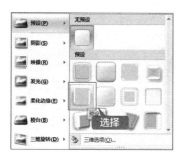

第7步 即可在宣传页上看到图片预设后的效果。

第8步 单击【图片工具】→【格式】选项卡下【图片样式】组中的【图片效果】按钮 图片效果，在弹出的下拉列表中选择【映像】→【紧密映像，接触】选项。

第9步 单击【图片工具】→【格式】选项卡下【图片样式】组中的【图片效果】按钮 图片效果，

在弹出的下拉列表中选择【三维旋转】→【前透视】选项。

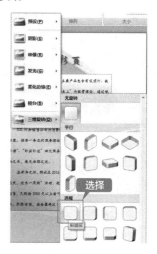

第10步 即可为图片设置三维旋转，效果如下图所示。

第12步 按照上述步骤设置好第二张图片，即可得到结果。

3.4.3 组合图片

编辑完添加的图片后，还可以把图片进行组合，避免宣传页中的图片移动变形。具体操作步骤如下。

第1步 单击"Office"按钮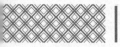，在弹出的列表中单击【另存为】选项。

第2步 弹出【另存为】对话框，设置【保存类型】为"Word 97-2003 文档（*.doc）"，并单击【保存】按钮。

第3步 即可把文档保存为兼容模式。按住【Ctrl】键同时选中两张图片，单击【图片工具】→【格式】选项卡下【排列】组中的【组合】按钮，在弹出的下拉列表中选择【组合】选项。

第4步 即可将选择的两张图片组合到一起，效果如下图所示。

3.5 添加表格

表格由多个行或列的单元格组成，用户可以在编辑文档的过程中向单元格中添加文字或图片，来丰富宣传页的内容。

3.5.1 创建表格

Word 2007 提供了多种创建表格的方法，用户可根据需要选择。

1. 创建快速表格

可以利用 Word 2007 提供的内置表格模型来快速创建表格，但提供的表格类型有限，只适用于建立特定格式的表格。具体操作步骤如下。

第1步 将鼠标光标定位至需要插入表格的地方，单击【插入】选项卡下【表格】组中的【表格】按钮，在弹出的下拉列表中选择【快速表格】选项，在弹出的子菜单中选择需要的表格类

型，这里选择"带小标题 1"。

第2步 即可插入选择的表格类型。

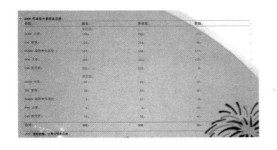

提示

插入表格后，可以根据需要替换模板中的数据。单击表格左上角的按钮 ✚ 选择整个表格并单击鼠标右键，在弹出的快捷菜单中选择【删除表格】命令，即可将表格删除。

2. 使用【表格】菜单创建表格

使用【表格】菜单适合创建规则的、行数和列数较少的表格。最多可以创建 8 行 10 列的表格。

将鼠标光标定位在需要插入表格的地方，单击【插入】选项卡下【表格】组中的【表格】按钮，在【插入表格】区域内选择要插入表格的行数和列数，即可在指定位置插入表格。选中的单元格将以橙色显示，并在名称区域显示选中的行数和列数。

3. 使用【插入表格】对话框创建表格

使用【表格】菜单创建表格固然方便，可是由于菜单所提供的单元格数量有限，因此只能创建有限的行数和列数。而使用【插入表格】对话框，则不受数量限制，并且可以对表格的宽度进行调整。在本案例公司宣传彩页中，使用【插入表格】对话框创建表格，具体操作步骤如下。

第1步 将鼠标光标定位至需要插入表格的地方，单击【插入】选项卡下【表格】组中的【表格】按钮 ▦，在弹出的下拉列表中选择【插入表格】选项。

第2步 弹出【插入表格】对话框，设置【列数】为"2"，【行数】为"7"，单击【确定】按钮。

提示

【"自动调整"操作】组中各个单选按钮的含义分别如下。

【固定列宽】单选按钮：设定列宽的具体数值，单位是厘米。当选择为"自动"时，表示表格将自动在窗口填满整行，并平均分配各列为固定值。

【根据内容调整表格】单选按钮：根据单元格的内容自动调整表格的列宽和行高。

【根据窗口调整表格】单选按钮：根据窗口大小自动调整表格的列宽和行高。

插入表格后将鼠标指针放在表格上，拖曳即可调整表格的位置。将鼠标指针移动到表格的右下角，当鼠标指针变为↘形状时，按住鼠标左键并拖曳，即可调整表格的大小。

3.5.2 编辑表格

插入表格后，需要对表格进行编辑。

第1步 打开随书光盘中的"素材 \ch03\ 公司宣传 .txt"文件。

第2步 将文本文件中最后七行数据复制到表格中，效果如下图所示。

产品类型	折扣力度
吸顶灯	0.76
嵌顶灯	0.73
吊灯	0.82
壁灯	0.94
活动灯具	0.9
建筑照明灯	0.86

第3步 选择表格中的文字，在【开始】选项卡下【字体】组中设置【字体】为"华文楷体"，【字号】为"四号"。

产品类型	折扣力度
吸顶灯	0.76
嵌顶灯	0.73
吊灯	0.82
壁灯	0.94
活动灯具	0.9
建筑照明灯	0.86

第4步 单击【布局】选项卡下【对齐方式】组中的【水平居中】按钮，设置表格中的文字居中效果如下图所示。

产品类型	折扣力度
吸顶灯	0.76
嵌顶灯	0.73
吊灯	0.82
壁灯	0.94
活动灯具	0.9
建筑照明灯	0.86

3.5.3 美化表格

在 Word 2007 中制作完表格后，可以对表格的边框和底纹进行美化设置，使宣传页看起来更加美观。

1. 填充表格底纹

为了突出表格内的某些内容，可以为其填充底纹，以便查阅者能够清楚地看到要突出的数据。填充表格底纹的具体操作步骤如下。

第1步 选择表格，单击【表格工具】→【设计】选项卡下【表样式】组中的【底纹】按钮的 底纹 下拉按钮，在弹出的下拉列表中选择一种底纹颜色。

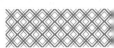
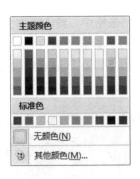

第2步 即可看到设置底纹后的效果。

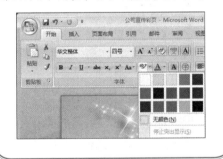

| 提示 | ::::::

　　选择要设置底纹的表格，单击【开始】选项卡下【段落】组中的【底纹】按钮，在弹出的下拉列表中也可以填充表格底纹。

2. 设置表格的边框类型

　　如果用户对默认的表格边框不满意，可以重新进行设置。为表格添加边框的具体操作步骤如下。

第1步 选择整个表格，单击【表格工具】→【布局】选项卡下【表】组中的【属性】按钮 属性，弹出【表格属性】对话框，选择【表格】选项卡，单击【边框和底纹】按钮。

第2步 弹出【边框和底纹】对话框，在【边框】选项卡下选择【设置】组中的【自定义】选项。

第3步 在【样式】列表框中任意选择一种线型，这里选择第一种线型；设置【颜色】为"蓝色"；设置【宽度】为"0.5磅"；选择要设置的边框位置，即可看到预览效果。

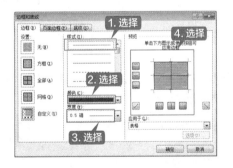

| 提示 | ::::::

　　还可以在【表格工具】→【设计】选项卡下【表格样式】组中的【边框】按钮下拉列表中更改边框的样式。

第4步 单击【底纹】选项卡下【填充】组中的下拉按钮，在弹出的【主题颜色】面板中，选择【橙色，个性色2，淡色60%】选项。

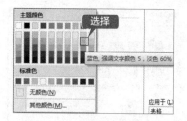

第5步 在【预览】区域即可看到设置底纹后的效果，单击【确定】按钮。

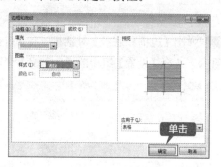

第6步 返回【表格属性】对话框，单击【确定】按钮。

第7步 在宣传页文档中即可看到设置表格边框类型后的效果。

产品类型↩	折扣力度↩
吸顶灯↩	0.76↩
嵌顶灯↩	0.73↩
吊灯↩	0.82↩
壁灯↩	0.94↩
活动灯具↩	0.9↩
建筑照明灯↩	0.86↩

3. 快速应用表格样式

Word 2007 中内置了多种表格样式，用户可以根据需要选择要设置的表格样式，即可将其应用到表格中。具体操作步骤如下。

第1步 将鼠标光标置于要设置样式的表格的任意位置（也可以在创建表格时直接应用自动套用格式）或者选中表格。

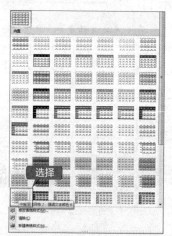

第2步 单击【表格工具】→【设计】选项卡下【表格样式】组中的某种表格样式图标，文档中的表格即会以预览的形式显示所选表格的样式。这里单击【其他】按钮，在弹出的下拉列表中选择一种表格样式并单击，即可将选择的表格样式应用到表格中。

第3步 返回宣传页文档中，即可查看应用表格样式后的效果。

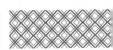
3.6 使用自选图形

利用 Word 2007 提供的形状，可以绘制出各种形状，来为宣传页设置个别内容醒目的效果。形状包括线条、矩形、基本形状、箭头总汇、公式形状、流程图、星与旗帜、标注，用户可以根据需要从中选择适当的形状。具体操作步骤如下。

第1步 单击【插入】选项卡下【插图】组中的【形状】按钮，在弹出的下拉列表中，选择"太阳形"形状。

第2步 在文档中选择要绘制形状的起始位置，按住鼠标左键并拖曳至合适位置，松开鼠标左键，即可完成形状的绘制。

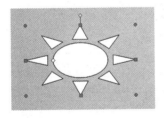

第3步 选中形状，将鼠标指针放在形状边框的 4 个角上，当鼠标指针变为形状时，按住鼠标左键并拖曳鼠标即可改变形状的大小。

第4步 选中形状，将鼠标指针放在形状边框上，当鼠标指针变为形状时，按住鼠标左

键并拖曳鼠标，即可调整形状的位置。

第5步 单击【绘图工具】→【格式】选项卡下【形状样式】组中的【其他】按钮，在弹出的下拉列表中选择【水平渐变，强调文字颜色 1】样式，即可将选择的样式应用到形状中。

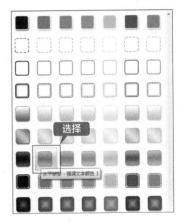

第6步 在宣传页上即可查看形状设置样式后的效果。

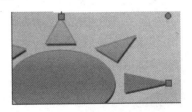

第7步 单击【插入】选项卡下【文本】组中的【艺术字】按钮，在弹出的下拉列表中选择一种艺术字样式。

位置。

第8步 在弹出的文本框中，输入文字，并根据形状的大小和位置，调整文本框的大小和

制作应聘简历

与公司宣传彩页类似的文档还有应聘简历、产品活动宣传页、产品展示文档、公司业务流程图等。排版这类文档时，都要做到色彩统一、图文结合、编排简洁，使用户能把握重点并快速获取需要的信息。下面就以制作应聘简历为例进行介绍，具体操作步骤如下。

第一步 设置页面

新建空白文档，设置页面边距、页面大小、插入背景等。

第二步 添加应聘简历标题

单击【插入】选项卡下【文本】组中的【艺术字】按钮，在文档中插入艺术字标题"应聘简历"并设置文字效果。

第三步 插入表格

根据个人简历制作的需要，在文档中插入表格，并对表格进行编辑。

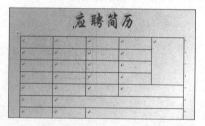

第四步 在表格中添加文字

在插入的表格中，根据要求添加文字，并对文字与表格的样式进行调整。

◇ 从 Word 中导出清晰的图片

Word 中的图片可以单独导出保存到电脑中，方便用户使用。具体操作方法如下。

第1步 打开随书光盘中的"素材 \ch03\ 导出清晰图片 .docx"文件，单击选中文档中的图片，按【Ctrl+C】组合键复制图片。

第2步 打开 PowerPoint 2007，按【Ctrl+V】组合键把图片粘贴到幻灯片中。

第3步 鼠标右键单击图片，在弹出的快捷菜单中选择【另存为图片】命令，

第4步 在弹出的【另存为图片】对话框中，设置文件的保存位置，单击【保存】按钮，即可将图片从 Word 中导出。

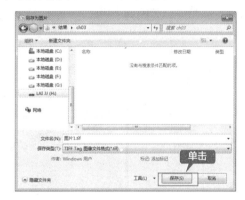

◇ 给跨页的表格添加表头

如果表格的内容较多，会自动在下一个 Word 页面中显示表格内容，但是表头却不会在下一页显示。可以通过设置，当表格跨页时，自动在下一页添加表头，具体操作步骤如下。

第1步 打开"跨页表格 .docx"文件，并选择表格，单击【表格工具】→【布局】选项卡下【表】组中的【属性】按钮。

第2步 在弹出的【表格属性】对话框中，单击选中【行】选项卡下【选项】组中的【在各页顶端以标题形式重复出现】复选框，然后单击【确定】按钮。

第3步 返回至 Word 文档中，即可看到每一页的表格均添加了表头。

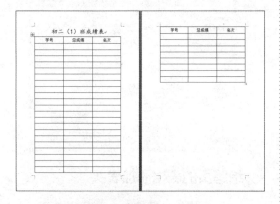

◇ 文本和表格的转换

在文档编辑过程中，用户可以直接将编辑过的文本转换成表格，具体操作步骤如下。

第1步 打开随书光盘中的"素材 \ch03\ 产品类型 .docx"文件，在文档中按住左键拖曳鼠标，选择所有文字。

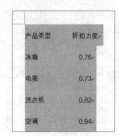

第2步 单击【插入】选项卡下【表格】组中【表格】按钮的下拉按钮，在弹出的下拉列表中选择【文本转换成表格】选项。

第3步 打开【将文本转换成表格】对话框，在【列数】文本框中输入数字设置列数，单击选中【文字分隔位置】组中的【空格】单选按钮。

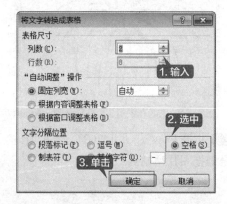

第4步 即可将文本转换为表格形式。

产品类型	折扣力度
冰箱	0.76
电视	0.73
洗衣机	0.82
空调	0.94
热水器	0.9
整体橱柜	0.86
小家电	0.6

第4章
Word 高级应用——长文档的排版

📃 本章导读

在办公与学习中，经常会遇到包含大量文字的长文档，如毕业论文、个人合同、公司合同、企业管理制度、礼仪培训资料、产品说明书等，使用 Word 提供的创建和更改样式、插入页眉和页脚、插入页码、创建目录等操作，可以方便地对这些长文档进行排版。本章就以制作灾害防护手册为例，介绍一下长文档的排版技巧。

🖅 思维导图

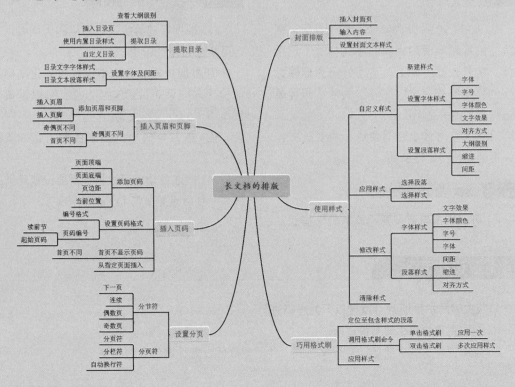

4.1 灾害防护手册

无论是在日常生活中还是外出旅游探险，防灾意识不能少。强化自己的防灾意识，学习相应的灾害防护知识，可以在灾害来临时做出最恰当的应对方法，减少人员和财产损失。

实例名称：制作灾害防护手册	
实例目的：掌握长文档的排版	
素材	素材 \ch04\ 灾害防护手册 .docx
结果	结果 \ch04\ 灾害防护手册 .docx
录像	视频教学录像 \04 第 4 章

4.1.1 案例概述

制作一份格式统一、工整的灾害防护手册，不仅能够使灾害防护手册美观，还方便阅读者查看，能够快速找到相应的内容，起到事半功倍的效果。对灾害防护手册的排版需要注意以下几点。

1. 格式统一

(1) 灾害防护手册内容分为若干等级，相同等级的标题要使用相同的字体样式（包括字体、字号、颜色等），不同等级的标题之间字体样式要有明显的区分。通常按照等级高低将字号由大到小设置。

(2) 正文字号最小且需要统一所有正文样式，否则文档将显得杂乱。

2. 层次结构区别明显

(1) 可以根据需要设置标题的段落样式，

为不同标题设置不同的段间距和行间距，使不同等级标题之间或者是标题和正文之间结构区分更明显，便于阅读者查阅。

(2) 使用分页符将需要单独显示的页面另起一页显示。

3. 提取目录便于阅读

(1) 根据标题等级设置对应的大纲级别，这是提取目录的前提。

(2) 添加页眉和页脚不仅可以美化文档还能快速向阅读者传递文档信息，可以设置奇偶页不用的页眉和页脚。

(3) 插入页码也是提取目录的必备条件之一。

(4) 提取目录后可以根据需要设置目录的样式，使目录格式工整、层次分明。

4.1.2 设计思路

排版灾害防护手册时可以按以下的思路进行。

(1) 制作灾害防护手册封面。

(2) 设置灾害防护手册标题、正文格式，并根据需要设置标题的大纲级别。

(3) 使用分隔符或分页符设置文本格式，将重要内容另起一页显示。

(4) 插入页码、页眉和页脚并根据要求提取目录。

4.1.3 涉及知识点

本案例主要涉及以下知识点。

(1) 使用样式。

(2) 使用格式刷工具。

(3) 使用分隔符、分页符。

(4) 插入页码。

(5) 插入页眉和页脚。

(6) 提取目录。

4.2 对封面进行排版

首先为灾害防护手册添加封面，具体操作步骤如下。

第1步 打开随书光盘中的"素材\ch04\灾害防护手册.docx"文档，将鼠标光标定位至文档最前的位置，单击【插入】选项卡下【页】组中的【空白页】按钮 空白页。

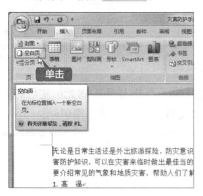

第2步 即可在文档中插入一个空白页面，将鼠标光标定位于页面最开始的位置。

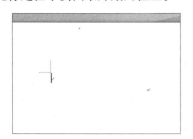

第3步 输入文字"气"，按【Enter】键换行，然后依次输入"象""和""地""质""灾""害""防""护""手""册"，效果如图所示。

第4步 选中"气象和地质灾害防护手册"文本，单击【开始】选项卡下【字体】组中的【字体】对话框按钮 ，打开【字体】对话框，在【字体】选项卡下设置【中文字体】为"华文楷体"，【字形】为"常规"，【字号】为"小一"，单击【确定】按钮。

第5步 单击【开始】选项卡下【段落】组中的【居中对齐】按钮。

第6步 效果如下图所示。

第7步 将鼠标光标定位在"气"字左侧，按【Enter】键空出一行，并将光标定位在新空出的行中。

第8步 单击【插入】选项卡下【插图】组中的【图片】按钮 图片 。

第9步 弹出【插入图片】对话框，选择随书光盘中的"素材 \ch04\ 标志 .png"文件，单击【插入】按钮。

第10步 即可将图片插入到光标定位位置，适当调整图片大小，效果如图所示。

4.3 使用样式

样式是字体格式和段落格式的集合。在对长文档的排版中，可以对具有相同性质的文本进行重复套用特定样式，提高排版效率。

4.3.1 自定义样式

在对灾害防护手册这类长文档的排版中，相同级别的文本一般会使用统一的样式，具体操作步骤如下。

第1步 选中"1．高 温"文本，单击【开始】选项卡下【样式】组中的【样式】按钮 。

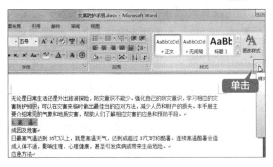

第2步 弹出【样式】窗格，单击【新建样式】按钮 。

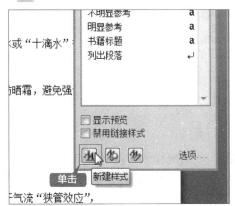

第3步 弹出【根据格式设置创建新样式】对话框，在【属性】组中设置【名称】为"一级标题"，在【格式】组中设置【字体】为"华文行楷"，【字号】为"三号"，并设置"加粗"效果。

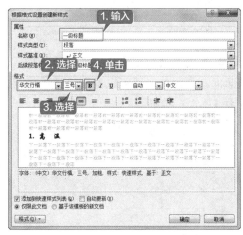

第4步 单击对话框左下角的【格式】按钮，在弹出的下拉列表中选择【段落】选项。

第5步 弹出【段落】对话框，在【缩进和间距】选项卡下【常规】组中设置【对齐方式】为"两端对齐"，【大纲级别】为"1级"；在【间距】组内设置【段前】为"0.5行"，单击【确定】按钮。

第6步 返回至【根据格式设置创建新样式】对话框，在预览区域可以看到设置的效果，单击【确定】按钮。

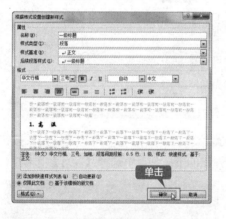

第7步 即可创建名称为"一级标题"的样式，所选文字将会自动应用自定义的样式。

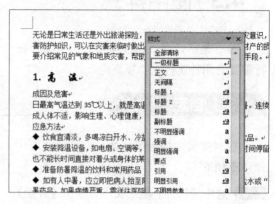

第8步 使用同样的方法选择"成因及危害"文本并设置成【字体】为"华文行楷"，【字号】为"四号"，【对齐方式】为"两端对齐"的"二级标题"样式。

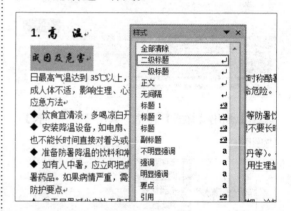

4.3.2 应用样式

使用创建好的样式可对需要设置相同样式的文本进行套用。

第1步 选中"2. 大风"文本，在【样式】窗格的列表中单击"一级标题"样式，即可将"一级标题"样式应用至所选段落。

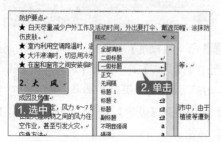

第2步 使用同样的方法对其余一级标题和二级标题进行设置，最终效果如下图所示。

4.3.3 修改样式

如果排版的要求在原来样式的基础上发生了一些变化，可以对样式进行修改，应用了该样式的文本的样式也会相应发生改变。具体操作步骤如下。

第1步 在【样式】窗格中选中要修改的样式，如"一级标题"样式，单击【一级标题】样式右侧的下拉按钮，在弹出的下拉列表中选择【修改】选项。

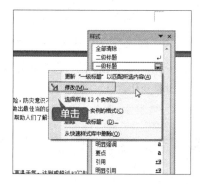

第2步 弹出【修改样式】对话框，将【格式】组内的【字体】改为"华文隶书"，单击左下角的【格式】按钮，在弹出的下拉列表中单击【段落】选项。

第3步 弹出【段落】对话框，将【缩进】组中的【左侧】缩进值设置为"1字符"，将【间距】组中的【段前】改为"1行"、【段后】改为"1行"，单击【确定】按钮。

第4步 返回【修改样式】对话框，在预览区域查看设置效果，单击【确定】按钮。

第5步 修改完成后，所有应用该样式的文本的样式也相应地发生了变化，效果如下图所示。

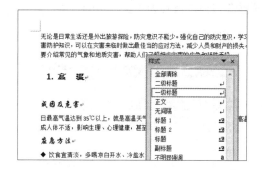

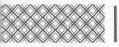
4.3.4 清除样式

如果不再需要某种样式，可以将其清除，具体操作步骤如下。

第1步 创建【字体】为"楷体"，【字号】为"11"，【首行缩进】为"2字符"的名为"正文内容"的样式，并将其应用到正文文本中。

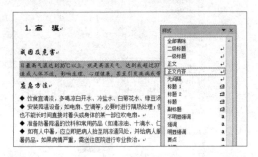

第2步 单击【样式】窗格中【正文内容】样式右侧的下拉按钮，在弹出的下拉列表中选择【删除"正文内容"】选项。

第3步 在弹出的提示对话框中单击【是】按钮即可将该样式删除。

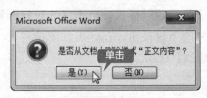

第4步 如下图所示，该样式即会从【样式】窗格列表中删除了，使用该样式的文本样式也发生了相应变化。

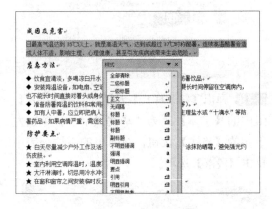

4.4 巧用格式刷

除了可以对文本套用创建好的样式之外，还可以使用格式刷工具对相同性质的文本进行格式的设置。设置正文的样式并使用格式刷，具体操作步骤如下。

第1步 选择要设置为正文样式的段落。

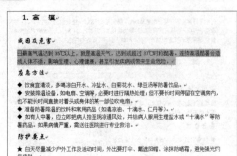

第2步 在【开始】选项卡下【字体】组中设置【字体】为"楷体"，设置【字号】为"11"。

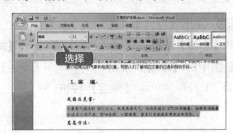

第 3 步 单击【开始】选项卡下【段落】组中的【段落】按钮，弹出【段落】对话框，在【缩进和间距】选项卡下，设置【常规】组中的【对齐方式】为"左对齐"，【大纲级别】为"正文文本"，设置【缩进】组中的【特殊格式】为"首行缩进"，【磅值】为"2 字符"，设置完成后，单击【确定】按钮。

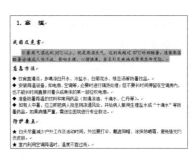

第 5 步 使用鼠标左键双击【开始】选项卡下【剪贴板】组中的【格式刷】按钮，可重复使用格式刷工具。使用格式刷工具对其余正文内容的格式进行设置，最终效果如下图所示。

第 4 步 设置完成后，效果如下图所示。

4.5 设置灾害防护手册分页

在灾害防护手册中，有些文本内容需要进行分页显示。下面将会以设置引导语部分为例介绍如何使用分节符和分页符进行分页显示。

4.5.1 使用分节符

分节符是指为表示节的结尾插入的标记。分节符包含节的格式设置元素，如页边距、页面的方向、页眉和页脚，以及页码的顺序。分节符起着分隔其前面文本格式的作用，如果删除了某个分节符，它前面的文字会合并到后面的节中，并且采用后者的格式设置。设置分节符的具体操作步骤如下。

第 1 步 将鼠标光标放置在任意段落末尾，单击【页面布局】选项卡下【页面设置】组中的【分隔符】按钮，在弹出的下拉列表中选择【分节符】组中的【下一页】选项。

第2步 即可将光标后面的文本移至下一页，效果如下图所示。

第3步 如果要删除分节符，可以将光标放置在插入分节符的位置，按【Delete】键删除，效果如下图所示。

4.5.2 使用分页符

　　前言可以让读者大致了解资料的主要内容，作为概述性语言可以单独放在一页，具体设置步骤如下。

第1步 将鼠标光标放置在"无论是日常生活还是外出旅游探险"文本前面，按【Enter】键使文本向下移动一行，然后在空出的行内输入文字"前言"。

第2步 选中"前言"文本，设置【字体】为"楷体"，【字号】为"24"，【对齐方式】为"居中对齐"，效果如下图所示。

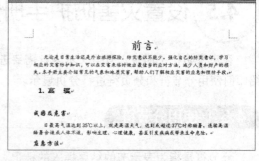

第3步 将鼠标光标放置在"帮助人们了解相应灾害的应急和预防手段。"文本末尾，单击【页面布局】选项卡下【页面设置】组中的【分隔符】按钮，在弹出的下拉列表中选择"分页符"选项。

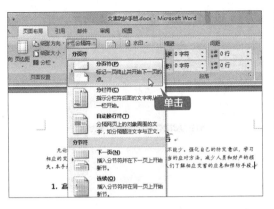

第 4 步 即可将鼠标光标所在位置以下的文本移至下一页，效果如下图所示。

4.6 插入页码

对于灾害防护手册这种篇幅较长的文档，页码可以帮助阅读者记住阅读的位置，阅读起来也更加方便。

4.6.1 添加页码

在文档中插入页码的具体操作步骤如下。

第 1 步 单击【插入】选项卡下【页眉和页脚】组中的【页码】按钮，在弹出的下拉列表中选择【页面底端】选项，页码样式选择"普通数字 3"。

第 2 步 单击【关闭页眉和页脚】按钮之后，即可在文档中插入页码，效果如下图所示。

4.6.2 设置页码格式

为了使页码达到最佳的显示效果，可以对页码的格式进行简单的设置，具体操作步骤如下。

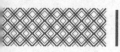
第1步 单击【插入】选项卡下【页眉和页脚】组中的【页码】按钮，在弹出的下拉列表中选择【设置页码格式】选项。

第2步 弹出【页码格式】对话框，在【编号格式】下拉列表中选择一种编号格式，单击【确定】按钮。

第3步 设置完成后效果如下图所示。

提示

【页码格式】对话框中其余各选项的含义如下。

【包含章节号】复选框：可以将章节号插入页码中，可以选择章节起始样式和分隔符。

【续前节】单选按钮：接着上一节的页码连续设置页码。

【起始页码】单选按钮：选中此单选按钮后，可以在右侧的微调框中输入起始页码数。

4.6.3 首页不显示页码

封面一般不显示页码，使首页不显示页码的具体操作步骤如下。

第1步 单击【插入】选项卡下【页眉和页脚】组中的【页码】按钮，在弹出的下拉列表中选择【设置页码格式】选项。

第2步 弹出【页码格式】对话框，在【页码编号】组中选中【起始页码】单选按钮，在微调框中输入"0"，单击确定按钮。

第3步 将鼠标光标放置在页码位置，单击鼠标右键，在弹出的快捷菜单中单击【编辑页脚】选项。

第4步 选中【页眉和页脚工具】→【设计】选项卡下【选项】组中的【首页不同】复选框。

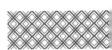

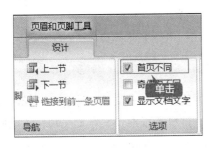

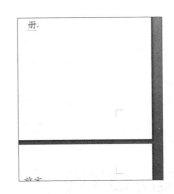

第5步 设置完成后单击【关闭页眉和页脚】按钮，首页即可不显示页码，效果如右图所示。

4.6.4 从指定页面中插入页码

对于某些文档，由于说明性文字或者与正文无关的文字篇幅较多，需要从指定的页面开始添加页码，具体操作步骤如下。

第1步 将鼠标光标放置在前言段落文本末尾。

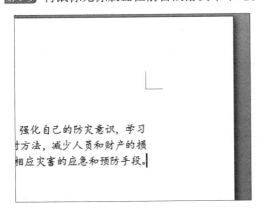

第2步 单击【页面布局】选项卡下【页面设置】组中的【分隔符】按钮，在弹出的下拉列表中选择【分节符】组的【下一页】选项。

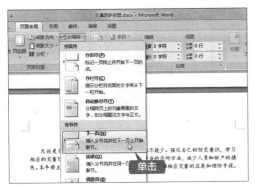

第3步 插入分节符，鼠标光标将在下一页显示，双击此页页脚位置，进入页脚编辑状态，单击【页眉和页脚工具】→【设计】选项卡下【导

航】组中的【链接到前一条页眉】按钮。

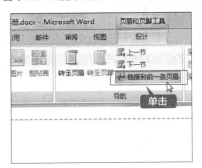

第4步 在该页插入页码即可重新开始，效果如下图所示。

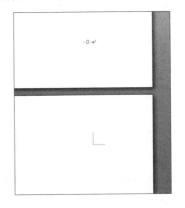

> **提示**
>
> 从指定页面插入页码的操作在长文档的排版中会经常遇到，这里做一下简单介绍，与本案例内容无关。

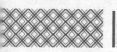

4.7 插入页眉和页脚

在页眉和页脚中可以输入创建文档的基本信息，如在页眉中输入文档名称、章节标题或作者名称等信息，在页脚中输入文档的创建时间、页码等，这样不仅能使文档更美观，还能向阅读者快速传递文档要表达的信息。

4.7.1 添加页眉和页脚

页眉和页脚在长文档中经常遇到，对文档的美化有显著的作用。在灾害防护手册中插入页眉和页脚的具体操作步骤如下。

1. 插入页眉

页眉的样式多种多样，插入页眉的具体操作步骤如下。

第1步 单击【插入】选项卡下【页眉和页脚】组中的【页眉】按钮 ，在弹出的下拉列表中选择"传统型"样式。

第2步 即可在文档每一页的顶部插入页眉，并显示文本域。

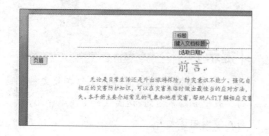

第3步 在页眉的文本域中输入文本，适当调整之后单击【页眉和页脚工具】→【设计】选项卡下【关闭】组中的【关闭页眉和页脚】按钮。

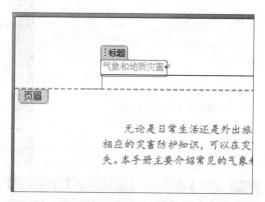

第4步 即可在文档中插入页眉，效果如下图所示。

2. 插入页脚

页脚也是文档的重要组成部分，插入页脚的具体操作步骤如下。

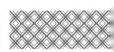

第1步 单击【页眉和页脚工具】→【设计】选项卡下【页眉和页脚】组中的【页脚】按钮 ，在弹出的下拉列表中选择"传统型"样式。

第2步 文档自动跳转至页脚编辑状态，输入页脚内容并使用空格键将页码调整至右侧，并对文本做适当调整，效果如下图所示。

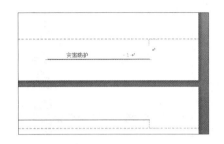

第3步 单击【页眉和页脚工具】→【设计】选项卡下【关闭】组中的【关闭页眉和页脚】按钮，即可看到插入页脚后的效果。

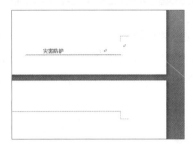

4.7.2 设置为奇偶页不同

页眉和页脚都可以设置为奇偶页显示不同内容以传达更多信息。下面设置灾害防护手册的页眉的奇偶页不同，具体操作步骤如下。

第1步 将鼠标光标放置在页眉位置，单击鼠标右键，在弹出的快捷菜单中单击【编辑页眉】选项。

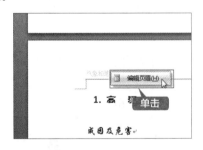

第2步 选中【页眉和页脚工具】→【设计】选项卡下【选项】组中的【奇偶页不同】复选框。

第3步 页面会自动跳转至页眉编辑区域，在偶数页页眉文本域中输入"预防灾害"并调整至页面右侧，将字体样式调整为和奇数页页眉一致。

第4步 在页面底端插入"普通数字3"样式页码，并将样式调整为和奇数页一致，效果如下图所示。

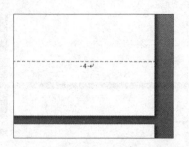

第5步 单击【关闭页眉和页脚】按钮，效果

如下图所示。

4.7.3 在页眉中添加防灾标志

在灾害防护手册中加入标志会使文档看起来更加美观，具体操作步骤如下。

第1步 将鼠标光标放置在页眉位置，单击鼠标右键，在弹出的快捷菜单中单击【编辑页眉】选项。

第2步 进入页眉编辑状态，单击【插入】选项卡下【插图】组中的【图片】按钮。

第3步 弹出【插入图片】对话框，选择随书光盘中的"素材 \ch04\ 标志 .png"文件，单击【插入】按钮。

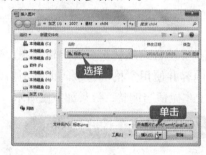

第4步 即可插入图片至页眉处，然后调整图片大小。

第5步 单击【关闭页眉和页脚】按钮，效果如下图所示。

4.8 提取目录

目录是灾害防护手册的重要组成部分，可以帮助阅读者更方便地阅读资料，使阅读者更快地找到自己想要阅读的内容。

4.8.1 通过导航查看手册大纲

对文档应用了标题样式或设置标题级别之后，可以在导航窗格中查看设置后的效果并可以快速切换至所要查看章节。显示导航窗格的设置步骤如下。

单击【视图】选项卡，在【显示／隐藏】选项组中选中【文档结构图】复选框，即可在窗口左侧显示导航窗格。

4.8.2 提取目录

为方便阅读，需要在灾害防护手册中加入目录。插入目录的具体操作步骤如下。

第1步 将鼠标光标定位在"前言"文本前，单击【页面布局】选项卡下【页面设置】组中的【分隔符】按钮，在弹出的下拉列表中选择【分页符】组中的【分页符】选项。

第2步 将鼠标光标放置于新插入的页面，在空白处输入"目录"文本，并根据需要设置字体样式。

第3步 单击【引用】选项卡下【目录】组中的【目录】按钮，在弹出的下拉列表中选择【插入目录】选项。

第4步 弹出【目录】对话框，在【格式】下拉列表中选择【正式】选项，将【显示级别】设置为"2"，在预览区域可以看到设置后的效果，单击【确定】按钮确认设置。

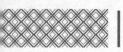
第5步 创建目录后的效果如下图所示。

第6步 将鼠标指针移动至目录上，按住【Ctrl】键，鼠标指针会变为👆形，单击相应链接即可跳转至相应段落。

4.8.3 设置目录字体和间距

目录是文章的导航型文本，合适的字体和间距会方便阅读者快速找到需要的信息。设置目录字体和间距的步骤如下。

第1步 选中除"目录"文本外的所有目录，单击【开始】选项卡，在【字体】组中的【字体】下拉列表中选择"华文仿宋"字体，【字号】设置为"8"。

第2步 单击【段落】组中的【行和段落间距】按钮 ⬚，在弹出的下拉列表中选择【1.15】选项。

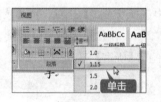

第3步 设置完成后效果如下图所示。

至此，灾害防护手册的排版就完成了，将文档保存即可。

举一反三

毕业论文排版

设计毕业论文时需要注意文档中同一类别文本的格式要统一，层次要有明显的区分，要对同一级别的段落设置相同的大纲级别，还应将需要单独显示的页面单独显示。本节根据需要制作毕业论文。

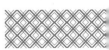

排版毕业论文时可以按以下的思路进行。

第一步 设计毕业论文首页

制作论文封面,包含题目、个人相关信息、指导教师和日期等。

第二步 设计毕业论文格式

在撰写毕业论文时,学校会统一毕业论文的格式,需要根据提供的格式统一样式。

第三步 设置页眉并插入页码

在毕业论文中可能需要插入页眉,使文档看起来更美观,另外还需要插入页码。

第四步 提取目录

格式设置完成之后就可以提取目录。

至此就完成了论文的排版。

◇ **删除页眉中的横线**

在添加页眉时,经常会看到自动添加的分割线,下面这个技巧可以将自动添加的分割线删除。

第1步 双击页眉,进入页眉编辑状态,单击【页面布局】选项卡下【页面背景】组中的【页面边框】按钮。

第2步 在打开的【边框和底纹】对话框中选择【边框】选项卡，在【设置】组中选择【无】选项，在【应用于】下拉列表中选择【段落】选项，单击【确定】按钮。

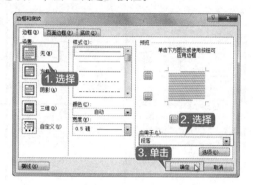

第3步 即可看到页眉中的分割线已经被删除。

◇ 为样式设置快捷键

在创建样式时，可以为样式指定快捷键，这样在为段落应用样式时只需按快捷键即可。

第1步 在【样式】窗格中单击要指定快捷键的样式后的下拉按钮，在弹出的下拉列表中选择【修改样式】选项。

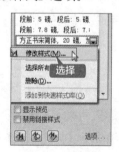

第2步 打开【修改样式】对话框，单击【格式】按钮，在弹出的列表中选择【快捷键】选项。

第3步 弹出【自定义键盘】对话框，将鼠标光标定位至【请按新快捷键】文本框中，并在键盘上按要设置的快捷键，这里按【Alt+C】组合键，单击【指定】按钮，即完成了为样式设置快捷键的操作。

◇ 解决 Word 目录中"错误！未定义书签"问题

如果在 Word 目录中遇到"错误！未定义书签"的提示，可以采用下面的方法来解决。

第1步 此类问题出现的原因可能是原来的标题被无意中修改了，可以单击目录的任意位置，单击鼠标右键，在弹出的快捷菜单中单击【更新域】选项。

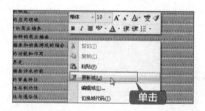

第2步 弹出【更新目录】对话框，单击选中【更新整个目录】单选按钮，并单击【确定】按钮，返回至目录中即可解决该问题。

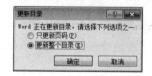

Excel 办公应用篇

第**2**篇

　　本篇主要介绍 Excel 中的各种操作。通过本篇的学习，读者可以学习 Excel 的基本操作，表格的美化，初级数据处理与分析，图表、数据透视表和透视图及公式和函数的应用等操作。

第 5 章

Excel 的基本操作

本章导读

　　Excel 2007提供了创建工作簿、工作表、输入和编辑数据、插入行与列、设置文本格式、页面设置等基本操作，可以方便地记录和管理数据。本章就以制作员工考勤表为例介绍Excel 表格的基本操作。

思维导图

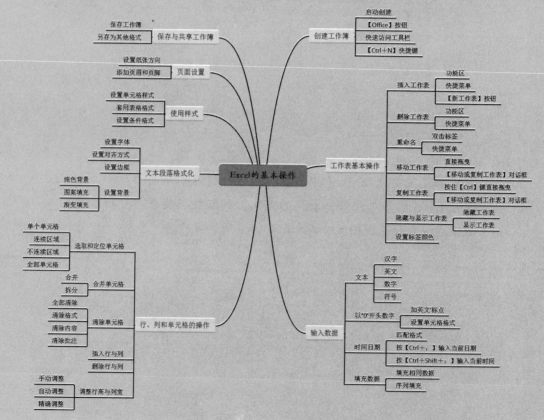

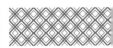
5.1 员工考勤表

制作员工考勤表要做到精确，确保能准确地记录公司员工的考勤情况。

实例名称：制作员工考勤表	
实例目的：掌握 Excel 的基本操作	
素材	素材 \ 无
结果	结果 \ch05\ 员工考勤表 .xlsx
录像	视频教学录像 \05 第 5 章

5.1.1 案例概述

员工考勤表是公司员工每天上班的凭证，也是员工领工资的凭证，它记录了员工上班的天数、准确的上、下班时间及迟到、早退、旷工、请假等情况。制作员工考勤表时，需要注意以下几点。

1. 数据准确

(1)制作员工考勤表时，选取的单元格要准确，合并单元格时要安排好合并的位置，插入的行和列要定位准确，以确保考勤表的数据计算的准确。

(2) Excel 中的数据分为数字型、文本型、日期型、时间型、逻辑型等，要分清考勤表中的数据是哪种数据类型，做到数据输入准确。

2. 便于统计

(1)制作的表格要完整，精确到每一个工作日，可以把节假日用其他颜色突出显示，便于统计加班时的考勤。

(2)根据公司情况可以分别设置上午和下午的考勤时间，也可以不区分上午和下午。

3. 界面简洁

(1)确定考勤表的布局，避免多余数据。

(2)合并需要合并的单元格，为单元格内容保留合适的位置。

(3) 字体不宜过大，单表格的标题与表头一栏可以适当加大加粗字体。

员工考勤表属于企业管理内容的一部分，是公司员工上下班的文本凭证。本章就以制作员工考勤表为例介绍 Excel 表格的基本操作。

5.1.2 设计思路

制作员工考勤表时可以按以下的思路进行。

(1) 创建空白工作簿，并对工作簿进行保存命名。

(2) 合并单元格，并调整行高与列宽。

(3) 在工作簿中输入文本与数据，并设置文本格式。

(4) 设置单元格样式并设置条件格式。

(5) 设置纸张方向，并添加页眉和页脚。

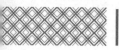

(6) 另存为兼容格式，共享工作簿。

5.1.3 涉及知识点

本案例主要涉及以下知识点。

(1) 创建空白工作簿。

(2) 合并单元格。

(3) 插入与删除行和列。

(4) 设置文本段落格式。

(5) 页面设置。

(6) 设置条件样式。

(7) 保存与共享工作簿。

5.2 创建工作簿

在制作员工考勤表时，首先要创建空白工作簿，并对创建的工作簿进行保存与命名。

工作簿是指在Excel中用来存储并处理工作数据的文件，在Excel 2007中，其扩展名是.xlsx。通常所说的Excel文件指的就是工作簿文件。创建一个工作簿的具体步骤如下。

第1步 启动 Excel 2007 后，系统会自动创建一个名称为"Book1"的工作簿。

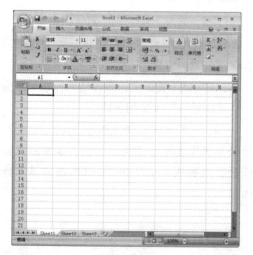

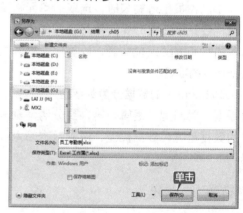

提示

如果已经启动 Excel 2007，也可以再次新建一个空白的工作簿。

第2步 单击【Office】按钮，在弹出的列表中选择【另存为】选项，在弹出的【另存为】对话框中选择文件要保存的位置，并在【文件名】文本框中输入"员工考勤表.xlsx"，单击【保存】按钮，即可保存工作簿。

第3步 单击【Office】按钮，在弹出的列表中选择【新建】选项，在右侧的【新建】区域单击【空白工作簿】选项，即可创建一个空白工作簿。使用【Ctrl + N】组合键也可新建一个空白工作簿。

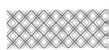

5.3 工作表的基本操作

工作表是工作簿里的一个表。Excel 2007 的一个工作簿默认有 3 个工作表，用户可以根据需要添加工作表，每一个工作簿最多可以包括 255 个工作表。在工作表的标签上显示了系统默认的工作表名称为 Sheet1、Sheet2、Sheet3。本节主要介绍员工考勤表中工作表的基本操作。

5.3.1 插入和删除工作表

1. 插入工作表

除了新建工作表外，也可插入新的工作表来满足多工作表的需求。下面介绍几种插入工作表的方法。

(1) 使用功能区插入工作表。

第1步 在打开的 Excel 工作簿中，单击【开始】选项卡下【单元格】组中【插入】按钮的下拉按钮，在弹出的下拉列表中选择【插入工作表】选项。

第2步 即可在当前工作表的前面创建一个新工作表。

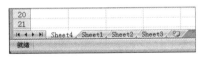

(2)使用快捷菜单插入工作表。

第1步 在 Sheet1 工作表标签上单击鼠标右键，在弹出的快捷菜单中选择【插入】选项。

第2步 弹出【插入】对话框，选择【工作表】图标，单击【确定】按钮。

第3步 即可在当前工作表的前面插入一个新工作表。

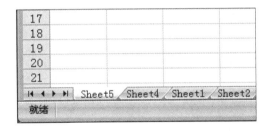

> **提示**
>
> 使用【新工作表】按钮，也可以快速插入新工作表。

2. 删除工作表

(1) 使用快捷菜单删除工作表。

选中 Excel 中多余的工作表并单击鼠标右键，在弹出的快捷菜单中选择【删除】选项，即可删除工作表。

(2)使用功能区删除工作表。

选择要删除的工作表，单击【开始】选项卡下【单元格】组中【删除】按钮 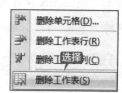 的下拉按钮，在弹出的下拉列表中选择【删除工作表】选项，即可将选择的工作表删除。

5.3.2 重命名工作表

每个工作表都有自己的名称，默认情况下以 Sheet1、Sheet2、Sheet3……命名工作表。用户可以对工作表进行重命名操作，以便更好地管理工作表。

重命名工作表的方法有以下两种。

1. 在标签上直接重命名

第1步 双击要重命名的工作表的标签 Sheet1（此时该标签以黑色显示），进入可编辑状态。

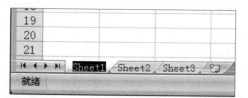

第2步 输入新的标签名，按【Enter】键即可完成对该工作表进行重命名的操作。

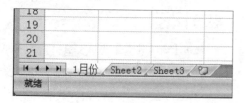

2. 使用快捷菜单重命名

第1步 在工作表标签上右击，在弹出的快捷菜单中选择【重命名】选项。

第2步 此时工作表标签会高亮显示，在标签上输入新的标签名，即可完成工作表的重命名操作。重复上述操作步骤，重命名第三个工作表，效果如下图所示。

5.3.3 移动和复制工作表

在 Excel 中插入多个工作表后，可以复制和移动工作表。

1. 移动工作表

移动工作表最简单的方法是使用鼠标操作。在同一个工作簿中移动工作表的方法有以下两种。

(1)直接拖曳法。

第1步 选中要移动的工作表的标签，按住鼠标左键不放。

第2步 拖曳鼠标让指针移动到工作表的新位置，黑色倒三角会随鼠标指针移动。

第3步 释放鼠标左键，工作表即被移动到新的位置。

(2)使用快捷菜单法。

第1步 在要移动的工作表标签上右击，在弹出的快捷菜单中选择【移动或复制工作表】选项。

第2步 在弹出的【移动或复制工作表】对话框中选择要移动的位置，单击【确定】按钮。

第3步 即可将当前工作表移动到指定的位置。

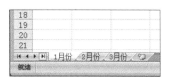

| 提示 |

另外，不但可以在同一个 Excel 工作簿中移动工作表，还可以在不同的工作簿中移动。若要在不同的工作簿中移动工作表，则要求这些工作簿必须是打开的。打开【移动或复制工作表】对话框中，在【将选定工作表移至工作簿】下拉列表中选择要移动的目标位置，单击【确定】按钮，即可将当前工作表移动到指定的位置。

2. 复制工作表

用户可以在一个或多个 Excel 工作簿中复制工作表，有以下两种方法。

(1)使用鼠标复制。

使用鼠标复制工作表的步骤与移动工作

表的步骤相似，只是在拖曳鼠标的同时按住【Ctrl】键即可。

第1步 选择要复制的工作表，按住【Ctrl】键的同时单击该工作表。

第2步 拖曳鼠标让指针移动到工作表的新位置，黑色倒三角会随鼠标指针移动，释放鼠标左键，工作表即被复制到新的位置。

(2)使用快捷菜单复制。

第1步 选择要复制的工作表，在工作表标签上单击鼠标右键，在弹出的快捷菜单中选择【移动或复制工作表】选项。

第2步 在弹出的【移动或复制工作表】对话框中选择要复制的目标工作簿和插入的位置，然后单击选中【建立副本】复选框，单击【确定】按钮。

第3步 即可完成复制工作表的操作。

第4步 选择多余的工作表，在选中的工作表标签上右击，在弹出的快捷菜单中选择【删除】选项，删除多余的工作表。

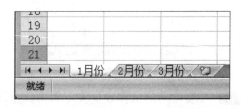

5.3.4 隐藏和显示工作表

用户可以对工作表进行隐藏和显示操作，以便更好地管理工作表。

第1步 选择要隐藏的工作表，在工作表标签上单击鼠标右键，在弹出的快捷菜单中选择【隐藏】选项。

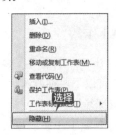

第2步 在 Excel 中即可看到"1 月份"工作表已被隐藏。

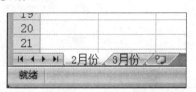

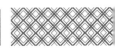

第3步 在任意一个工作表标签上单击鼠标右键，在弹出的快捷菜单中选择【取消隐藏】选项。

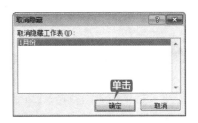

第5步 在 Excel 中即可看到"1 月份"工作表已被重新显示。

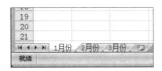

> **提示**
>
> 隐藏工作表时在工作簿中必须有两个或两个以上的工作表。

第4步 在弹出的【取消隐藏】对话框中，选择【1月份】选项，单击【确定】按钮。

5.3.5 设置工作表标签的颜色

Excel 中可以对工作表的标签设置不同的颜色，用来区分工作表的内容分类及重要级别等，使用户更好地管理工作表。

第1步 选择要设置标签颜色的工作表，在工作表标签上单击鼠标右键，在弹出的快捷菜单中选择【工作表标签颜色】选项。

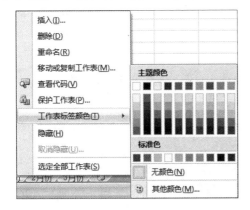

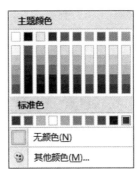

第3步 在 Excel 中即可看到该工作表的标签已变为设置的颜色。

第2步 在弹出的【主题颜色】面板中，选择【标准色】组中的【紫色】选项。

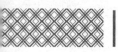

5.4 输入数据

对于单元格中输入的数据，Excel 会自动地根据数据的特征进行处理并显示出来。本节介绍在员工考勤表中如何输入和编辑这些数据。

5.4.1 输入文本

单元格中的文本包括汉字、英文字母、数字和符号等。每个单元格最多可包含 32767 个字符。在单元格中输入文字和数字，Excel 会将它显示为文本形式；若输入文字 Excel 则会作为文本处理，若输入数字，Excel 中会将数字作为数值处理。

选择要输入数据的单元格，从键盘上输入数据后按【Enter】键，Excel 会自动识别数据类型，并将单元格对齐方式默认设置为"左对齐"。

如果单元格列宽容纳不下文本字符串，多余字符串会在相邻单元格中显示，若相邻的单元格中已有数据，就截断显示。

在员工考勤表中，输入其他文本数据。

| 提示 |

如果在单元格中输入的是多行数据，在换行处按【Alt+Enter】组合键，可以实现换行。换行后在一个单元格中将显示多行文本，行的高度也会自动增大。

5.4.2 输入以"0"开头的员工工号

在员工考勤表中，需要输入以"0"开头的员工编号，用来对考勤表进行规范管理。

输入以"0"开头的数字，有两种方法，具体操作步骤如下。

1. 添加英文标点

第1步 如果输入以数字 0 开头的数字串，Excel 将自动省略 0；如果要保持输入的内容不变，可以先输入英文标点单引号（'），再输入数字或字符。

第2步 按【Enter】键，即可确定输入的数字内容。

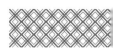
2. 使用【数字格式】按钮

第1步 选中要输入以 "0" 开头的数字的单元格 A5，单击【开始】选项卡下【数字】组中【数字格式】按钮 _{常规} 的下拉按钮，在弹出的下拉列表中选择【文本】选项。

第2步 返回 Excel 中，输入数值 "010002"。

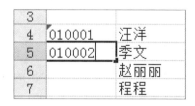

第3步 按【Enter】键确定输入数据后，数值前的 "0" 并没有消失。

5.4.3 输入时间和日期

在员工考勤表中输入日期或时间时，需要用特定的格式定义。日期和时间也可以参加运算。Excel 内置了一些日期与时间的格式，当输入的数据与这些格式相匹配时，Excel 会自动将它们识别为日期或时间数据。

1. 输入日期

员工考勤表中需要输入当前月份的日期，以便归档管理考勤表。在输入日期时，可以用左斜线或短线分隔日期的年、月、日。例如，可以输入 "2016/1" 或者 "2016-1"。

第1步 选择要输入日期的单元格，输入 "2016/1"。

第2步 按【Enter】键，单元格中的内容变为 "Jan-16"。

第3步 选中单元格 D2，单击【开始】选项卡下【数字】组中【数字格式】按钮的下拉按钮，在弹出的下拉列表中选择【短日期】选项。

第4步 在 Excel 中即可看到单元格的数字格式设置后的效果。

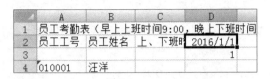

	A	B	C	D
1	员工考勤表（早上上班时间9:00，晚上下班时间			
2	员工工号	员工姓名	上、下班时	2016/1/1
3				1
4	010001	汪洋		

第5步 单击【开始】选项卡下【数字】组中【数字格式】按钮的下拉按钮，在弹出的下拉列表中选择【长日期】选项。

第6步 在 Excel 中即可看到单元格的数字格式设置后的效果。

	A	B	C	D	E
1	员工考勤表（早上上班时间9:00，晚上下班时间18:00）				
2	员工工号	员工姓名	上、下班时	2016年1月1日	
3				1	
4	010001	汪洋			
5	010002	季文			

‖提示‖

如果要输入当前的日期，按【Ctrl +；】组合键即可。

第7步 在本案例员工考勤表中，在该单元格中，输入"2016年1月份"，单击【开始】选项卡下【数字】组中【数字格式】按钮 常规 ▼ 的下拉按钮，在弹出的下拉列表中选择【短日期】选项。

	A	B	C	D	E
1	员工考勤表（早上上班时间9:00，晚上下班时间18:00）				
2	员工工号	员工姓名	上、下班时	2016年1月份	
3				1	

2. 输入时间

在员工考勤表中，输入每个员工的上下班时间，可以细致地记录每个人的出勤情况。

第1步 在输入时间时，时、分、秒之间用冒号（：）作为分隔符，即可快速地输入时间。例如，输入"8:55"。

	A	B	C	D	E
1	员工考勤表（早上上班时间9:00，晚上下班时间18:00）				
2	员工工号	员工姓名	上、下班时	2016年1月份	
3				1	2
4	010001	汪洋		8:55	
5	010002	季文			

第2步 如果按 12 小时制输入时间，需要在时间的后面空一格再输入字母 am（上午）或 pm（下午）。例如，输入"5:00 pm"，按下【Enter】键的时间结果是"5:00 PM"。

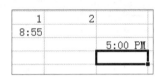

1	2
8:55	
	5:00 PM

第3步 如果要输入当前的时间，按【Ctrl + Shift +；】组合键即可。

	A	B	C	D	E	F	G
1	员工考勤表（早上上班时间9:00，晚上下班时间18:00）						
2	员工工号	员工姓名	上、下班时	2016年1月份			
3				1	2		
4	010001	汪洋		8:55			
5	010002	季文				5:00 PM	
6		赵丽丽					18:24
7		程程					
8		武秀秀					

第4步 在员工考勤表中，输入部分员工的上下班时间。

	A	B	C	D	E	F	G
1	员工考勤表（早上上班时间9:00，晚上下班时间18:00）						
2	员工工号	员工姓名	上、下班时	2016年1月份			
3				1	2		
4	010001	汪洋		8:55			
5	010002	季文		8:40		5:00 PM	
6		赵丽丽		9:03			18:24
7		程程		9:00			
8		武秀秀		8:58			
9		刘应		9:10			
10		呼延		9:15			
11		李娜		8:45			
12		张瑞					
13		王伟庭					
14		张丹					
15		苏蕾					
16		周思思					
17		沈娜娜					
18							
19							
20							
21							

1月份 2月份 3月份

‖提示‖

特别需要注意的是，若单元格中首次输入的是日期，则单元格就自动格式化为日期格式，以后即使输入一个普通数值，系统仍然会换算成日期显示。

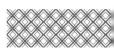

5.4.4 填充数据

在员工考勤表中，用 Excel 的自动填充功能可以方便快捷地输入有规律的数据。有规律的数据是指等差、等比、系统预定义的数据填充序列和用户自定义的序列。

1. 填充相同数据

使用填充柄可以在表格中输入相同的数据，相当于复制数据，具体的操作步骤如下。

第1步 在 C4 单元格中，输入"上班时间"文本，选定单元格 C4。

第2步 将鼠标指针指向该单元格右下角的填充柄，然后拖曳鼠标至单元格 C17，结果如下图所示。

2. 填充序列

使用填充柄还可以填充序列数据，如等差或等比序列，具体的操作步骤如下。

第1步 选中 A4:A5 单元格区域，将鼠标指针指向该单元格区域右下角的填充柄。

第2步 待鼠标指针变为 ✚ 时，拖曳鼠标至单

元格 A17，即可进行 Excel 2007 中默认的等差序列的填充。

第3步 选中单元格区域 D3:E3，将鼠标指针指向该单元格区域右下角的填充柄。

第4步 待鼠标指针变为 ✚ 时，拖曳鼠标至单元格 AH3，即可进行等差序列填充。

| 提示 |

填充完成后，单击【自动填充选项】按钮 ⊞▾ 的下拉按钮，在弹出的下拉列表中可以选择填充的方式。

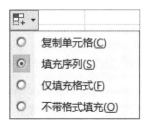

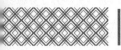

5.5 行、列和单元格的操作

单元格是工作表中行列交汇处的区域，它可以保存数值、文字和声音等数据。在 Excel 中，单元格是编辑数据的基本元素。下面介绍在员工考勤表中行、列、单元格的基本操作。

5.5.1 单元格的选取和定位

对员工考勤表中的单元格进行编辑操作，首先要选择单元格或单元格区域（启动 Excel 并创建新的工作簿时，单元格 A1 处于自动选定状态）。

1. 选择一个单元格

单击某一单元格，若单元格的边框线变成黑粗线，则此单元格处于选定状态。当前单元格的地址显示在名称框中，在工作表区域内，鼠标指针会呈白色"✛"字形状。

提示

在名称框中输入目标单元格的地址，如"A3"，按【Enter】键即可选定第 A 列和第 3 行交汇处的单元格。此外，使用键盘上的上、下、左、右 4 个方向键，也可以选定单元格。

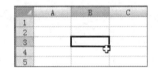

2. 选择连续的单元格区域

在员工考勤表中，若要对多个单元格进行相同的操作，可以先选择单元格区域。
第1步 单击该区域左上角的单元格 A2，按住【Shift】键的同时单击该区域右下角的单元格 C6。

第2步 此时即可选定单元格区域 A2:C6，结果如下图所示。

提示

将鼠标指针移到该区域左上角的单元格 A2 上，按住鼠标左键不放，向该区域右下角的单元格 C6 拖曳，或在名称框中输入单元格区域名称"A2:C6"，按【Enter】键，均可选定单元格区域 A2:C6。

3. 选择不连续的单元格区域

选择不连续的单元格区域也就是选择不相邻的单元格或单元格区域，具体操作步骤如下。
第1步 选择第 1 个单元格区域（如 A2:C3 单

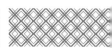
元格区域）后，按住【Ctrl】键不放。

第2步 拖曳鼠标选择第 2 个单元格区域（如单元格区域 C6：E8）。

第3步 使用同样的方法可以选择多个不连续的单元格区域。

4. 选择所有单元格

选择所有单元格，即选择整个工作表。

单击工作表左上角行号与列标相交处的【选定全部】按钮，即可选定整个工作表。

> **提示**
>
> 按【Ctrl+A】组合键也可以选定整个表格。

5.5.2 合并与拆分单元格

合并与拆分单元格是最常用的单元格操作，它不仅可以满足用户编辑考勤表内数据的需求，也可以使考勤表整体更加美观。

1. 合并单元格

合并单元格是指在 Excel 工作表中，将两个或多个选定的相邻单元格合并成一个单元格。在员工考勤表中的具体操作步骤如下。

第1步 选择单元格区域 A2：A3，单击【开始】选项卡下【对齐方式】组中的【合并后居中】按钮，即可合并且居中显示该单元格。

第2步 合并考勤表中需要合并的其余单元格，效果如下图所示。

> **提示**
>
> 单元格合并后，将使用原始区域左上角的单元格地址来表示合并后的单元格地址。

2. 拆分单元格

在 Excel 工作表中，还可以将合并后的单元格拆分成多个单元格。

第1步 选择合并后的 E4 单元格。

第2步 单击【开始】选项卡下【对齐方式】组中【合并后居中】按钮 的下拉按钮，在弹出的下拉列表中选择【取消单元格合并】选项。

第3步 该单元格即被取消合并，恢复成合并前的单元格。

5.5.3 清除单元格中的内容

清除单元格中的内容将使考勤表中的数据修改更加简便快捷。清除单元格的内容有两种操作方法，具体操作步骤如下。

1. 使用【清除】按钮

选中要清除数据的单元格 G6，单击【开始】选项卡下【编辑】组中的【清除】按钮

使用鼠标右键也可以拆分单元格，具体操作步骤如下。

第1步 在合并后的单元格上单击鼠标右键，在弹出的快捷菜单中选择【设置单元格格式】选项。

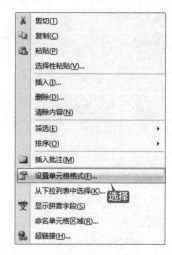

第2步 弹出【设置单元格格式】对话框，在【对齐】选项卡下单击取消选中【合并单元格】复选框，然后单击【确定】按钮，即可拆分合并后的单元格。

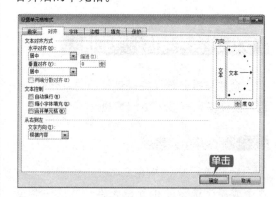

的下拉按钮，在弹出的下拉列表中选择【清除内容】选项，即可在考勤表中清除单元格中的内容。

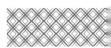

| 提示 |

　　选择【全部清除】选项，可以将单元格中的内容、格式、批注及超链接等全部清除；选择【清除格式】选项，可仅清除为单元格设置的格式；选择【清除内容】选项，可仅清除单元格中的文本内容；选择【清除批注】选项，可仅清除在单元格中添加的批注；选择【清除超链接】选项，可仅清除单元格中设置的超链接。

2. 使用快捷菜单

`第 1 步` 选中要清除数据的单元格 F5，单击鼠标右键，在弹出的快捷菜单中选择【清除内容】选项。

`第 2 步` 即可清除单元格 F5 中的内容。

3. 使用【Delete】键

　　选中要清除数据的单元格 D11，按【Delete】键，即可清除单元格的内容。

5.5.4 插入行与列

　　在员工考勤表中，用户可以根据需要插入行和列。插入行与列有两种操作方法，具体操作步骤如下。

1. 使用快捷菜单

`第 1 步` 如果要在第 5 行上方插入行，可以选择第 5 行的任意单元格或选择第 5 行，如这里选择 A5 单元格并单击鼠标右键，在弹出的快捷菜单中选择【插入】选项。

`第 2 步` 弹出【插入】对话框，单击选中【整行】单选按钮，单击【确定】按钮。

`第 3 步` 即可以在第 5 行的上方插入新的行。

	A	B	C	D	E
1					
2	员工工号	员工姓名	上、下班时间		
3				1	2
4	010001	汪洋	上班时间	8:55	
5					
6	010002	文	上班时间	8:40	
7	010003	赵丽丽	上班时间	9:03	

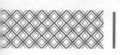
第4步 如果要插入列，可以选择某列或某列的任意单元格并单击鼠标右键，在弹出的快捷菜单中选择【插入】选项，在弹出的【插入】对话框中，单击选中【整列】单选按钮，单击【确定】按钮。

第5步 即可在所选单元格所在列的左侧插入新列。

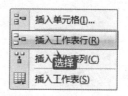

第2步 则可以在第7行的上方插入新的行。单击【开始】选项卡下【单元格】组中的【插入】按钮的下拉按钮，在弹出的下拉列表中选择【插入工作表列】选项。

第3步 即可在左侧插入新的列。使用功能区插入行与列后的效果如下图所示。

2. 使用功能区

第1步 选择需要插入行的单元格A7，单击【开始】选项卡下【单元格】组中的【插入】按钮的下拉按钮，在弹出的下拉列表中选择【插入工作表行】选项。

5.5.5 删除行与列

删除多余的行与列，可以使员工考勤表更加美观准确。删除行和列有以下几种方法，具体操作步骤如下。

> **提示**
>
> 在工作表中插入新行，当前行则向下移动，而插入新列，当前列则向右移动。选中单元格的名称会相应变化。

1. 使用【删除】对话框

第1步 选择要删除的行或列中的任意一个单元格，如单元格A7，并单击鼠标右键，在弹出的快捷菜单中选择【删除】选项。

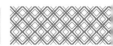

第 2 步 在弹出的【删除】对话框中单击选中【整列】单选按钮，然后单击【确定】按钮。

第 3 步 即可以删除选中的单元格所在的列。

2. 使用功能区

第 1 步 选择要删除的列所在的任一单元格如 A1，单击【开始】选项卡下【单元格】组中【删除】按钮 ⌊删除 ▾⌋ 的下拉箭头，在弹出的下拉列表中选择【删除工作表列】选项。

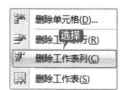

第 2 步 即可将选中的单元格所在的列删除。

第 3 步 重复插入行与列的操作，在考勤表中插入需要的行和列。

第 4 步 将需要合并的单元格区域合并并输入内容，效果如下图所示。

┃**提示**┃∶∶∶∶∶∶∶∶∶

　　选择要删除的整行或者整列并单击鼠标右键，在弹出的快捷菜单中选择【删除】选项，即可直接删除选择的整行或者整列。

5.5.6 调整行高与列宽

在员工考勤表中，当单元格的宽度或高度不足时，会导致数据显示不完整，这时就需要调整列宽和行高，使考勤表的布局更加合理，外表更加美观。

1. 调整单行或单列

制作考勤表时，可以根据需要调整单列或单行的列宽或行高，具体操作步骤如下。

第1步 将鼠标指针移动到第1行与第2行的行号之间，当指针变成 ✚ 形状时，按住鼠标左键向上拖曳可使行高变低，向下拖曳可使行高变高。

第2步 向下拖曳到合适位置时松开鼠标左键，即可增加行高。

第3步 将鼠标指针移动到 C 列与 D 列的列标之间，当指针变成 ✚ 形状时，按住鼠标左键向左拖曳可以使列变窄，向右拖曳则可使列变宽。

第4步 向右拖曳到合适位置时松开鼠标左键，即可增加列宽。

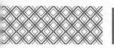

> **提示**
>
> 拖曳时将显示出以点和像素为单位的宽度工具提示。

2. 调整多行或多列

在员工考勤表中，对应的日期列宽过宽，可以同时进行调整宽度，具体操作步骤如下。

第1步 选择 D 列到 AH 列之间的所有列，将鼠标指针放置在任意两列的列表之间，然后拖曳鼠标，向右拖曳可增加列宽，向左拖曳减少列宽。

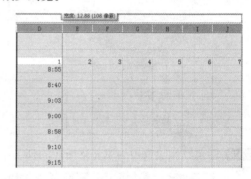

第2步 向左拖曳到合适位置时松开鼠标左键，即可减少列宽。

第3步 选择第2行到第29行中间的所有行，然后拖曳所选行号的下侧边界，向下拖曳可增加行高。

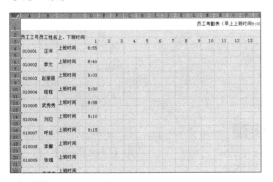

第4步 拖曳到合适位置时松开鼠标左键，即可增加行高。

3. 调整整个工作表的行高或列宽

如果要调整工作表中所有列的宽度，单击【全选】按钮，然后拖曳任意列标的边界调整列宽。调整整个工作表行高的方法与此一致。

4. 自动调整行高与列宽

在 Excel 中，除了可以手动调整行高与列宽外，还可以将单元格设置为根据单元格内容自动调整行高或列宽。

第1步 在考勤表中，选择要调整的行或列，如这里选择 D 列，单击【开始】选项卡【单元格】组中的【格式】按钮，在弹出的下拉列表中选择【自动调整行高】或【自动调整列宽】选项。

第2步 自动调整列宽的效果如下图所示。

5.6 文本段落的格式化

在 Excel 2007 中，设置字体格式、对齐方式与设置边框和背景灯，可以美化工作表的内容。

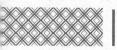

5.6.1 设置字体

在员工考勤表制作完成后,可对字体进行设置大小、加粗、颜色等,使考勤表看起来更加美观。

第1步 完善员工考勤表,在 C2 单元格中输入文本"下班时间",并进行复制填充。选择 A1 单元格,单击【开始】选项卡【字体】组中【字体】按钮的下拉按钮,在弹出的下拉列表中选择【华文行楷】选项。

第2步 单击【开始】选项卡【字体】组中【字号】按钮的下拉按钮,在弹出的下拉列表中选择【18】选项。

第3步 双击 A1 单元格,选中单元格中的"(早上上班时间 9:00,晚上下班时间 18:00)",在【开始】选项卡【字体】组中设置【字体颜色】为"橙色,强调文字颜色 2,淡色 40%"。

第4步 单击【开始】选项卡,在【字体】组中设置【字号】为"12。

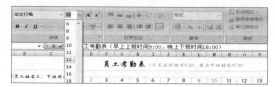

第5步 重复上面的步骤,选择第 2 行和第 3 行,设置【字体】为"华文新魏",【字号】为"12"。

第6步 在 E 列输入如图所示的上下班时间,选中第 4 行到第 31 行之间的所有行,设置【字体】为"华文楷体",【字号】为"11"。

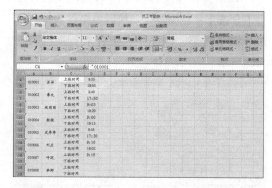

第7步 选择 2016 年 1 月份中的日期为周六和周日的单元格,并设置其【字体颜色】为"浅蓝"。

5.6.2 设置对齐方式

Excel 2007 允许为单元格数据设置的对齐方式有左对齐、右对齐和合并居中对齐等。在本案例中设置居中对齐,将使考勤表更加有序美观。

第1步 【开始】选项卡的【对齐方式】组中,对齐按钮的分布及名称如下图所示,单击对应按钮可执行相应的设置。

第2步 单击【选定全部】按钮 ▨,选定整个工作表。

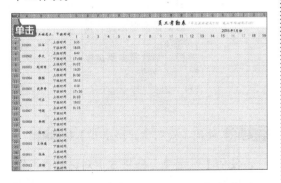

第3步 单击【开始】选项卡【对齐方式】组中的【居中】按钮 ▤,由于考勤表进行过合并并居中操作,所以这时考勤表会首先取消居中显示。

第4步 再次单击【居中】按钮,考勤表中的数据会全部居中显示。

> **提示**
>
> 默认情况下,单元格的文本是左对齐,数字是右对齐。

5.6.3 设置边框和背景

在 Excel 2007 中,单元格四周的灰色网格线默认是不能被打印出来的。为了使员工考勤表更加规范、美观,可以为表格设置边框和背景。

设置边框和背景主要有以下两种方法。

1. 使用【字体】组

第1步 选中要添加边框和背景的 A1:AH31 单元格区域,单击【开始】选项卡下【字体】

组中【边框】按钮 ▦ 的下拉按钮,在弹出的下拉列表中选择【所有框线】选项。

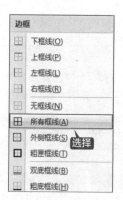

第2步 即可为表格添加边框。

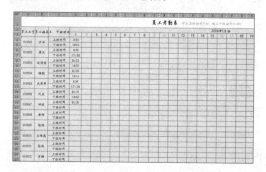

第3步 单击【开始】选项卡下【字体】组中【填充颜色】按钮 的下拉按钮，在弹出的【主题颜色】面板中，选择任一颜色。

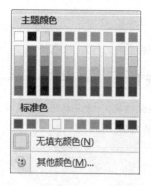

第4步 考勤表设置边框和背景的效果如下图所示。

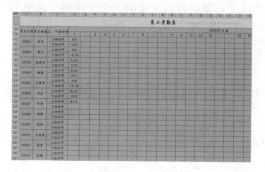

第5步 重复上面的步骤，选择【无框线】选项，取消上面步骤添加的框线。

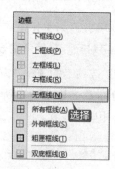

第6步 在【主题颜色】面板中，选择【无填充颜色】选项，取消考勤表中的背景颜色。

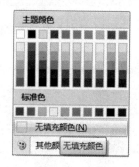

2. 使用【设置单元格格式】对话框

使用【设置单元格格式】对话框也可以设置表格的边框和背景，具体操作步骤如下。

第1步 选择 A1:AH31 单元格区域，单击【开始】选项卡下【单元格】组中【格式】按钮 的下拉按钮，在弹出的下拉列表中选择【设置单元格格式】选项。

第2步 弹出【设置单元格格式】对话框，选

择【边框】选项卡，在【样式】列表框中选择一种样式，然后在【颜色】下拉列表中选择一种颜色，在【预置】区域单击【外边框】选项与【内部】选项。

第3步 选择【填充】选项卡，在【背景色】组中选择一种颜色可以填充单色背景。在这里我们需要设置双色背景，单击【填充效果】按钮。

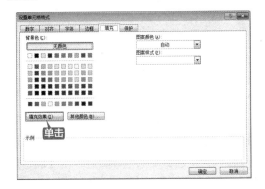

第4步 弹出【填充效果】对话框，单击【渐变】选项卡下【颜色】组中【颜色2】按钮的下拉按钮，在弹出的【主题颜色】面板中，设置填充颜色，并单击【确定】按钮。

第5步 返回【设置单元格格式】对话框，单击【确定】按钮。

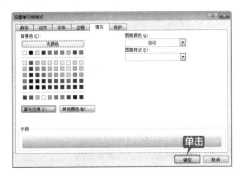

第6步 返回到考勤表中，可以查看设置边框和背景后的效果。

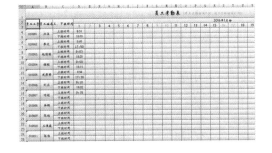

5.7 使用样式

设置条件样式，用区别于一般单元格的样式来表示迟到早退时间所在的单元格，可以方便快速地在考勤表中查看需要的信息。

5.7.1 设置单元格样式

单元格样式是一组已定义的格式特征，使用 Excel 2007 中的内置单元格样式可以快速改变

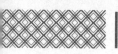
文本样式、标题样式、背景样式和数字样式等。在员工考勤表中设置单元格样式的具体操作步骤如下。

第1步 选择单元格 A1 到 AH31 之间的单元格区域，单击【开始】选项卡下【样式】组中【单元格样式】按钮的下拉按钮。

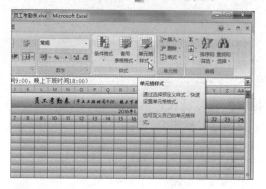

第2步 在弹出的下拉列表中选择【20%- 强调文字颜色 2】选项，即可改变单元格的样式。

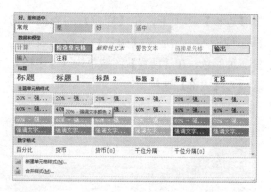

第3步 重复 5.6.3 小节的操作步骤，再次设置边框和背景，效果如下图所示。

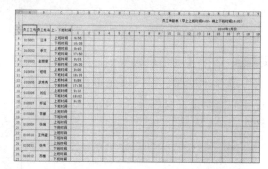

5.7.2 套用表格格式

Excel 2007 预置有 60 种常用的格式，用户可以自动地套用这些预先定义好的格式，以提高工作的效率，具体操作步骤如下。

第1步 单击【开始】选项卡下【样式】组中【套用表格格式】按钮的下拉按钮，在弹出的下拉列表中选择【中等深浅】组中的【表样式中等深浅 10】选项。

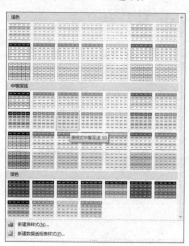

第2步 弹出【套用表格式】对话框，单击选中【表包含标题】复选框，然后单击【确定】按钮。

第3步 即可套用该中等深浅样式，效果如下图所示。

第4步 选择表格内的任意单元格，单击【表格工具】→【设计】选项卡下【工具】组中的【转换为区域】按钮。

第5步 弹出【Microsoft Office Excel】对话框，单击【是】按钮。

第6步 即可结束标题栏的筛选状态，把表格转换为区域。

第7步 撤销对工作表设置的表格格式，并重新设置表格的边框和背景，效果如下图所示。

5.7.3 设置条件格式

在 Excel 2007 中可以使用条件格式，将考勤表中符合条件的数据突出显示出来，让公司员工对迟到的次数、时间等一目了然。对一个单元格区域应用条件格式的操作步骤如下。

第1步 选择要设置条件格式的单元格区域 D4:AH31，单击【开始】选项卡下【样式】组中【条件格式】按钮 条件格式 的下拉按钮，在弹出的下拉列表中选择【突出显示单元格规则】→【介于】选项。

第2步 弹出【介于】对话框，在两个文本框中分别输入"9:00"与"18:00"，在【设置为】下拉列表框框中选择【绿填充色深绿色文本】选项，单击【确定】按钮。

第3步 设置条件格式的效果如下图所示。

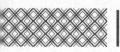

单击【新建规则】选项，弹出【新建格式规则】对话框，在此对话框中可以根据自己的需要来设定条件规则。

设定条件格式后，可以管理和清除设置的条件格式。

选择设置条件格式的区域，单击【开始】选项卡下【样式】组中的【条件格式】按钮，在弹出的下拉列表中选择【清除规则】→【清除所选单元格的规则】选项，可清除选择区域中的条件规则。

5.8 页面设置

本节主要介绍设置纸张方向和添加页眉与页脚来满足员工考勤表格式的要求并完善文档的信息。

5.8.1 设置纸张方向

设置纸张的方向，可以满足考勤表的布局格式要求，具体操作步骤如下。

第1步 单击【页面布局】选项卡下【页面设置】组中的【纸张方向】按钮，在弹出的下拉列表中单击【横向】选项。

第2步 设置纸张方向的效果如下图所示。

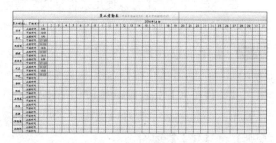

5.8.2 添加页眉和页脚

在页眉和页脚中可以输入创建工作表的基本信息，如在页眉中输入工作表名称，在页脚中输入工作表的创建时间等，不仅能使表格更美观，还能向阅读者快速传递文档要表达的信息。添加页眉和页脚的具体操作步骤如下。

第1步 选中考勤表中任一单元格，单击【插入】选项卡【文本】组中的【页眉和页脚】按钮。

第2步 在【添加页眉】文本框中，输入"员工考勤表"。

第3步 在【添加页脚】文本框中，输入"2016"。

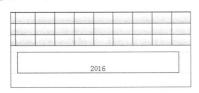

第4步 单击【视图】选项卡下【工作簿视图】组中的【普通】按钮。

第5步 添加页眉和页脚后效果如下图所示。

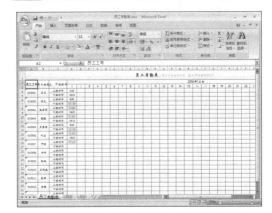

5.9 保存工作簿

员工考勤表制作完成后，需要将其保存。此外，还可以将工作簿保存为其他兼容格式，方便不同用户阅读。

5.9.1 保存员工考勤表

保存员工考勤表到电脑硬盘中，防止资料丢失，具体操作步骤如下。

单击【Office】按钮 ，在弹出的列表中选择【保存】选项，即可保存修改过的工作簿。

| 提示 |

单击快速访问工具栏中的【保存】按钮，可直接保存修改的工作簿。

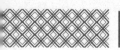

5.9.2 另存为其他兼容格式

将 Excel 工作簿另存为其他兼容格式，可以方便不同用户阅读，具体操作步骤如下。

第1步 单击【Office】按钮 ，在弹出的列表中选择【另存为】选项，在【保存文档副本】区域中选择【其他格式】选项。

第2步 在弹出的【另存为】对话框中选择文件要保存的位置，并在【文件名】文本框中输入"员工考勤表"。

第3步 单击【保存类型】下拉按钮，在弹出的下拉列表中选择【文本文件（制表符分隔）】选项。

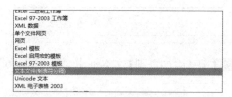

第4步 返回【另存为】对话框，单击【保存】按钮。

第5步 弹出【Microsoft Office Excel】对话框，单击【确定】按钮。

第6步 再在弹出的对话框中单击【是】按钮。

第7步 即可把员工考勤表另存为 txt 格式。

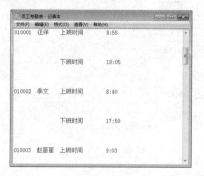

制作员工信息表

与员工考勤表类似的文档还有员工信息表、包装材料采购明细表、成绩表、汇总表等，制作这类表格时，要做到数据准确、重点突出、分类简洁，使阅读者能快速明了表格信息，可以方便地对表格进行编辑操作。下面就以制作员工信息表为例进行介绍，具体操作步骤如下。

第一步 创建空白工作簿

新建空白工作簿，重命名工作表并设置工作表标签的颜色等。

第二步 输入数据

输入员工信息表中的各种数据，并对数据列进行填充，合并单元格并调整行高与列宽。

第三步 文本段落格式化

设置工作表中的文本段落格式、文本对齐方式，并设置边框和背景。

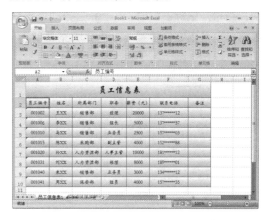

第四步 设置页面并保存工作簿

在员工信息表中，根据表格的布局来设置纸张的方向，并添加页眉与页脚，保存并共享工作簿。

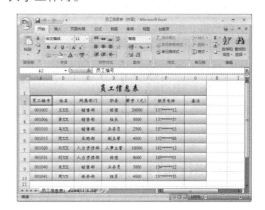

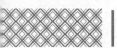

◇ 使用右键和双击填充

Excel 中可以使用右键和双击对单元格进行填充，方便用户快速编辑表格。

(1) 使用右键填充。

在 Excel 工作表中，选定一个数字单元格，使用鼠标右键拖曳单元格右下角的填充柄，当松开鼠标右键时，Excel 会自动弹出快捷菜单，可以在快捷菜单上选择填充类型。

(2) 使用双击填充。

双击单元格的填充柄，即可使单元格向下复制填充，使用双击填充柄进行填充时，向下填充的截止单元格取决于左列出现的一个空单元格（如果左列是空白则参考右列）。

◇ 将表格行和列对调

在 Excel 中可以使表格的行和列进行对调，具体操作步骤如下。

第1步 选定要对调的单元格区域。

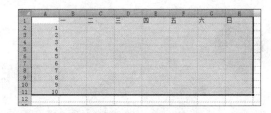

第2步 单击【开始】选项卡下【剪贴板】组中的【复制】按钮，再选择需要粘贴的单元格。

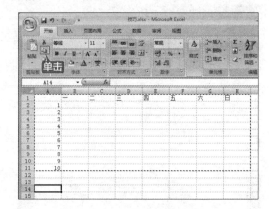

第3步 单击【开始】选项卡下【剪贴板】组中【粘贴】按钮的下拉按钮，在弹出的下拉列表中选择【转置】选项。

第4步 即可完成表格行和列的对调。

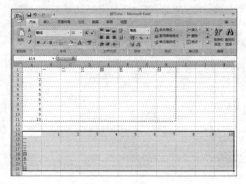

第6章

Excel 表格的美化

📖 本章导读

　　工作表的美化是制作表格的一项重要内容，通过对表格格式的设置，可以使表格的框线、底纹以不同的形式表现出来；同时还可以设置表格的条件格式，重点突出表格中的特殊数据。Excel 2007 为工作表的美化设置提供了方便的操作方法和多项功能。

✈ 思维导图

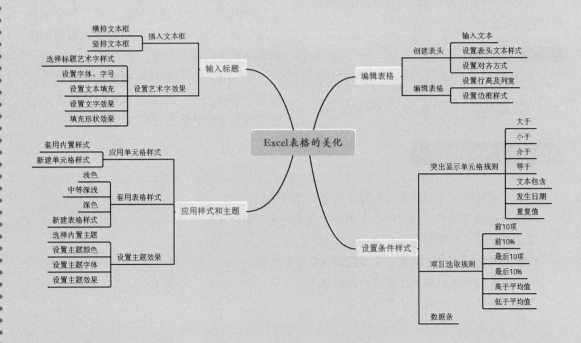

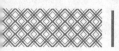

6.1 公司客户信息管理表

公司客户信息管理表是管理公司客户信息的表格，制作公司客户信息管理表时要准确记录客户的基本信息，并突出重点客户。

实例名称：制作公司客户信息管理表		
实例目的：掌握 Excel 表格的美化方法		
	素材	素材 \ch06\ 客户信息 .xlsx
	结果	结果 \ch06\ 公司客户信息管理表 .xlsx
	录像	视频教学录像 \06 第 6 章

6.1.1 案例概述

公司客户信息管理表是公司常用的表格，主要用于管理公司的客户信息。制作公司客户信息管理表时，需要注意以下几点。

1. 内容要完整

(1)表格中客户信息要完整，如客户公司编号、名称、电话、传真、邮箱、客户购买的产品、数量等。可以通过客户信息管理表快速了解客户的基本信息。

(2)输入的内容要仔细核对，避免出现数据错误。

2. 制作规范

(1)表格的整体色调要协调一致。客户信息管理表是比较正式的表格，不需要使用过多的颜色。

(2)数据的格式要统一，文字的大小与单元格的宽度和高度要匹配，不能太拥挤或太稀疏。

3. 突出特殊客户

制作公司客户信息管理表时可以突出重点或优质的客户，便于公司其他人根据制作的表格快速对客户分类。

公司客户信息管理表需要制作规范并设置客户等级分类。本章就以美化公司客户信息管理表为例介绍美化表格的操作。

6.1.2 设计思路

美化公司客户信息管理表时可以按以下的思路进行。

(1)插入标题文本框，设计标题艺术字，使用艺术字美化表格。

(2)创建表头并根据需要设置表头的样式。

(3)输入并编辑表格的内容，要保证输入信息的准确。

(4)设置条件格式，突出优质客户的信息。

(5)保存制作完成的客户信息管理表。

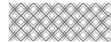

6.1.3 涉及知识点

本案例主要涉及以下知识点。

(1)插入文本框。

(2)插入艺术字。

(3)创建和编辑信息管理表。

(4)设置条件格式。

(5)应用样式。

(6)设置主题。

6.2 输入标题

在美化公司客户信息管理表时,首先要设置管理表的标题并对标题中的艺术字进行设计美化。

6.2.1 插入标题文本框

插入标题文本框能更好地控制标题内容的宽度和长度。插入标题文本框的具体操作步骤如下。

第1步 打开 Excel 2007 软件,新建一个工作簿。

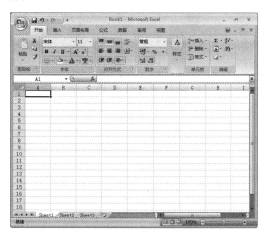

第2步 单击【Office】按钮,在弹出的列表中单击【保存】选项,在弹出的【另存为】对话框中选择文件要保存的位置,并在【文件名】文本框中输入"公司客户信息管理表",并单击【保存】按钮,即可保存工作簿到指定文件夹。

第3步 单击【插入】选项卡下【文本】组中【文本框】按钮的下拉按钮,在弹出的下拉列表中选择【横排文本框】选项。

第4步 在表格中单击鼠标指定标题文本框的

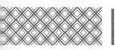
开始位置，按住鼠标左键并拖曳，至合适大小后释放鼠标左键，即可完成标题文本框的绘制。这里在单元格区域 A1:K5 上绘制文本框。

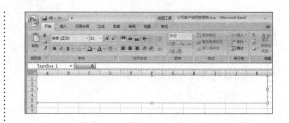

6.2.2 设计标题的艺术字效果

设置好标题文本框的位置和大小后，即可在标题文本框内输入标题，并根据需要设计标题的艺术字效果，具体操作步骤如下。

第1步 在标题文本框中输入文字"公司客户信息管理表"。

第2步 选中文字"公司客户信息管理表"，单击【绘图工具】→【格式】选项卡下【艺术字样式】组中的【其他】按钮 ，在弹出的下拉列表中选择一种艺术字。

第3步 在【开始】选项卡下【字体】组中设置【字体】为"华文新魏"，设置【字号】为"44"。

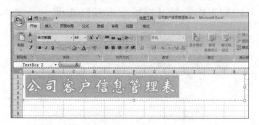

第4步 单击【开始】选项卡下【对齐方式】组中的【居中】按钮 ，使标题位于文本框的中间位置。

第5步 单击【绘图工具】→【格式】选项卡下【艺术字样式】组中【文本填充】按钮 的下拉按钮，在弹出的下拉列表中选择【红色，强调文字颜色2，淡色60%】选项。

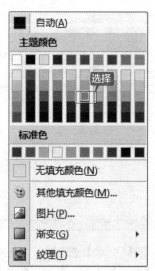

第6步 选定插入的艺术字，单击【绘图工具】→【格式】选项卡下【艺术字样式】组中【文本效果】按钮 的下拉按钮，在弹出的下拉列表中选择【映像】→【紧密映像，接触】选项。

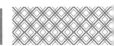

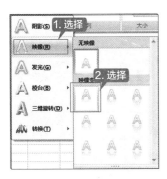

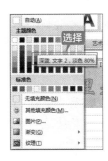

第 7 步 单击【绘图工具】→【格式】选项卡下【形状样式】组中【形状填充】按钮 ，的下拉按钮，在弹出的下拉列表中选择【深蓝，文字 2，淡色 80%】选项。

第 8 步 完成标题艺术字的设置，效果如下图所示。

6.3 创建和编辑客户信息管理表

使用 Excel 2007 可以创建并编辑客户信息管理表，完善客户信息管理表的内容并美化管理表中的文字。

6.3.1 创建表头

表头是表格中的第一行内容，是表格的开头部分，表头主要列举表格数据的属性或对应的值，能够使用户通过表头快速了解表格内容。设计表头时应根据调查内容的不同有所分别，表头所列项目是分析表格数据时不可缺少的，具体操作步骤如下。

第 1 步 打开随书光盘中的"素材 \ch06\ 客户信息 .xlsx"文件，选择 A1:K1 单元格区域，按【Ctrl+C】组合键进行复制。

第 2 步 返回"公司客户信息管理表"工作簿，选择 A6 单元格，按【Ctrl+V】组合键把所复制内容粘贴到单元格区域 A6:K6 中。

第 3 步 设置【字体】为"华文行楷"，【字号】

为"12"。

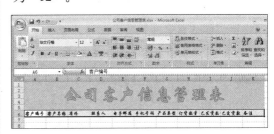

第 4 步 单击【开始】选项卡下【对齐方式】组中的【居中】按钮 ，使表头中的文本居中设置。创建表头后的效果如下图所示。

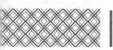

6.3.2 创建客户信息管理表

表头创建完成后，需要对客户信息管理表进行完善，补充客户信息，具体操作步骤如下。

第1步 在打开的"客户信息 .xlsx"工作簿中复制 A2:K14 单元格区域的内容。

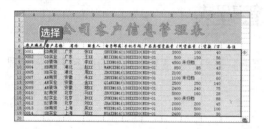

第2步 返回"公司客户信息管理表 .xlsx"工作簿，选择单元格 A7，按【Ctrl+V】组合键把所复制内容粘贴到单元格区域 A7:K19 中。

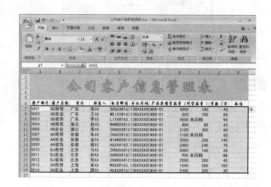

第4步 单击【开始】选项卡下【对齐方式】组中的【居中】按钮 ，使表格中的内容居中对齐。

第3步 在【开始】选项卡下【字体】组中设置【字体】为"黑体"，【字号】为"11"。

6.3.3 编辑客户信息管理表

输入完信息管理表的内容后，需要对单元格的行高与列宽进行相应地调整，并给管理表添加边框，具体操作步骤如下。

第1步 单击【全选】按钮 ，单击【开始】选项卡下【单元格】组中的【格式】按钮 ，在弹出的下拉列表中选择【自动调整列宽】选项。

第2步 对工作表的行高与列宽进行微调，效果如下图所示。

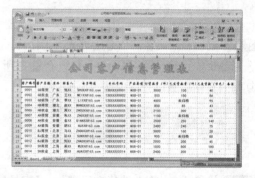

第3步 选择 A6:K19 单元格区域，单击【开

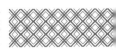

始】选项卡下【字体】组中的【无框线】按钮 的下拉按钮，在弹出的下拉列表中选择【所有框线】选项。

第4步 编辑后的客户信息管理表的效果如下图所示。

6.4 设置条件格式

在客户信息管理表中设置条件格式，可以把满足某种条件的单元格突出显示，并设置选取规则，以及添加更简单易懂的数据条效果。

6.4.1 突出显示未归档的信息

突出显示特殊客户信息，需要在客户信息管理表中设置条件格式。例如，需要将已发货数量未统计归档的客户突出显示，具体操作步骤如下。

第1步 选择要设置条件格式的 I7:I19 单元格区域，单击【开始】选项卡下【样式】组中【条件格式】按钮 的下拉按钮，在弹出的下拉列表中选择【突出显示单元格规则】→【文本包含】选项。

第2步 弹出【文本中包含】对话框，在【为包含以下文本的单元格设置格式】文本框中输入"未归档"，在【设置为】下拉列表框中选择【浅红填充色深红色文本】选项，单击【确定】按钮。

第3步 效果如下图所示，订货数量未归档的客户已突出显示。

已发货数量（件）	已发货款（万元）
100	40
150	56
未归档	95
85	43
300	60
未归档	60
250	140
240	75
160	28
未归档	88
200	45
500	100
200	30

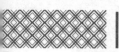
6.4.2 设置项目选取规则

项目选取规则可以突出显示选定区域中最大或最小的百分数或指定的数据所在单元格，还可以指定大于或小于平均值的单元格。在客户信息管理表中，需要为订货数量来设置一个选取规则，具体操作步骤如下。

第1步 选择 H7:H19 单元格区域，单击【开始】选项卡下【样式】组中的【条件格式】按钮 【条件格式 ▾】，在弹出的下拉列表中选择【项目选取规则】→【高于平均值】选项。

第2步 弹出【高于平均值】对话框，单击【设置为】右侧的下拉按钮，在弹出的下拉列表中选择【黄填充色深黄色文本】选项，单击【确

定】按钮。

第3步 即可看到在客户信息管理表中，高于订货数量平均值的单元格都已突出显示。

6.4.3 添加数据条效果

在客户信息管理表中添加数据条效果，可以使用数据条的长短来标识单元格中数据的大小，可以使用户对多个单元格中数据的大小关系一目了然，便于数据的分析。

第1步 选择 J7:J19 单元格区域，单击【开始】选项卡下【样式】组中的【条件格式】按钮 【条件格式 ▾】，在弹出的下拉列表中选择【数据条】→【浅蓝色数据条】选项。

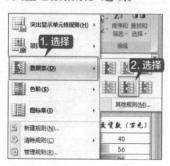

第2步 添加数据条后的效果如下图所示。

6.5 应用样式和主题

　　在客户信息管理表中可以使用 Excel 2007 中设计好的字体、字号、颜色、填充色、表格边框等样式来实现对工作表的美化。

6.5.1 应用单元格样式

　　在客户信息管理表中应用单元格样式，可以编辑工作表的字体、表格边框等，具体操作步骤如下。

第1步 选择单元格区域 A6:K19，单击【开始】选项卡下【样式】组中的【单元格样式】按钮，在弹出的下拉列表中选择【新建单元格样式】选项。

第2步 弹出【样式】对话框，在【样式名】文本框中输入样式名字，如"信息管理表"，单击【格式】按钮。

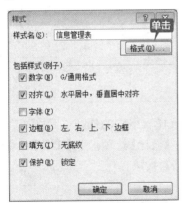

第3步 在弹出的【设置单元格格式】对话框中，选择【边框】选项卡，单击【颜色】下拉按钮，在弹出的面板中选择一种颜色，单击【确定】按钮。

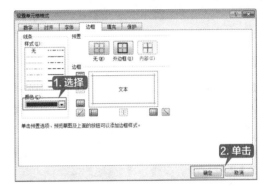

第4步 返回【样式】对话框，单击【确定】按钮。

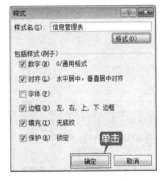

第5步 单击【开始】选项卡下【样式】组中的【单元格样式】按钮，在弹出的下拉列表中选择【自定义】→【信息管理表】选项。

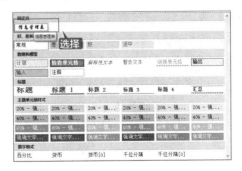

第6步 应用单元格样式后的效果如下图所示。

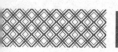

6.5.2 套用表格格式

Excel 2007 预置有 60 种常用的格式，用户可以自动地套用这些预先定义好的格式，以提高工作的效率，具体操作步骤如下。

第1步 选择要套用格式的单元格区域 A6:K19，单击【开始】选项卡下【样式】组中的【套用表格格式】按钮 ，在弹出的下拉列表中选择【中等深浅】组中的【表样式中等深浅12】选项。

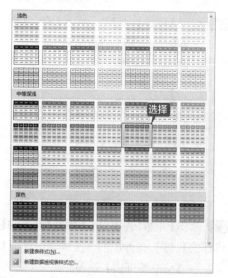

第2步 弹出【套用表格式】对话框，单击选中【表包含标题】复选框，然后单击【确定】按钮。

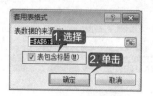

第3步 即可套用该中等深浅样式，效果如下图所示。

第4步 在此样式中单击任意一个单元格，在【表工具】→【设计】选项卡下【表格样式】组中选择一种样式，即可完成更改表格样式的操作。

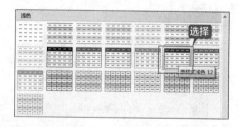

第5步 选择表格内的任一单元格，单击【表工具】→【设计】选项卡下【工具】组中的【转换为区域】按钮。

第6步 弹出【Microsoft Office Excel】对话框，单击【是】按钮。

第7步 即可结束表头的筛选状态，把表格转换为区域。

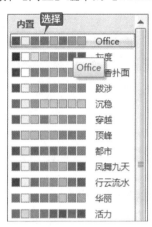

（右上图为"公司客户信息管理表"）

6.5.3 设置主题效果

Excel 2007 工作簿由颜色、字体及效果组成，使用主题可以对客户信息管理表进行美化，让表格更加美观。设置主题效果的具体操作步骤如下。

第1步 单击【页面布局】选项卡下【主题】组中的【主题】按钮，在弹出的下拉列表中选择【内置】组中的【市镇】选项。

第2步 设置表格为"市镇"主题后的效果如下图所示。

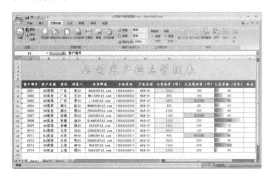

第3步 单击【页面布局】选项卡下【主题】组中的【颜色】按钮，在弹出的下拉列表中选择【内置】组中的【Office】选项。

第4步 设置"Office"主题颜色后的效果如下图所示。

至此，就完成了公司客户信息管理表的制作，最后只需要按【Ctrl+S】组合键保存工作簿即可。

美化人事变更表

与公司客户信息管理表类似的工作表还有人事变更表、采购表、期末成绩表等。美化这类表格时，都要做到主题鲜明、制作规范、重点突出，便于公司更好地管理内部的信息。下面就以美化人事变更表为例进行介绍，具体操作步骤如下。

第一步 创建空白工作簿

新建空白工作簿，重命名工作表，并将其保存为"人事变更表 .xlsx"工作簿。

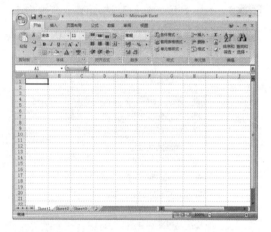

第二步 编辑人事变更表

输入标题并设计标题的艺术字效果，输入人事变更表的各种数据并进行编辑。

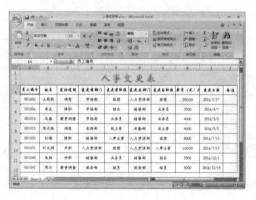

第三步 设置条件格式

在人事变更表中设置条件格式，突出变更后高于 9000 元的薪资。

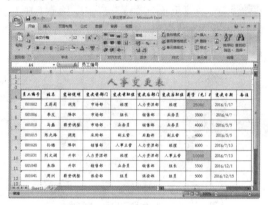

第四步 应用样式和主题

在人事变更表中应用样式和主题可以对人事变更表进行美化，让表格更加美观。

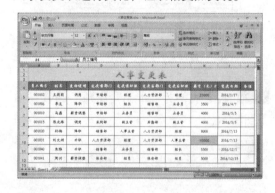

◇ 【F4】键的妙用

在 Excel 中对表格中的数据进行操作之后，按【F4】键可以重复上一次的操作，具体操作步骤如下。

第1步 新建工作簿并输入一些数据，选择 B2 单元格，单击【开始】选项卡下【字体】组中【字体颜色】按钮的下拉按钮，在弹出的下拉列表中选择【红色】标准色。

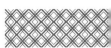

第2步 选择单元格 C3，按【F4】键，即可重复上一步将单元格中文本颜色设置为"红色"的操作，把 C3 单元格中字体的颜色也设置为红色。

◇ 巧用选择性粘贴

使用选择性粘贴有选择地粘贴剪贴板中的数值、格式、公式、批注等内容，将使复制和粘贴操作更灵活。使用选择性粘贴将表格内容转置的具体操作步骤如下。

第1步 打开随书光盘中的"素材 \ch06\ 转置表格内容 .xlsx"文件，选择单元格区域 A1:C9，单击【开始】选项卡下【剪贴板】组中的【复制】按钮。

第2步 选中要粘贴的单元格 A12 并单击鼠标右键，在弹出的快捷菜单中选择【选择性粘贴】→【选择性粘贴】选项。

第3步 在弹出的【选择性粘贴】对话框中，单击选中【转置】复选框，单击【确定】按钮。

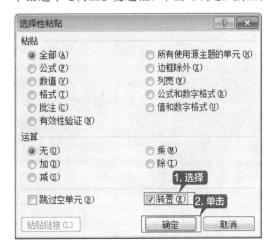

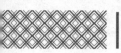

第4步 即可看到使用选择性粘贴将表格转置后的效果。

	A	B	C	D	E	F	G	H	I
1	月份	数量/台	销售额/元						
2	1月份	40	79960						
3	2月份	45	89955						
4	3月份	42	83958						
5	4月份	30	59970						
6	5月份	28	55972						
7	6月份	30	54000						
8	7月份	45	67500						
9	8月份	50	70000						
10									
11									
12	月份	1月份	2月份	3月份	4月份	5月份	6月份	7月份	8月份
13	数量/台	40	45	42	30	28	30	45	50
14	销售额/元	79960	89955	83958	59970	55972	54000	67500	70000
15									
16									

第7章
初级数据处理与分析

本章导读

在工作中，经常要对各种类型的数据进行统计和分析。Excel 具有统计各种数据的能力，使用排序功能可以将数据表中的内容按照特定的规则排序；使用筛选功能可以将满足用户条件的数据单独显示；设置数据的有效性可以防止输入错误数据；使用条件格式功能可以直观地突出显示重要值；使用合并计算和分类汇总功能可以对数据进行分类或汇总。本章就以统计图书借阅明细表为例，介绍如何使用 Excel 对数据进行处理和分析。

思维导图

7.1 图书借阅明细表

　　图书借阅明细表是图书馆对图书借出和还入情况的详细统计清单，记录着一段时间内图书的借出和剩余状况，对相应图书的采购和使用计划有很重要的参考作用。图书借阅明细表类目众多，如果手动统计不仅费时费力，而且也容易出错，使用 Excel 则可以快速对这类工作表进行分析统计，得出详细而准确的数据。

实例名称：制作图书借阅明细表	
实例目的：掌握使用 Excel 对数据进行处理与分析的方法	
素材	素材 \ch07\ 图书借阅明细表 .xlsx
结果	结果 \ch07\ 图书借阅明细表 .xlsx
录像	视频教学录像 \07 第 7 章

7.1.1 案例概述

　　完整的图书借阅明细表主要包括名称、数量、库存、剩余等，需要对各个类目的图书进行统计和分析。在对数据进行统计分析的过程中，需要用到排序、筛选、分类汇总等操作。熟悉各个类型的操作，对以后处理相似数据时有很大的帮助。

　　打开随书光盘中的"素材 \ch07\ 图书借阅明细表 .xlsx"文件。

　　"图书借阅明细表"工作簿包含两个工作表，分别是 Sheet1 工作表和 Sheet2 工作表。其中 Sheet1 工作表主要记录了图书库存的基本信息和借阅情况。

　　Sheet2 工作表除了简单记录了图书的基本信息外，还记录了下个月的预计借出量和计划购买量。

7.1.2 设计思路

对图书借阅明细表的处理和分析可以通过以下思路进行。

(1) 设置编号和分类的数据验证。

(2) 通过对图书进行排序进行分析处理。

(3) 通过筛选的方法对库存和还入状况进行分析。

(4) 使用分类汇总操作对图书借阅情况进行分析。

(5) 使用合并计算操作将两个工作表中的数据进行合并。

7.1.3 涉及知识点

本案例主要涉及以下知识点。

(1) 设置数据验证。

(2) 排序操作。

(3) 筛选数据。

(4) 分类汇总。

(5) 合并计算。

7.2 设置数据验证

在制作图书借阅明细表的过程中,对数据的类型和格式会有严格要求,因此需要在输入数据时对数据的有效性进行验证。

7.2.1 设置图书编号长度

图书借阅明细表需要对不同图书进行编号以便更好地进行统计。编号的长度是固定的,因此需要对输入的数据的长度进行限制,以避免输入错误数据,具体操作步骤如下。

第1步 选中 Sheet1 工作表中的 B3:B24 单元格区域。

第2步 单击【数据】选项卡下【数据工具】组中的【数据有效性】按钮 数据有效性 。

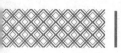

第3步 弹出【数据有效性】对话框,选择【设置】选项卡,单击【有效性条件】组中的【允许】下拉按钮,在弹出的下拉列表中选择【文本长度】选项。

第4步 【数据】文本框变为可编辑状态,在【数据】文本框的下拉列表中选择【等于】选项,在【长度】文本框内输入"9",选中【忽略空值】复选框,单击【确定】按钮。

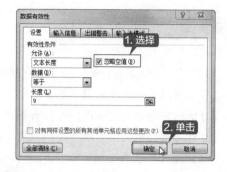

第5步 即可完成设置输入数据长度的操作,当输入的文本长度不是9时,即会弹出提示对话框。

7.2.2 设置输入信息时的提示

完成对单元格输入数据的长度限制设置后,可以设置输入信息时的提示信息,具体操作步骤如下。

第1步 再次选中B3:B24单元格区域,单击【数据】选项卡下【数据工具】组中的【数据有效性】按钮 数据有效性 。

第2步 弹出【数据有效性】对话框,单击【输入信息】选项卡,选中【选定单元格时显示输入信息】复选框,在【标题】文本框内输入"请输入图书编号",在【输入信息】文本框内输入"图书编号长度为9位,请正确输入!",单击【确定】按钮。

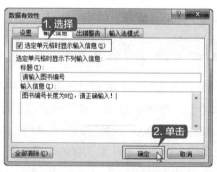

第3步 返回 Excel 工作表中,选中设置了提示信息的单元格时,即可显示提示信息,效果如下图所示。

7.2.3 设置输错时的警告信息

当用户输入错误的数据时，可以设置警告信息提示用户，具体操作步骤如下。

第1步 再次选中B3:B24单元格区域，单击【数据】选项卡下【数据工具】组中的【数据有效性】按钮。

第2步 弹出【数据有效性】对话框，选择【出错警告】选项卡，选中【输入无效数据时显示出错警告】复选框，在【样式】下拉列表中选择【停止】选项，在【标题】文本框内输入文字"输入错误！"，在【错误信息】文本框内输入文字"格式错误，请核实后输入。"，单击【确定】按钮。

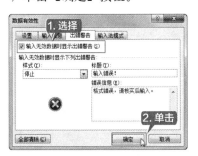

第3步 例如，在B3单元格内输入"2"，即会弹出设置的警示信息。

7.2.4 设置单元格的下拉选项

单元格内若需要输入像"类别"这样仅包含几个特定字符的数据时，可以将其设置为下拉选项以方便输入，具体操作步骤如下。

第4步 设置完成后，在B3单元格内输入"ZKNU00001"，按【Enter】键确定，即可完成输入。

第5步 使用快速填充功能填充B4:B24单元格区域，效果如下图所示。

第1步 选中D3:D24单元格区域，单击【数据】选项卡下【数据工具】组中的【数据有效性】按钮。

第2步 弹出【数据有效性】对话框，选择【设置】选项卡，在【有效性条件】组中的选择【允许】下拉列表中的【序列】选项。

第3步 对话框中将显示【来源】文本框，在文本框内输入"计算机技术，历史，数学，杂志，小说，文学，心理学，绘画，建筑，管理"，同时选中【忽略空值】和【提供下拉箭头】复选框。

第4步 选择【输入信息】选项卡，在【标题】文本框中输入"在下拉列表中选择"，在【输入信息】文本框中输入"请在下拉列表中选择规范分类。"。

第5步 设置单元格的出错告信息，【标题】为"输入有误！"，【错误信息】为"输入错误，可在下拉列表中选择输入。"，单击【确定】按钮。

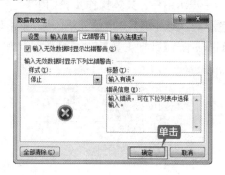

第6步 即可在 D3 单元格后显示下拉按钮，单击下拉按钮，即可在下拉列表中选择图书类别，效果如下图所示。

第7步 使用同样的方法在 D4:D24 单元格区域选择图书类别。

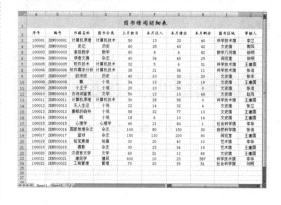

7.3 排序数据

在对图书借阅明细表中的数据进行统计时，需要对数据进行排序，以更好地对数据进行分析和处理。

7.3.1 单条件排序

Excel 可以根据某个条件对数据进行排序，如在图书借阅明细表中对还入数量多少进行排序，操作步骤如下所示。

第1步 选中数据区域的任一单元格，单击【数据】选项卡下【排序和筛选】组中的【排序】按钮。

第2步 弹出【排序】对话框，将【主要关键字】设置为"本月还入"，【排序依据】设置为"数值"，将【次序】设置为"升序"，选中【数据包含标题】复选框，单击【确定】按钮。

第3步 即可将数据以还入数量为依据进行从

小到大的排序，效果如下图所示。

序号	编号	书籍名称	图书分类	上月数目	本月还入	本月借出	本月
100005	ZKNU00005	软件技术	计算机技术	32	5	6	31
100014	ZKNU00014	飘	小说	18	6	10	14
100003	ZKNU00003	高级数学	数学	80	6	6	82
100007	ZKNU00007	欧洲史	历史	40	10	30	20
100009	ZKNU00009	小王子	小说	20	10	30	0
100021	ZKNU00021	建筑学	建筑	600	10	23	58
100010	ZKNU00010	古诗词鉴赏	文学	50	12	13	49
100001	ZKNU00001	计算机原理	计算机技术	50	13	23	40
100008	ZKNU00008	飘	小说	34	13	28	19
100012	ZKNU00012	无人生还	小说	22	14	32	4
100018	ZKNU00018	铅笔素描	绘画	30	20	40	10
100022	ZKNU00022	工商管理	管理	70	20	39	51
100006	ZKNU00006	软件需求分析	计算机技术	26	21	36	11
100015	ZKNU00015	心理学	心理学	40	21	60	1
100020	ZKNU00020	汉语言文学	文学	60	21	12	69
100019	ZKNU00019	摄影	杂志	30	23	34	19
100002	ZKNU00002	史记	历史	60	25	43	42
100011	ZKNU00011	计算机原理	计算机技术	30	28	58	0
100013	ZKNU00013	挪威的森林	小说	58	32	77	13
100004	ZKNU00004	读者文摘	杂志	40	34	45	29
100016	ZKNU00016	国家地理杂志	杂志	100	80	150	30
100017	ZKNU00017	篮球	杂志	150	130	200	80

图书借阅明细表

提示

Excel 默认的排序是根据单元格中的数据进行排序的。在按升序排序时，Excel 使用如下的顺序。

(1)数值从最小的负数到最大的正数排序。

(2)文本按 A~Z 顺序。

(3)逻辑值 False 在前，True 在后。

(4)空格排在最后。

7.3.2 多条件排序

如果需要对各个图书区域进行排序的同时又要对各个图书的剩余情况进行排序，可以使用多条件排序，具体操作步骤如下。

第1步 选择 Sheet1 工作表，选中任一数据单元格，单击【数据】选项卡下【排序和筛选】组中的【排序】按钮。

第2步 弹出【排序】对话框,设置【主要关键字】为"图书区域",【排序依据】为"数值",【次序】为"升序",单击【添加条件】按钮。

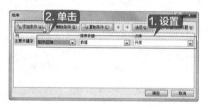

第3步 设置【次要关键字】为"本月剩余",【排序依据】为"数值",【次序】为"升序",单击【确定】按钮。

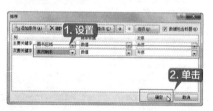

7.3.3 按行或列排序

如果需要对图书借阅明细表进行按行或者按列排序,也可以通过排序功能实现,具体操作步骤如下。

第1步 选中E2:G24单元格区域,单击【数据】选项卡下【排序和筛选】组中的【排序】按钮 。

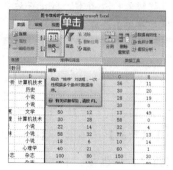

第4步 即可对工作表进行排序,效果如下图所示。

	A	B	C	D	E	F	G
1				图书借阅明细表			
2	序号	编号	书籍名称	图书分类	上月数目	本月购入	本月借出
3	100011	ZKNU00011	计算机原理	计算机技术	30	28	58
4	100006	ZKNU00006	软件需求分析	计算机技术	26	21	36
5	100005	ZKNU00005	软件技术	计算机技术	32	5	6
6	100001	ZKNU00001	计算机原理	计算机技术	50	13	23
7	100021	ZKNU00021	建筑学	建筑	600	10	23
8	100015	ZKNU00015	心理学	心理学	40	21	60
9	100022	ZKNU00022	工商管理	管理	70	20	39
10	100003	ZKNU00003	高级数学	数学	80	8	6
11	100009	ZKNU00009	小王子	小说	20	10	30
12	100012	ZKNU00012	无人生还	小说	22	14	32
13	100013	ZKNU00013	挪威的森林	小说	58	32	77
14	100014	ZKNU00014	眠	小说	18	6	10
15	100008	ZKNU00008	飘	小说	34	13	28
16	100007	ZKNU00007	欧洲史	历史	40	10	30
17	100002	ZKNU00002	史记	历史	60	25	43
18	100010	ZKNU00010	古诗词赏	文学	50	12	13
19	100020	ZKNU00020	汉语言文学	文学	60	21	12
20	100018	ZKNU00018	铅笔素描	绘画	30	20	40
21	100019	ZKNU00019	摄影	杂志	30	23	34
22	100004	ZKNU00004	读者文摘	杂志	40	34	45
23	100017	ZKNU00017	篮球	杂志	150	130	200
24	100016	ZKNU00016	国家地理杂志	杂志	100	80	150
25							

| **提示** |

在对工作表进行排序分析后,可以按【Ctrl+Z】组合键撤销排序的效果。

在多条件排序中,数据区域按主要关键字排列,主要关键字相同的按次要关键字排列,如果次要关键字也相同的则按第三关键字排列。

第2步 弹出【排序】对话框,单击【选项】按钮。

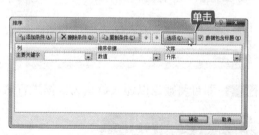

第3步 在弹出的【排序选项】对话框中的【方向】组中选中【按行排序】单选按钮,单击【确定】按钮。

第4步 返回【排序】对话框，将【主要关键字】设置为"行2"，【排序依据】设置为"数值"，【次序】设置为"升序"，单击【确定】按钮。

第5步 即可将工作表数据根据设置进行排序，效果如下图所示。

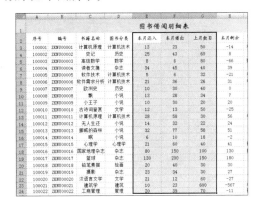

7.3.4 自定义排序

如果需要按物品的单位进行一定顺序排列，如将图书的类别自定义为排序序列，具体操作步骤如下。

第1步 选中数据区域任一单元格。

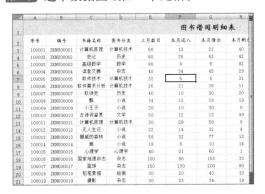

第2步 单击【数据】选项卡下【排序和筛选】组中的【排序】按钮。

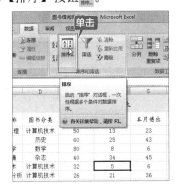

第3步 弹出【排序】对话框，设置【主要关键字】为"图书分类"，单击【次序】下拉列表中的【自定义序列】选项。

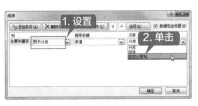

第4步 弹出【自定义序列】对话框，在【自定义序列】选项卡下【输入序列】文本框内输入"计算机技术，历史，数学，杂志，小说，文学，心理学，绘画，建筑，管理"，每输入一个条目后按【Enter】键分隔条目，输入完成后单击【确定】按钮。

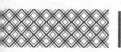

第5步 返回【排序】对话框，即可看到自定义的次序，单击【确定】按钮。

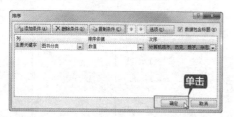

第6步 即可将数据按照自定义的序列进行排序，效果如下图所示。

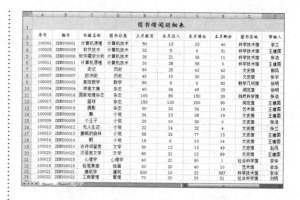

7.4 筛选数据

在对图书借阅明细表的数据进行处理时，如果需要查看一些特定的数据，可以使用数据筛选功能筛选出需要的数据。

7.4.1 自动筛选

通过自动筛选功能，可以筛选出符合条件的数据。自动筛选包括单条件筛选和多条件筛选。

1. 单条件筛选

单条件筛选就是将符合一种条件的数据筛选出来，如筛选出图书借阅明细表中在文史馆内的图书。

第1步 选中数据区域任一单元格。

	A	B	C	D	E	F
1				图书借阅明细		
2	序号	编号	书籍名称	图书分类	上月数目	本月还入
3	100001	ZKNU00001	计算机原理	计算机技术	50	13
4	100002	ZKNU00002	史记	历史	60	25
5	100003	ZKNU00003	高级数学	数学	80	8
6	100004	ZKNU00004	读者文摘	杂志	40	34
7	100005	ZKNU00005	软件技术	计算机技术	32	5
8	100006	ZKNU00006	软件需求分析	计算机技术	26	21
9	100007	ZKNU00007	欧洲史	历史	40	10
10	100008	ZKNU00008	飘	小说	34	13
11	100009	ZKNU00009	小王子	小说	20	10
12	100010	ZKNU00010	古诗词鉴赏	文学	50	12
13	100011	ZKNU00011	计算机原理	计算机技术	30	28
14	100012	ZKNU00012	无人生还	小说	22	14
15	100013	ZKNU00013	挪威的森林	小说	58	32
16	100014	ZKNU00014	眠	小说	18	6
17	100015	ZKNU00015	心理学	心理学	40	21
18	100016	ZKNU00016	国家地理杂志	杂志	100	80
19	100017	ZKNU00017	篮球	杂志	150	130
20	100018	ZKNU00018	铅笔素描	绘画	30	20
21	100019	ZKNU00019	摄影	杂志	30	23

第2步 单击【数据】选项卡下【排序和筛选】组中的【筛选】按钮。

第3步 工作表自动进入筛选状态，每列的表头下面出现一个下拉按钮，单击 I2 单元格的下拉按钮。

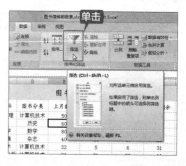

F	G	H	I	J
阅明细表				
本月还入	本月借出	本月剩余	图书区域	审核人
13	23	40	科学技术馆	李兰
25	43	42	文史馆	
8	6	82	数学几何馆	
34	45	29	阅览室	徐明
5	6	31	科学技术馆	王建国
21	36	11	科学技术馆	张浩
10	30	20	文史馆	张宇
13	28	19	文史馆	王建国
10	30	0	文史馆	张浩
12	13	49	文史馆	赵凤
28	58	0	科学技术馆	王建国
14	32	4	文史馆	张兰

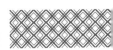

第4步 在弹出的下拉列表中单击选中【文史馆】复选框，然后单击【确定】按钮。

第5步 即可将在文史馆中的图书筛选出来，效果如下图所示。

图书借阅明细表					
上月数目	本月还入	本月借出	本月剩余	图书区域	审核人
60	25	43	42	文史馆	郭凤
40	10	30	20	文史馆	张宇
34	13	28	19	文史馆	王国国
20	10	30	0	文史馆	张洁
50	12	13	49	文史馆	赵凤
22	14	32	4	文史馆	张兰
58	32	77	13	文史馆	王建国
18	6	10	14	文史馆	王建国
60	21	12	69	文史馆	王建国

2. 多条件筛选

多条件筛选就是将符合多个条件的数据筛选出来。例如，将图书借阅明细表中与《飘》和《史记》这两本书有关的数据筛选出来。

第1步 选中数据区域任一单元格。

	A	B	C	D	E	F
1						图书借阅明细
2	序号	编号	书籍名称	图书分类	上月数目	本月还入
3	100001	ZKNU0001	计算机原理	计算机技术	50	13
4	100002	ZKNU00002	史记	历史	60	25
5	100003	ZKNU00003	高级数学	数学	80	8
6	100004	ZKNU00004	读者文摘	杂志	40	34
7	100005	ZKNU00005	软件技术	计算机技术	32	5
8	100006	ZKNU00006	软件需求分析	计算机技术	26	21
9	100007	ZKNU00007	欧洲史	历史	40	10
10	100008	ZKNU00008	飘	小说	34	13
11	100009	ZKNU00009	小王子	小说	20	10
12	100010	ZKNU00010	古诗词鉴赏	文学	50	12
13	100011	ZKNU00011	计算机原理	计算机技术	30	28
14	100012	ZKNU00012	无人生还	小说	22	14
15	100013	ZKNU00013	挪威的森林	小说	58	32

第2步 单击【数据】选项卡下【排序和筛选】组中的【筛选】按钮。

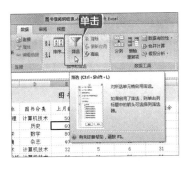

第3步 工作表自动进入筛选状态，每列的表头下面出现一个下拉按钮，单击 C2 单元格的下拉按钮。

	A	B	C	D	E
1					图书
2	序号	编号	书籍名称	图书分类	上月数目
3	100001	ZKNU00001	计算机原理	计算机技术	50
4	100002	ZKNU00002	史记		60
5	100003	ZKNU00003	高级数学		80
6	100004	ZKNU00004	读者文摘	杂志	40
7	100005	ZKNU00005	软件技术	计算机技术	32
8	100006	ZKNU00006	软件需求分析	计算机技术	26
9	100007	ZKNU00007	欧洲史	历史	40
10	100008	ZKNU00008	飘	小说	34
11	100009	ZKNU00009	小王子	小说	20
12	100010	ZKNU00010	古诗词鉴赏	文学	50
13	100011	ZKNU00011	计算机原理	计算机技术	30
14	100012	ZKNU00012	无人生还	小说	22
15	100013	ZKNU00013	挪威的森林	小说	58

第4步 在弹出的下拉列表中选中【飘】和【史记】复选框，单击【确定】按钮。

第5步 即可筛选出与这两本书有关的所有数据，如下图所示。

7.4.2 高级筛选

如果要将图书借阅明细表中由王建国审核的书籍名称单独筛选出来，可以使用高级筛选功能设置多个复杂筛选条件实现，具体操作步骤如下。

第1步 在 I26 和 I27 单元格内分别输入"审核人"和"王建国"，在 J26 单元格内输入"书籍名称"。

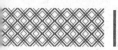

第2步 选中数据区域任一单元格，单击【数据】选项卡下【排序和筛选】组中的【高级】按钮 高级。

第3步 弹出【高级筛选】对话框，在【方式】组中选中【将筛选结果复制到其他位置】

单选按钮，在【列表区域】文本框内输入"$A$2:$J$24"，在【条件区域】文本框内输入"Sheet1!$I$26:$I$27"，在【复制到】文本框内输入"Sheet1!$J$26"，选中【选择不重复的记录】复选框，单击【确定】按钮。

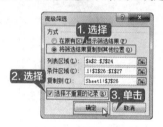

第4步 即可将图书借阅明细表中由王建国审核的书籍名称单独筛选出来并复制在指定区域，效果如下图所示。

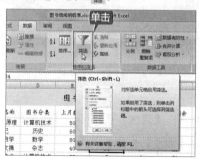

| 提示 |

输入的筛选条件文字需要和数据表中的文字保持一致。

7.4.3 自定义筛选

第1步 选择数据区域任一单元格。

第2步 单击【数据】选项卡下【排序和筛选】

组中的【筛选】按钮 筛选。

第3步 即可进入筛选状态，单击【本月还入】的下拉按钮，在弹出的下拉列表中选择【数字筛选】选项，在弹出的选项列表中选择【介于】选项。

第4步 弹出【自定义自动筛选方式】对话框，在【显示行】组的第一行第一个下拉列表框中选择【大于或等于】选项，第一行第二个下拉列表框设置为"20"，选中【与】单选按钮；在第二行第二个下拉列表框中选择【小于或等于】选项，数值设置为"32"，单击【确定】按钮。

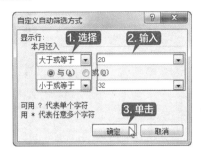

第5步 即可将本月还入量介于 20 和 32 之间的图书筛选出来，效果如下图所示。

7.5 数据的分类汇总

图书借阅明细表需要对不同类别的图书进行分类汇总，使工作表更加有条理，有利于于对数据进行分析和处理。

7.5.1 创建分类汇总

将图书根据图书区域对本月剩余情况进行分类汇总，具体操作步骤如下。

第1步 选中"图书区域"数据区域任一单元格。

第2步 单击【数据】选项卡下【排序和筛选】组中的【升序】按钮。

第3步 即可将数据以图书区域为依据进行升序排列，效果如下图所示。

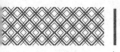

第4步 单击【数据】选项卡下【分级显示】
组中的【分类汇总】按钮。

第5步 弹出【分类汇总】对话框，设置【分
类字段】为"图书区域"，【汇总方式】为"求和"，
在【选定汇总项】列表框中选中【本月剩余】
复选框，其余保持默认值，单击【确定】按钮。

第6步 即可对工作表进行以图书区域为类别
的对本月剩余进行的分类汇总，结果如下图
所示。

| 提示 |

在进行分类汇总之前，需要对分类字
段进行排序使其符合分类汇总的条件，这样
才能达到最佳的效果。

7.5.2 清除分类汇总

如果不再需要对数据进行分类汇总，可以选择清除分类汇总，具体操作步骤如下。

第1步 接上节操作，选中数据区域任一单元
格。

第2步 单击【数据】选项卡下【分级显示】

组中的【分类汇总】按钮，在弹出的【分
类汇总】对话框中单击【全部删除】按钮。

第3步 即可将分类汇总全部删除，效果如下图所示。

7.6 合并计算

合并计算可以将多个工作表中的数据合并在一个工作表中，以便能够对数据进行更新和汇总。图书借阅明细表中，Sheet1 工作表和 Sheet2 工作表内容可以汇总在一个工作表中，具体操作步骤如下。

第1步 选择 Sheet1 工作表，选中 A2:J24 单元格区域。

第2步 单击【公式】选项卡下【定义的名称】组中的【定义名称】按钮 定义名称。

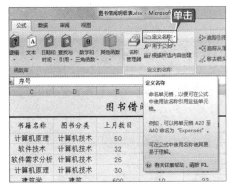

第3步 弹出【新建名称】对话框，在【名称】文本框内输入"表1"，单击【确定】按钮。

第4步 选择 Sheet2 工作表，选中 E1:F23 单元格区域,单击【公式】选项卡下【定义的名称】组中的【定义名称】按钮 定义名称。

第5步 在弹出的【新建名称】对话框中将【名称】设置为"表2"，单击【确定】按钮。

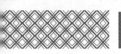

第6步 在 Sheet1 工作表中选中 K2 单元格，单击【数据】选项卡下【数据工具】组中的【合并计算】按钮。

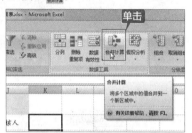

第7步 弹出【合并计算】对话框，在【函数】下拉列表中选择【求和】选项，在【引用位置】文本框内输入"表2"，选中【标签位置】组中的【首行】复选框，单击【确定】按钮。

第8步 即可将表2合并到 Sheet1 工作表内，效果如下图所示。

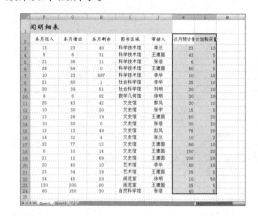

第9步 对工作表进行美化和调整后的最终效果如下图所示。完成后保存案例即可。

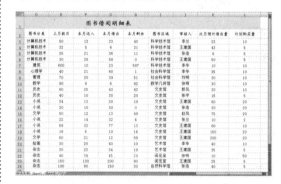

| 提示 |

除了使用上述方法，还可以在工作表名称栏中直接为单元格区域命名。

分析与汇总商品销售数据表

商品销售数据表记录着一个阶段内各个种类的商品的销售情况，通过对销售数据的分析可以找出在销售过程中存在的问题，分析与汇总商品销售数据表的步骤如下。

第一步 设置数据验证

设置商品编号的数据验证，并完成商品编号的输入。

第二步 排序数据

根据销售金额和销售数量对商品进行排序。

	A	B	C	D	E	F	G
1			商品销售数据表				
2	商品编号	商品名称	商品种类	销售数量	单价	销售金额	销售员
3	SP1014	面包	食品	112	¥2.3	¥257.6	王XX
4	SP1009	锅巴	食品	86	¥3.5	¥301.0	张XX
5	SP1018	速冻水饺	食品	54	¥7.5	¥405.0	马XX
6	SP1005	香皂	日用品	52	¥8.0	¥416.0	王XX
7	SP1004	饼干	食品	180	¥2.5	¥450.0	马XX
8	SP1002	薯片	食品	150	¥4.5	¥675.0	张XX
9	SP1020	牙刷	日用品	36	¥24.0	¥864.0	马XX
10	SP1007	锅铲	厨房用具	53	¥21.0	¥1,113.0	张XX
11	SP1001	牛奶	食品	38	¥40.0	¥1,520.0	张XX
12	SP1015	火腿肠	食品	86	¥19.5	¥1,677.0	张XX
13	SP1006	洗发水	日用品	48	¥37.8	¥1,814.4	张XX
14	SP1010	海苔	食品	67	¥28.0	¥1,876.0	张XX
15	SP1012	牙膏	日用品	120	¥19.0	¥2,280.0	张XX
16	SP1017	保温杯	厨房用具	48	¥50.0	¥2,400.0	王XX
17	SP1008	方便面	食品	140	¥19.2	¥2,688.0	王XX
18	SP1013	洗面奶	日用品	84	¥35.0	¥2,940.0	马XX
19	SP1019	咖啡	食品	62	¥53.0	¥3,286.0	王XX
20	SP1011	炒菜锅	厨房用具	35	¥199.0	¥6,965.0	王XX
21	SP1003	电饭煲	厨房用具	24	¥299.0	¥7,176.0	马XX
22	SP1016	微波炉	厨房用具	59	¥428.0	¥25,252.0	张XX

第三步 筛选数据

筛选出各个销售员的商品销售数据。

◇ **通过筛选删除空白行**

对于不连续的多个空白行，可以使用筛选功能快速删除，具体操作步骤如下。

第1步 打开随书光盘中的"素材 \ch07\ 删除空白行 .xlsx"文件。

	A	B	C	D
1	序号	姓名	座位	
2	1	刘	B2	
3				
4	2	候	H3	
5				
6	3	王	C8	
7				
8	4	张	C7	
9				
10	5	苏	D1	

第2步 选中 A1:A10 单元格区域，单击【数据】选项卡下【排序和筛选】组中的【筛选】按钮。

	A	B	C	D	E	F	G	H
1			商品销售数据表					
2	商品编号	商品名称	商品种类	销售数量	单价	销售金额	销售员	
5	SP1018	速冻水饺	食品	54	¥7.5	¥405.0	马XX	
9	SP1004	饼干	食品	180	¥2.5	¥450.0	马XX	
17	SP1020	牙刷	日用品	36	¥24.0	¥864.0	马XX	
18	SP1013	洗面奶	日用品	84	¥35.0	¥2,940.0	马XX	
21	SP1003	电饭煲	厨房用具	24	¥299.0	¥7,176.0	马XX	

第四步 对数据进行分类汇总

根据销售员对商品进行分类汇总。

	A	B	C	D	E	F	G	H
1			商品销售数据表					
2	商品编号	商品名称	商品种类	销售数量	单价	销售金额	销售员	
3	SP1018	速冻水饺	食品	54	¥7.5	¥405.0	马XX	
4	SP1004	饼干	食品	180	¥2.5	¥450.0	马XX	
5	SP1020	牙刷	日用品	36	¥24.0	¥864.0	马XX	
6	SP1013	洗面奶	日用品	84	¥35.0	¥2,940.0	马XX	
7	SP1003	电饭煲	厨房用具	24	¥299.0	¥7,176.0	马XX	
8						5	马XX 计数	
9	SP1014	面包	食品	112	¥2.3	¥257.6	王XX	
10	SP1005	香皂	日用品	52	¥8.0	¥416.0	王XX	
11	SP1017	保温杯	厨房用具	48	¥50.0	¥2,400.0	王XX	
12	SP1008	方便面	食品	140	¥19.2	¥2,688.0	王XX	
13	SP1019	咖啡	食品	62	¥53.0	¥3,286.0	王XX	
14	SP1011	炒菜锅	厨房用具	35	¥199.0	¥6,965.0	王XX	
15						6	王XX 计数	
16	SP1009	锅巴	食品	86	¥3.5	¥301.0	张XX	
17	SP1002	薯片	食品	150	¥4.5	¥675.0	张XX	
18	SP1007	锅铲	厨房用具	53	¥21.0	¥1,113.0	张XX	
19	SP1001	牛奶	食品	38	¥40.0	¥1,520.0	张XX	
20	SP1015	火腿肠	食品	86	¥19.5	¥1,677.0	张XX	
21	SP1006	洗发水	日用品	48	¥37.8	¥1,814.4	张XX	

至此，就完成了对商品销售数据表的分析与汇总。

第3步 单击 A1 单元格中出现的下拉按钮，在弹出的下拉列表中选中【空白】复选框，单击【确定】按钮。

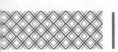
第4步 即可将 A1:A10 单元格区域内的空白行选中。

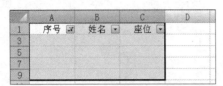

第5步 将鼠标指针放置在选定的单元格区域，单击鼠标右键，在弹出的快捷菜单中选择【删除行】选项。

第6步 弹出提示对话框，单击【确定】按钮。

第7步 即可删除空白行，取消筛选，效果如下图所示。

	A	B	C	D
1	1	刘	B2	
2	2	候	H3	
3	3	王	C8	
4	4	张	C7	
5	5	苏	D1	
6				
7				

◇ 筛选多个工作表中的重复值

使用下面的方法可以快速在多个工作表中找出重复值，节省处理数据的时间。

第1步 打开随书光盘中的"素材\ch07\查找重复值.xlsx"文件。

	A	B	C	D	E
1	分类	物品			
2	蔬菜	西红柿			
3	水果	苹果			
4	肉类	牛肉			
5	肉类	鱼			
6	蔬菜	白菜			
7	水果	橘子			
8	肉类	羊肉			
9	肉类	猪肉			

第2步 单击【数据】选项卡下【排序和筛选】

组中的【高级】按钮。

第3步 在弹出的【高级筛选】对话框中选中【将筛选结果复制到其他位置】单选按钮；【列表区域】设置为"$A$1:$B$13"，【条件区域】设置为"Sheet2!$A$1:$B$13"，【复制到】设置为"Sheet1!$F$3"；选中【选择不重复的记录】复选框，单击【确定】按钮。

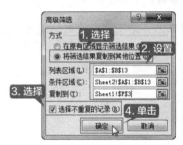

第4步 即可将两个工作表中的重复数据复制到指定区域，效果如下图所示。

◇ 把相同项合并为一个单元格

在制作工作表时，将相同的表格进行合并可以使工作表更加简洁明了，快速实现合并的具体操作步骤如下。

第1步 打开随书光盘中的"素材\ch07\分类清单.xlsx"文件。

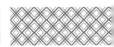

第2步 选中数据区域的 A 列单元格,单击【数据】选项卡下【排序和筛选】组中的【升序】按钮 ⬆️🔼。

第3步 在弹出的【排序提醒】提示框中选中【扩展选定区域】单选按钮,单击【排序】按钮。

第4步 即可对数据进行以 A 列为依据的升序排列,A 列相同名称的单元格将会连续显示,效果如下图所示。

第5步 选择 A 列,单击【数据】选项卡下【分级显示】组中的【分类汇总】按钮 🔳分类汇总。

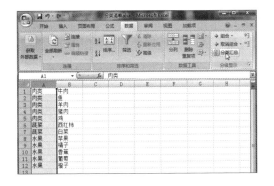

第6步 在弹出的提示框中单击【确定】按钮。

第7步 弹出【分类汇总】对话框,【分类字段】选择"肉类",【汇总方式】选择"计数",选中【选定汇总项】组中的【肉类】复选框,然后选中【汇总结果显示在数据下方】复选框,单击【确定】按钮。

第8步 即可对 A 列进行分类汇总,效果如下图所示。

第9步 单击【开始】选项卡下【编辑】组中的【查找和选择】按钮,在弹出的下拉列表中选择【定位条件】选项。

第10步 弹出【定位条件】对话框,选中【空值】单选按钮,单击【确定】按钮。

第11步 即可选中 A 列所有空值，单击【开始】
选项卡下【对齐方式】组中的【合并后居中】
按钮。

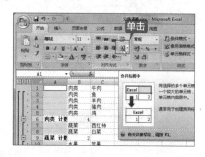

第12步 即可对定位的单元格进行合并居中的
操作，效果如下图所示。

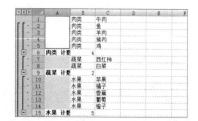

第13步 选择 B 列数据，单击【数据】选项
卡下【分级显示】组中的【分类汇总】按钮
分类汇总。

第14步 确认提示框信息之后弹出【分类汇总
对话框，【汇总方式】选择"计数"，在【
定汇总项】组中选中【肉类】复选框，取

选中【汇总结果显示在数据下方】复选框，
单击【全部删除】按钮。

第15步 弹出提示框，单击【确定】按钮。

第16步 删除分类汇总后的效果如下图所示。

第17步 选中 A 列，单击【开始】选项卡下【剪
贴板】组中的【格式刷】按钮。

第18步 单击 B 列，B 列即可复制 A 列格式，
然后删除 A 列，最终效果如下图所示。

第8章

中级数据处理与分析——图表

本章导读

在 Excel 中使用图表不仅能使数据的统计结果更直观、更形象，还能够清晰地反映数据的变化规律和发展趋势。使用图表可以制作产品统计分析表、预算分析表、工资分析表、成绩分析表等。本章主要介绍创建图表、图表的设置和调整、添加图表元素及创建迷你图等操作。

思维导图

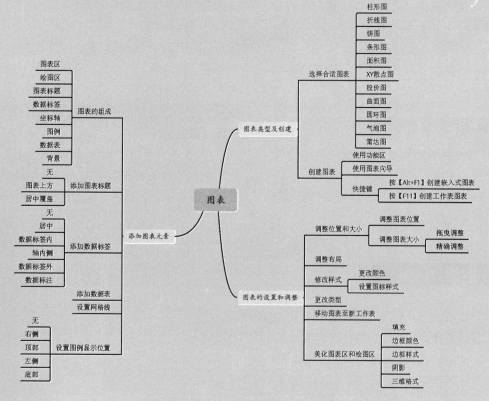

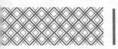

8.1 成绩统计分析图表

制作成绩统计分析图表时，表格内的数据类型要格式一致，选取的图表类型要能恰当地反应数据的变化趋势。

实例名称：制作成绩统计分析图表	
实例目的：掌握图表的操作方法	
素材	素材 \ch08\ 高一年级成绩统计分析图表 .xlsx
结果	结果 \ch08\ 高一年级成绩统计分析图表 .xlsx
录像	视频教学录像 \08 第 8 章

8.1.1 案例概述

数据分析是指用适当的统计分析方法对收集来的大量数据进行分析，提取有用信息和形成结论而对数据加以详细研究和概括总结的过程。Excel 作为常用的分析工具，可以实现基本的分析工作。在 Excel 中使用图表可以清楚地表达数据的变化关系，并且还可以分析数据的规律，进行预测。本章就以制作成绩统计分析图表为例，介绍使用 Excel 的图表功能分析数据的方法。

制作成绩统计分析图表时，需要注意以下两点。

1. 表格的设计要合理

(1) 表格要有明确的表格名称，能快速向阅读者传达表格的信息。

(2) 表头的设计要合理，能够指明要统计成绩的科目及年份等信息。

(3) 表格中的数据格式、单位要统一，这样才能正确地反映成绩统计表中的数据。

2. 选择合适的图表类型

(1) 制作图表时首先要选择正确的数据源，有时表格的标题不可作为数据源，而表头通常要作为数据源的一部分。

(2) Excel 2007 提供了柱形图、折线图、饼图、条形图、面积图、XY(散点图)、股价图、曲面图、圆环图、气泡图、雷达图 11 种图表类型及组合图表类型，每一类图表所反映的数据主题不同，用户需要根据要表达的主题选择合适的图表。

(3) 图表中可以添加合适的图表元素，如图表标题、数据标签、数据表、图例等，通过这些图表元素可以更直观地反映图表信息。

8.1.2 设计思路

制作成绩统计分析图表时可以按以下的思路进行。

(1)设计要使用图表分析的数据表格。

(2)为表格选择合适的图标类型并创建图表。

(3)设置并调整图表的位置、大小、布局、样式及美化图表。

(4) 添加并设置图表标题、数据标签、数据表、网线及图例等图表元素。

8.1.3 涉及知识点

本案例主要涉及以下知识点。

(1)创建图表。

(2)设置和调整图表。

(3)添加图表元素。

8.2 图表类型及创建

Excel 2007 提供了包含组合图表在内的 11 种图表类型，用户可以根据需求选择合适的图表类型，然后创建嵌入式图表或工作表图表来表达数据信息。

8.2.1 如何选择合适的图表

Excel 2007 提供了柱形图、折线图、饼图、条形图、面积图、XY（散点图）、股价图、曲面图、圆环图、气泡图、雷达图 11 种图表类型及组合图表类型，需要根据图表的特点选择合适的图表类型。

第1步 打开随书光盘中的"素材 \ch08\ 高一年级成绩统计分析图表 .xlsx"文件，在数据区域选择任意一个单元格，如这里选择 D3 单元格。

第2步 单击【插入】选项卡下【图表】组右下角的【创建图表】按钮 。

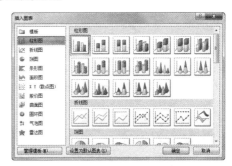

第3步 弹出【插入图表】对话框，即可在对话框左侧的列表中查看 Excel 2007 提供的所有图表类型。

(1)柱形图——以垂直条跨若干类别比较值。

柱形图由一系列垂直条组成，通常用来比较一段时间中两个或多个项目的相对尺寸。例如，不同产品季度或年销售量对比、在几个项目中不同部门的经费分配情况、每年各类资料的数目等。

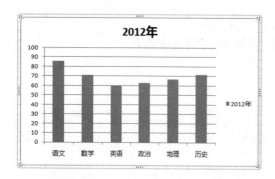

(2)折线图——按时间或类别显示趋势。

折线图用来显示一段时间内的趋势。例如，数据在一段时间内是呈增长趋势的，另一段时间内处于下降趋势，可以通过折线图对将来作出预测。

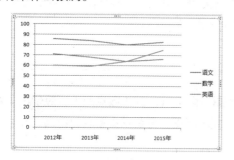

(3)饼图——显示比例。

饼图用于对比几个数据在其形成的总和中所占的百分比值。整个饼代表总和，每一个数用一个楔形或薄片代表。

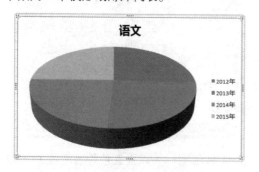

(4)条形图——以水平条跨若干类别比较值。

条形图由一系列水平条组成，以时间轴上的某一点为参照，对比两个或多个项目的相对尺寸。条形图中的每一条在工作表上是一个单独的数据点或数。

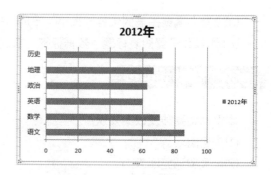

(5)面积图——显示变动幅度。

面积图显示一段时间内变动的幅值。当有几个部分的数据都在变动时，可以选择显示需要的部分，即可看到单独各部分的变动，同时也看到总体的变化。

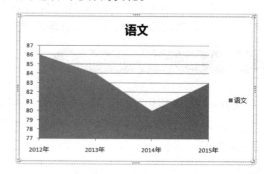

(6)XY（散点图）——显示值集之间的关系。

XY（散点图）展示成对的数和它们所代表的趋势之间的关系。散点图的重要作用是可以用来绘制函数曲线，从简单的三角函数、指数函数、对数函数到更复杂的混合型函数，都可以利用它快速准确地绘制出曲线，所以在教学和科学计算中会经常用到。

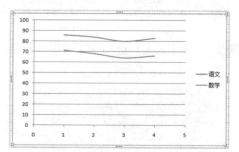

(7)股价图——显示股票变化趋势。

股价图是具有 3 个数据序列的折线图，

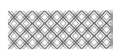

被用来显示一段给定时间内一种股票的最高价、最低价和收盘价。股价图多用于金融、商贸等行业，用来描述商品价格、货币兑换率和温度、压力测量等。

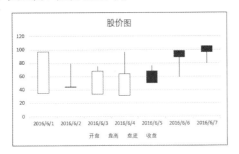

(8)曲面图——在曲面上显示两个或更多个数据。

曲面图显示的是连接一组数据点的三维曲面。曲面图主要用于寻找两组数据的最优组合。

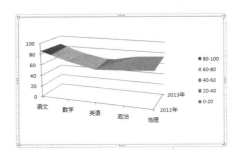

(9)雷达图——显示相对于中心点的值。

显示数据如何按中心点或其他数据变动，每个类别的坐标值从中心点辐射。

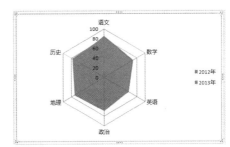

8.2.2 创建图表

创建图表时，不仅可以使用系统推荐的图表创建图表，还可以根据实际需要选择并创建合适的图表。下面介绍在成绩统计分析图表中创建图表的方法。

1. 使用功能区创建图表

在 Excel 2007 的功能区中将图标类型集中显示在【插入】选项卡下【图表】组中，方便用户快速创建图表，具体操作步骤如下。

第1步 选择数据区域内的任意一个单元格，单击【插入】选项卡，在【图表】组中即可看到包含多个创建图表按钮。

第2步 单击【图表】组中【柱形图】按钮的下拉按钮，在弹出的下拉列表中选择【二维柱形图】组中的【簇状柱形图】选项。

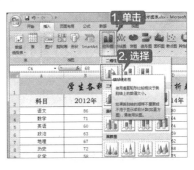

第3步 即可在该工作表中插入一个柱形图表，效果如下图所示。

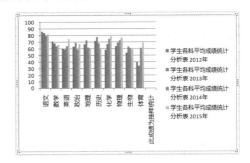

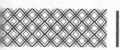
|提示| ::::::::

　　可以在选择创建的图表后,在键盘上按【Delete】键将其删除。

2. 使用图表向导创建图表

　　使用图表向导也可以创建图表,具体操作步骤如下。

第1步　在打开的素材文件中,选择数据区域的 A2:E12 单元格区域,单击【插入】选项卡下【图表】组中的【创建图表】按钮 ,弹出【插入图表】对话框,在左侧的列表中选择【折线图】选项,在右侧选择一种折线图类型,单击【确定】按钮。

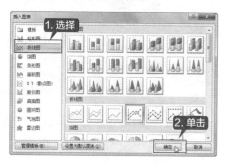

第2步　即可在 Excel 工作表中创建折线图图表,效果如下图所示。

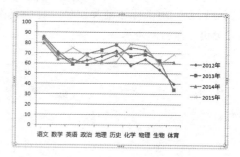

|提示| ::::::::

　　除了使用上面的两种方法创建图表外,按【Alt+F1】组合键可以创建嵌入式图表,按【F11】键可以创建工作表图表。嵌入式图表就是与工作表数据在一起或者与其他嵌入式图表在一起的图表,而工作表图表是特定的工作表,只包含单独的图表。

8.3 图表的设置和调整

　　在成绩统计分析表中创建图表后,可以根据需要设置图表的位置和大小,还可以根据需要调整图表的样式及类型。

8.3.1 调整图表的位置和大小

　　创建图表后如果对图表的位置和大小不满意,可以根据需要调整图表的位置和大小。

1. 调整图表位置

第1步　选择创建的图表,将鼠标光标放置在图表上,当鼠标指针变为 ✛ 形状时,按住鼠标左键,并拖曳鼠标。

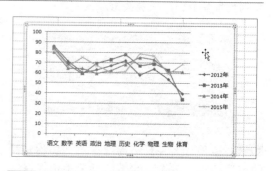

第2步　至合适位置处释放鼠标左键,即可完成调整图表位置的操作。

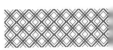

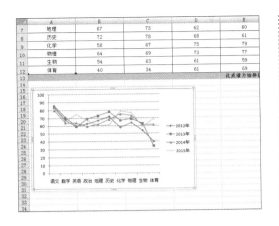

2. 调整图表大小

调整图表大小有两种方法，第一种方法是使用鼠标拖曳调整，第二种方法是精确调整图表的大小。

方法一：拖曳鼠标调整。

选择插入的图表，将鼠标指针放置在图表四周的控制点上，如这里将鼠标指针放置在右下角的控制点上，当鼠标指针变为 形状时，按住鼠标左键并拖曳鼠标。

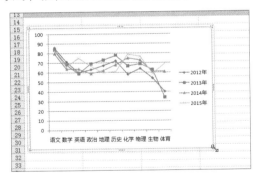

至合适大小后释放鼠标左键，即可完成调整图表大小的操作。

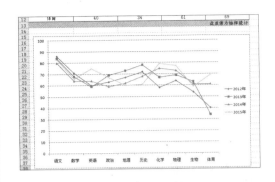

> **提示**
>
> 将鼠标指针放置在 4 个角的控制点上可以同时调整图表的宽度和高度；将鼠标指针放置在左右边的控制点上可以调整图表的宽度；将鼠标指针放置在上下边的控制点上可以调整图表的高度。

方法二：精确调整图表大小。

如要精确地调整图表的大小，可以选择插入的图表，在【格式】选项卡下【大小】组单击【形状高度】和【形状宽度】微调框中的微调按钮，或者直接输入图表的高度和宽度值，按【Enter】键确认。

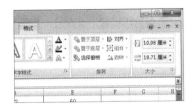

> **提示**
>
> 单击【格式】选项卡下【大小】组的【大小和属性】按钮 ，在打开的【设置图表区格式】对话框中单击选中【锁定纵横比】复选框，可等比放大或缩小图表。

8.3.2 调整图表布局

创建图表后，可以根据需要调整图表的布局，具体操作步骤如下。

第1步 选择创建的图表，单击【图表工具】→【设计】选项卡下【图表布局】组中的【其他】

按钮 ，在弹出的下拉列表中选择【布局9】选项。

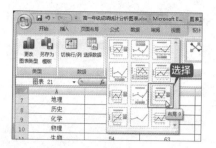

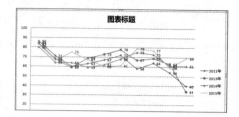

第2步 即可看到调整图表布局后的效果。

8.3.3 修改图表样式

修改图表样式主要包括调整图表颜色和调整图表样式两方面的内容，修改图表样式的具体操作步骤如下。

第1步 选择创建的图表，单击【图表工具】→【设计】选项卡下【图表样式】组中的【其他】按钮，在弹出的下拉列表中选择【样式26】选项。

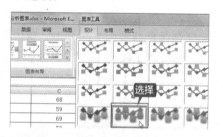

第2步 即可看到调整图表样式后的效果。

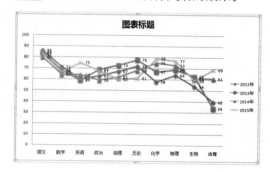

8.3.4 更改图表类型

创建图表后，如果选择的图表类型不能满足展示数据的效果，还可以更改图表类型，具体操作步骤如下。

第1步 选择创建图表，单击【图表工具】→【设计】选项卡下【类型】组中的【更改图表类型】按钮。

第2步 弹出【更改图表类型】对话框，选择要更改的图表类型，这里在左侧列表中选择

【柱形图】选项，在右侧选择【簇状柱形图】类型，单击【确定】按钮。

第3步 即可看到将折线图更改为簇状柱形图后的效果。

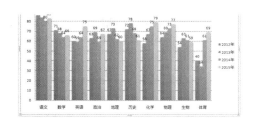

8.3.5 移动图表到新工作表

创建图表后，如果工作表中数据较多，数据和图表将会有重叠，这时可以将图表移动到新工作表中。

第1步 选择图表，单击【图表工具】→【设计】选项卡下【位置】组中的【移动图表】按钮。

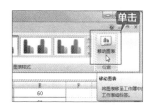

第2步 弹出【移动图表】对话框，在【选择放置图表的位置】组中单击选中【新工作表】单选按钮，并在文本框中设置新工作表的名称，单击【确定】按钮。

第3步 即可创建名称为"Chart1"的工作表，并在表中显示图表，而 Sheet1 工作表中则不包含图表。

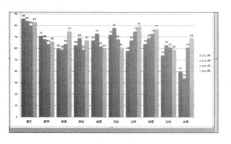

第4步 在 Chart1 工作表中选择图表，并单击鼠标右键，在弹出的快捷菜单中选择【移动图表】选项。

第5步 弹出【移动图表】对话框，在【选择放置图表的位置】组中单击选中【对象对于】单选按钮，并在文本框中选择 Sheet1 工作表，单击【确定】按钮。

第6步 即可将图表移动至 Sheet1 工作表，并删除 Chart1 工作表。

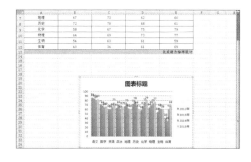

8.3.6 美化图表区和绘图区

美化图表区和绘图区可使图表更美观，美化图表区的具体操作步骤如下。

第1步 选中图表区并单击鼠标右键，在弹出的快捷菜单中选择【设置图表区域格式】选项。

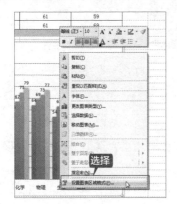

第2步 弹出【设置图表区格式】对话框，在【填充】选项卡下【填充】组中选择【纯色填充】单选按钮。

第3步 单击【颜色】按钮 的下拉按钮，在弹出的面板中选择一种颜色。

第4步 关闭【设置图表区格式】对话框，即可看到美化图表区后的效果。

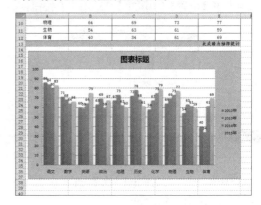

| 提示 |

使用同样的方法选择绘图区也可对绘图区进行类似美化。

8.4 添加图表元素

创建图表后，可以在图标中添加坐标轴、轴标题、图表标题、数据标签、数据表、网格线和图例等元素。

8.4.1 图表的组成

图表主要由图表区、绘图区、标题、数据系列、坐标轴、图例、运算表和背景等组成。

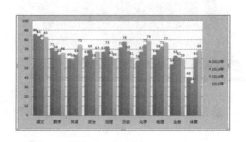

(1)图表区。

整个图表及图表中的数据称为图表区。在图表区中，当鼠标指针停留在图表元素上方时，Excel会显示元素的名称，从而方便用户查找图表元素。

(2)绘图区。

绘图区主要显示数据表中的数据，数据随着工作表中数据的更新而更新。

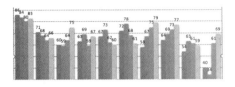

(3)图表标题。

创建图表后，图表中会自动创建标题文本框，只需在文本框中输入标题即可。

(4)数据标签。

图表中绘制的相关数据点的数据来自于数据的行和列。如果要快速标识图表中的数据，可以为图表的数据添加数据标签，在数据标签中可以显示系列名称、类别名称和百分比。

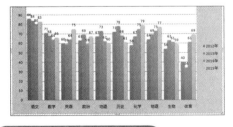

(5)坐标轴。

默认情况下，Excel会自动确定图表坐标轴中图表的刻度值，也可以自定义刻度，以满足使用需要。当在图表中绘制的数值涵盖范围较大时，可以将垂直坐标轴改为对数刻度。

(6)图例。

图例用方框表示，用于标识图表中的数据系列所指定的颜色或图案。创建图表后，图例以默认的颜色来显示图表中的数据系列。

(7)数据表。

数据表是反映图表中源数据的表格，默认的图表一般都不显示数据表。

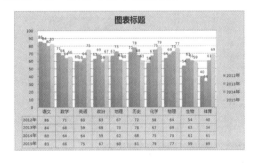

(8)背景。

背景主要用于衬托图表，可以使图表更加美观。

8.4.2 更改图表标题

在图表中添加标题可以直观地反映图表的内容。更改图表标题的具体操作步骤如下。

第1步 选择美化后的图表，单击【图表工具】→【布局】选项卡下【标签】组中【图表标题】按钮的下拉按钮，在弹出的下拉列表中选择【居中覆盖标题】选项。

第2步 即可将图表的标题调整至如图所示位置。

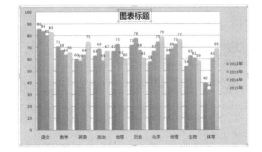

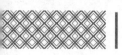
第3步 删除图表标题文本框中的内容，并输入"成绩统计分析表"，就完成了图表标题的更改。

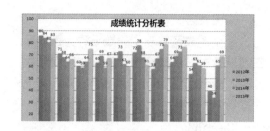

8.4.3 更改数据标签

更改数据标签的位置可以更方便查看柱形条对应的数值。更改数据标签的具体操作步骤如下。

第1步 选择图表，单击【图表工具】→【布局】选项卡下【标签】组中【数据标签】按钮的下拉按钮，在弹出的下拉列表中选择【数据标签内】选项。

第2步 即可将图表中的数据标签位置调整至柱形图内，效果如下图所示。

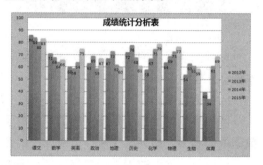

8.4.4 添加数据表

数据表是反映图表中源数据的表格，默认情况下图表中不显示数据表。添加数据表的具体操作步骤如下。

第1步 选择图表，单击【图表工具】→【布局】选项卡下【标签】组中【数据表】按钮的下拉按钮，在弹出的下拉列表中选择【显示数据表】选项。

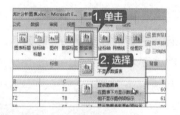

第2步 即可在图表中添加数据表，适当调整图表大小，效果如下图所示。

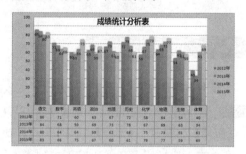

8.4.5 设置网格线

如果对默认的网格线不满意，可以添加网格线或自定义网格线样式，具体的操作步骤如下。

第1步 选择图表，单击【图表工具】→【布局】选项卡下【坐标轴】组中【网格线】按钮的下拉按钮，在弹出的下拉列表中选择【主要纵网格线】→【主要网格线】选项。

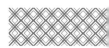

第2步 即可在图表中添加主要纵网格线，效果如下图所示。

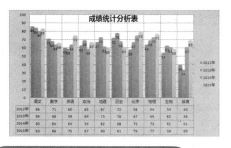

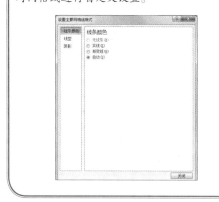

8.4.6 设置图例显示位置

图例可以显示在图表区的右侧、顶部、左侧及底部，为了使图表的布局更合理，可以根据需要更改图例的显示位置。设置图例显示在图表区左侧的具体操作步骤如下。

第1步 选择图表，单击【图表工具】→【布局】选项卡下【标签】组中【图例】按钮的下拉按钮，在弹出的下拉列表中选择【在左侧显示图例】选项。

第2步 即可将图例显示在图表区左侧，效果如下图所示。

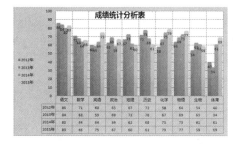

第3步 添加并更改图表元素之后，根据需要

调整图表的位置及大小，并对图表进行美化，以便能更清晰地显示图表中的数据。

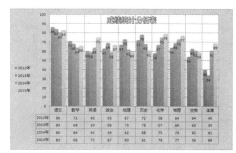

第4步 至此，就完成了成绩统计分析图表的制作，只需要按【Ctrl+S】组合键保存制作完成的工作簿文件即可。

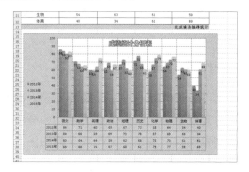

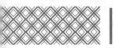

举一
反三

制作项目预算分析图表

　　与成绩统计分析图表类似的文件还有项目预算分析图表、年产量统计图表、货物库存分析图表等。制作这类文档时，都要做到数据格式的统一，并且要选择合适的图表类型，以便准确表达要传递的信息。下面就以制作项目预算分析图表为例进行介绍，操作步骤如下。

第一步　创建图表

　　打开随书光盘中的"素材\ch08\项目预算表.xlsx"文件，创建簇状柱形图图表。

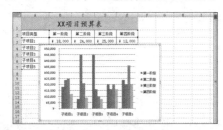

第二步　设置并调整图表

　　根据需要调整图表的大小和位置，并调整图表的布局、样式，最后根据需要美化图表。

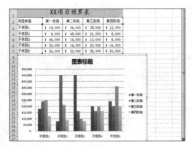

第三步　添加图表元素

　　添加数据标签、数据表及调整图例的位置，最后保存制作的文件。

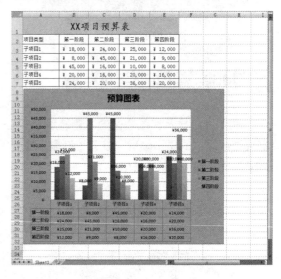

高手支招

◇ **制作双坐标轴图表**

　　在 Excel 中做出双坐标轴的图表，有利于更好理解数据之间的关联关系，如分析价格和销量之间的关系。制作双坐标轴图表的步骤如下。

第1步　打开随书光盘中的"素材\ch08\某品牌手机销售额.xlsx"文件，选中 A2:C10 单元格区域。

月份	数量/台	销售额/元
手机销售额		
1月份	40	79960
2月份	45	89955
3月份	42	83958
4月份	30	59970
5月份	28	55972

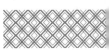

第 2 步 单击【插入】选项卡下【图表】组中的【折线图】按钮，在弹出的下拉列表中选择【折线图】选项。

第 3 步 即可插入折线图，效果如下图所示。

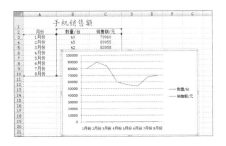

第 4 步 选中【数量】图例项，单击鼠标右键，在弹出的快捷菜单中选择【设置数据系列格式】选项。

第 5 步 弹出【设置数据系列格式】对话框，选中【次坐标轴】单选按钮，单击【关闭】按钮。

第 6 步 即可得到一个有双坐标轴的折线图表，可清楚地看到数量和销售额之间的对应关系。

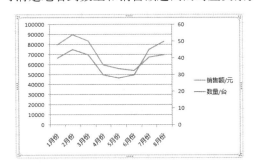

◇ 分离饼图制作技巧

使用饼图可以清楚地看到各个数据在总数据中的占比。饼图的类型很多，下面介绍一下在 Excel 2007 中制作分离饼图的技巧。

第 1 步 打开随书光盘中的"素材 \ch08\ 产品销售统计分析图表 .xlsx"文件，选中 B3:M4 单元格区域。

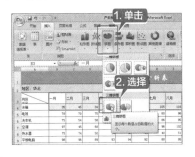

第 2 步 单击【插入】选项卡下【图表】组中的【饼图】按钮，在弹出的下拉列表中选择【三维饼图】选项。

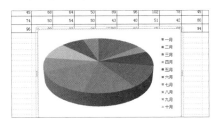

第 3 步 即可插入饼图，如下图所示。

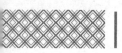
第4步 选中绘图区，将鼠标指针放置在饼图上并按住鼠标左键向外拖曳饼块至合适位置。

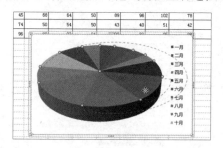

第5步 即可将各饼块分离，效果如下图所示。

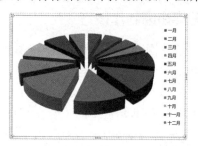

| 提示 |

也可不选择绘图区，只选中单独饼块向外拖动将此饼块从饼图分离。

◇ Excel 表中添加趋势线

在对数据进行分析时，有时需要对数据的变化趋势进行分析，这时可以使用添加趋势线的技巧，具体操作步骤如下。

第1步 打开随书光盘中的"素材 \ch08\ 产品销售统计分析图表 .xlsx"文件，创建仅包含热水器和空调的销售折线图。

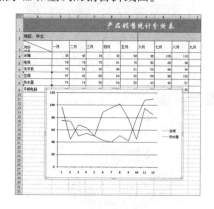

第2步 选中表示空调的折线，单击鼠标右键，在弹出的快捷菜单中选择【添加趋势线】选项。

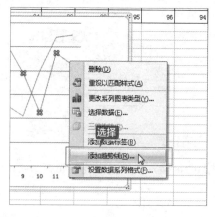

第3步 弹出【设置趋势线格式】对话框，选中【趋势线选项】组中的【线性】单选按钮，同时选中【趋势线名称】为"自动"，单击【关闭】按钮。

第4步 即可添加空调的销售趋势线，效果如下图所示。

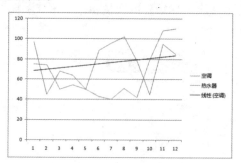

第9章

中级数据处理与分析——
数据透视表和透视图

本章导读

数据透视可以将筛选、排序和分类汇总等操作依次完成，并生成汇总表格，对数据的分析和处理有很大的帮助，熟练掌握数据透视表和透视图的运用方法，可以在处理大量数据时发挥巨大作用。本章就以制作收入统计透视表为例学习数据透视表和透视图的使用方法。

思维导图

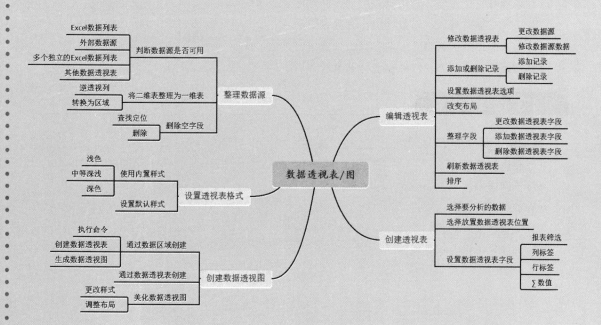

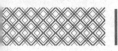

9.1 收入统计透视表

收入统计透视表是工厂一段时间内各项业务收入情况的明细表，记录各项收入情况，借助透视表有助于管理人员根据销售情况寻找销售数据中存在的规律，并及时作出应对策略，使效益最大化。

实例名称：制作收入统计透视表		
实例目的：掌握数据透视表和透视图的操作方法		
	素材	素材\ch09\工厂收入统计表.xlsx
	结果	结果\ch09\工厂收入统计表.xlsx
	录像	视频教学录像\09 第 9 章

9.1.1 案例概述

由于收入统计表的数据类目比较多，且数据比较繁杂，因此直接观察很难发现其中的规律和变化趋势，使用数据透视表和数据透视图可以将数据按一定规律进行整理汇总，更直观地展现出数据的变化情况。

9.1.2 设计思路

制作收入统计透视表可以遵循以下思路进行。

(1) 对数据源进行整理，使其符合创建数据透视表的条件。

(2) 创建数据透视表，对数据进行初步整理汇总。

(3) 编辑数据透视表，对数据进行完善和更新。

(4) 设置数据透视表格式，对数据透视表进行美化。

(5) 创建数据透视图，对数据进行更直观地展示。

9.1.3 涉及知识点

本案例主要涉及以下知识点。

(1) 整理数据源。

(2) 创建透视表。

(3) 编辑透视表。

(4) 设置透视表格式。

(5) 创建和编辑数据透视图。

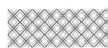

9.2 整理数据源

数据透视表对数据源有一定的要求，创建数据透视表之前需要对数据源进行整理，使其符合创建数据透视表的条件。

9.2.1 判断数据源是否可用

创建数据透视表时首先需要判断数据源是否可用，在 Excel 中，用户可以从以下 4 种类型的数据源中创建数据透视表。

(1) Excel 数据列表。Excel 数据列表是最常用的数据源。如果以 Excel 数据列表作为数据源，则标题行不能有空白单元格或者合并的单元格，否则不能生成数据透视表。

(2) 外部数据源。文本文件、Microsoft SQL Server 数据库、Microsoft Access 数据库、dBASE 数据库等均可作为数据源。Excel 2000 及以上版本还可以利用 Microsoft OLAP 多维数据集创建数据透视表。

(3) 多个独立的 Excel 数据列表。数据透视表可以将多个独立的 Excel 表格中的数据汇总到一起。

(4) 其他数据透视表。创建完成的数据透视表也可以作为数据源来创建另外一个数据透视表。

在实际工作中，用户的数据往往是以二维表格的形式存在的，这样的数据表无法作为数据源创建理想的数据透视表；只能把二维的数据表格转换为一维表格，才能作为数据透视表的理想数据源。数据列表就是指这种以列表形式存在的数据表格。

9.2.2 将二维表整理为一维表

将二维表转换为一维表的具体操作步骤如下。

第 1 步 打开随书光盘中的"素材 \ch09\ 工厂收入统计表 . xlsx"文件。

	A	B	C	D	E	F
1	上半年各项收入统计表					单位: 万元
2	月份	网上销售	门店销售	加盟资金	出口收入	代工收入
3	1月	320	200	106	100	300
4	2月	310	180	87	103	200
5	3月	280	260	76	105	150
6	4月	340	320	63	96	135
7	5月	300	160	65	98	154
8	6月	190	170	58	76	120

第 2 步 选中 A2:F8 单元格区域，按【Alt+D】组合键调出【Office 旧版本菜单键序列】，然后按【P】键即可调出【数据透视表和数据透视图向导 -- 步骤 1】对话框。

第 3 步 选中【请指定待分析数据的数据源类型】组中的【多重合并计算数据区域】单选按钮，单击【下一步】按钮。

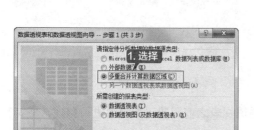

第 4 步 弹出【数据透视表和数据透视图向导 -- 步骤 2a】对话框，选中【请指定所需的页字段数目】组中的【创建单页字段】单选按钮，单击【下一步】按钮。

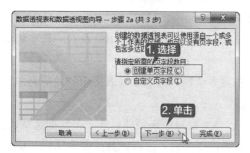

第 5 步 弹出【数据透视表和数据透视图向导 -- 步骤 2b】对话框，单击【指定区域】文本框右侧的【折叠】按钮。

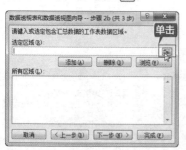

第 6 步 选中 A2:F8 单元格区域，单击【展开】按钮。

第 7 步 返回【数据透视表和数据透视图向导 -- 步骤 2b】对话框，单击【添加】按钮即可将所选区域添加至【所有区域】文本框内，单击【下一步】按钮。

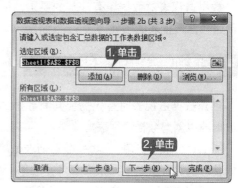

第 8 步 弹出【数据透视表和数据透视图向导 -- 步骤 3】对话框，选中【数据透视表显示位置】组中的【新建工作表】单选按钮，单击【完成】按钮。

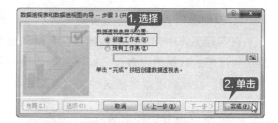

第 9 步 即可新建数据透视表，在【数据透视表字段列表】窗格中取消选中【行】、【列】、【页 1】复选框。

第 10 步 双击透视表中【求和项：值】下的数值"5122"，即可将二维表转化为一维表，效果如下图所示。

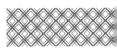

行	列	值	页1
1月	网上销售	320	项1
1月	门店销售	200	项1
1月	加盟资金	106	项1
1月	出口收入	100	项1
1月	代工收入	300	项1
2月	网上销售	310	项1
2月	门店销售	180	项1
2月	加盟资金	87	项1
2月	出口收入	103	项1
2月	代工收入	200	项1
3月	网上销售	280	项1
3月	门店销售	260	项1
3月	加盟资金	76	项1
3月	出口收入	105	项1
3月	代工收入	150	项1
4月	网上销售	340	项1
4月	门店销售	320	项1
4月	加盟资金	63	项1
4月	出口收入	96	项1
4月	代工收入	135	项1
5月	网上销售	300	项1
5月	门店销售	160	项1
5月	加盟资金	65	项1
5月	出口收入	98	项1
5月	代工收入	154	项1
6月	网上销售	190	项1
6月	门店销售	170	项1
6月	加盟资金	58	项1
6月	出口收入	76	项1
6月	代工收入	120	项1

第11步 单击【设计】选项卡下【工具】组中的【转换为区域】按钮 转换为区域。

第12步 弹出【Microsoft Office Excel】提示框，单击【是】按钮。

第13步 即可将表格转换为普通区域，效果如下图所示。

9.2.3 删除数据源中的空行和空列

在数据源表中不可以存在空行或者空列。删除数据源中的空行和空列的具体操作步骤如下。

行	列	值	页1
1月	网上销售	320	项1
1月	门店销售	200	项1
1月	加盟资金	106	项1
1月	出口收入	100	项1
1月	代工收入	300	项1
2月	网上销售	310	项1
2月	门店销售	180	项1
2月	加盟资金	87	项1
2月	出口收入	103	项1
2月	代工收入	200	项1
3月	网上销售	280	项1
3月	门店销售	260	项1
3月	加盟资金	76	项1
3月	出口收入	105	项1
3月	代工收入	150	项1
4月	网上销售	340	项1
4月	门店销售	320	项1
4月	加盟资金	63	项1
4月	出口收入	96	项1
4月	代工收入	135	项1
5月	网上销售	300	项1
5月	门店销售	160	项1
5月	加盟资金	65	项1
5月	出口收入	98	项1
5月	代工收入	154	项1
6月	网上销售	190	项1
6月	门店销售	170	项1
6月	加盟资金	58	项1
6月	出口收入	76	项1
6月	代工收入	120	项1

第14步 对表格进行简单美化编辑，并删除多余的工作表 Sheet2 和 D 列数据，最终效果如下图所示。

月份	项目	金额
1月	网上销售	320
1月	门店销售	200
1月	加盟资金	106
1月	出口收入	100
1月	代工收入	300
2月	网上销售	310
2月	门店销售	180
2月	加盟资金	87
2月	出口收入	103
2月	代工收入	200
3月	网上销售	280
3月	门店销售	260
3月	加盟资金	76
3月	出口收入	105
3月	代工收入	150
4月	网上销售	340
4月	门店销售	320
4月	加盟资金	63
4月	出口收入	96
4月	代工收入	135
5月	网上销售	300
5月	门店销售	160
5月	加盟资金	65
5月	出口收入	98
5月	代工收入	154
6月	网上销售	190
6月	门店销售	170
6月	加盟资金	58
6月	出口收入	76
6月	代工收入	120

| 提示 |

　　一维表就是指单元格内数据仅对应列标题（或行标题）；二维表是指单元格内数据既可对应行标题，也可对应列标题。

第1步 接上节操作，在第14行上方插入空白行，并在A14单元格和C14单元格分别输入"3月"和"690"，此时，表格中即出现了空白单元格。

第2步 单击【开始】选项卡下【编辑】组中的【查找和选择】按钮，在弹出的下拉列表中选择【定位条件】选项。

第3步 弹出【定位条件】对话框，单击选中【空值】单选按钮，然后单击【确定】按钮。

第4步 即可定位到工作表中的空白单元格，效果如下图所示。

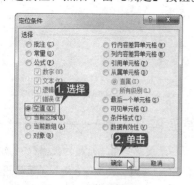

第5步 将鼠标光标放置在定位的单元格上，单击鼠标右键，在弹出的快捷菜单中选择【删除】选项。

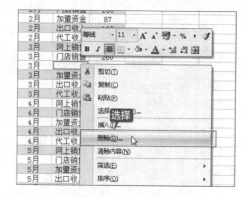

第6步 弹出【删除】对话框，单击选中【整行】单选按钮，然后单击【确定】按钮。

第7步 即可将空白单元格所在行删除，效果如下图所示。

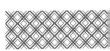

9.3 创建透视表

当数据源工作表符合创建数据透视表的要求时，即可创建透视表，以便更好地对收入情况工作表进行分析和处理，具体操作步骤如下。

第1步 选中一维数据表中数据区域内任一单元格，单击【插入】选项卡下【表格】组中的【数据透视表】按钮。

第2步 弹出【创建数据透视表】对话框，选择【请选择要分析的数据】组中的【选择一个表或区域】单选按钮，单击【表／区域】文本框右侧的【折叠】按钮。

第3步 在工作表中选择表格数据区域，单击【展开】按钮。

第4步 返回【创建数据透视表】对话框单击选中【选择放置数据透视表的位置】组中的【现有工作表】单选按钮，单击【位置】文本框右侧的【折叠】按钮。

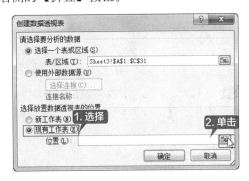

第5步 在工作表中选择创建工作表的位置，单击【展开】按钮。

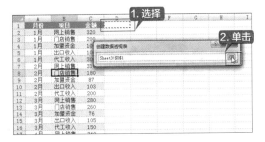

第6步 返回【创建数据透视表】对话框，单击【确定】按钮。

第7步 即可创建数据透视表，如下图所示。

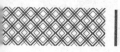
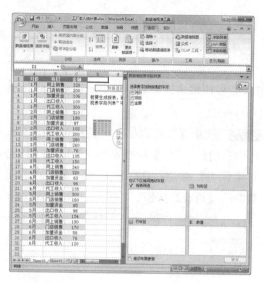

字段拖动至【行标签】区域中，将【金额】字段拖动至【数值】区域中，即可生成数据透视表，效果如下图所示。

第8步 在【数据透视表字段列表】窗格中将【项目】字段拖至【列标签】区域中，将【月份】

9.4 编辑透视表

创建数据透视表之后，当添加或者删除数据，或者需要对数据进行更新时，可以对透视表进行编辑。

9.4.1 修改数据透视表

如果需要对数据透视表添加字段，可以使用更改数据源的方式对数据透视表做出修改，具体操作步骤如下。

第1步 选择新建的数据透视表中的D列单元格。

第2步 单击鼠标右键，在弹出的快捷菜单中选择【插入】选项。

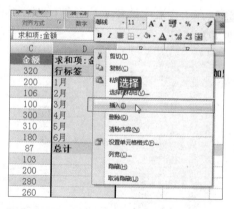

第3步 即可在D列插入空白列，选择D1单元格，输入"同期比较"文本，并在下方输入记录情况，效果如下图所示。

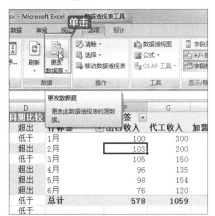

第 4 步 选择数据透视表，单击【数据透视表工具】→【选项】选项卡下【数据】组中的【更改数据源】按钮。

第 5 步 弹出【更改数据透视表数据源】对话框，选择新的数据源区域后，单击【移动数据透视表】对话框中的【确定】按钮。

9.4.2 添加或者删除记录

如果工作表中的记录发生变化，就需要对数据透视表做出相应修改，具体操作步骤如下。

第 6 步 即可将【同期比较】字段添加在字段列表中，将【同期比较】字段拖动至【报表筛选】区域。

第 7 步 即可在数据透视表中看到相应变化，效果如下图所示。

同期比较	(全部)					
求和项:金额	列标签					
行标签	出口收入	代工收入	加盟资金	门店销售	网上销售	总计
1月	100	300	106	200	320	1026
2月	103	200	87	180	310	880
3月	105	150	76	260	280	871
4月	96	135	63	320	340	954
5月	98	154	65	160	300	777
6月	76	120	58	170	190	614
总计	578	1059	455	1290	1740	5122

| 提示 |

选择标签中的字段名称，并将其拖曳到窗口外，可以删除该字段。

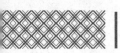
第1步 选择一维表中第 15 和 16 行单元格区域。

	A	B	C	D	E
10	2月	出口收入	103	低于	6月
11	2月	代工收入	200	超出	总计
12	3月	网上销售	280	低于	
13	3月	门店销售	260	低于	
14	3月	加盟资金	76	超出	
15	3月	出口收入	105	低于	
16	3月	代工收入	150	超出	
17	4月	网上销售	340	超出	
18	4月	门店销售	320	超出	
19	4月	加盟资金	63	低于	
20	4月	出口收入	96	低于	
21	4月	代工收入	135	超出	

第2步 单击鼠标右键，在弹出的快捷菜单中选择【插入】选项，即可在选择的单元格区域上方插入空白行，效果如下图所示。

	A	B	C	D	E
10	2月	出口收入	103	低于	6月
11	2月	代工收入	200	超出	总计
12	3月	网上销售	280	低于	
13	3月	门店销售	260	低于	
14	3月	加盟资金	76	超出	
15					
16					
17	3月	出口收入	105	低于	
18	3月	代工收入	150	超出	
19	4月	网上销售	340	超出	
20	4月	门店销售	320	超出	
21	4月	加盟资金	63	低于	
22	4月	出口收入	96	低于	

第3步 在新插入的单元格中输入相关内容，效果如下图所示。

	A	B	C	D	E
10	2月	出口收入	103	低于	6月
11	2月	代工收入	200	超出	总计
12	3月	网上销售	280	低于	
13	3月	门店销售	260	低于	
14	3月	加盟资金	76	超出	
15	3月	创新奖励	50	超出	
16	3月	减排奖励	10	超出	
17	3月	出口收入	105	低于	
18	3月	代工收入	150	超出	
19	4月	网上销售	340	超出	
20	4月	门店销售	320	超出	
21	4月	加盟资金	63	低于	
22	4月	出口收入	96	低于	

第4步 选择数据透视表，单击【数据透视表工具】→【选项】选项卡下【数据】组中的【刷新】按钮。

第5步 即可在数据透视表中加入新添加的记录，效果如下图所示。

	I	J	K	L	M	N
4	门店销售	网上销售	创新奖励	减排奖励	总计	
5	200	320			1026	
6	180	310			880	
7	260	280	50	10	931	
8	320	340			954	
9	160	300			777	
10	170	190			614	
11	1290	1740	50	10	5182	
12						
13						
14						
15						
16						
17						
18						

第6步 将新插入的记录从一维表中删除，选中数据透视表，单击【数据透视表工具】→【选项】选项卡下【数据】组中的【刷新】按钮，记录就会从数据透视表中消失。

行标签	出口收入	代工收入	加盟资金	门店销售	网上销售	总计
1月	100	300	106	200	320	1026
2月	103	200	87	180	310	880
3月	105	150	76	260	280	871
4月	96	135	63	320	340	954
5月	98	154	65	160	300	777
6月	76	120	58	170	190	614
总计	578	1059	455	1290	1740	5122

9.4.3 设置数据透视表选项

可以对创建的数据透视表的外观进行设置，具体操作步骤如下。

第1步 选择数据透视表，单击选中【数据透视表工具】→【设计】选项卡下【数据透视表样式选项】组中的【镶边行】和【镶边列】复选框。

第2步 即可在数据透视表中加入镶边行和镶边列，效果如下图所示。

行标签	出口收入	代工收入	加盟资金	门店销售	网上销售	总计
1月	100	300	106	200	320	1026
2月	103	200	87	180	310	880
3月	105	150	76	260	280	871
4月	96	135	63	320	340	954
5月	98	154	65	160	300	777
6月	76	120	58	170	190	614
总计	578	1059	455	1290	1740	5122

第3步 选择数据透视表，单击【数据透视表工具】→【选项】选项卡下【数据透视表】组中的【选项】按钮  选项 。

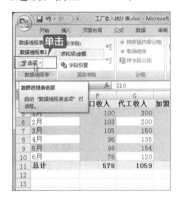

第4步 弹出【数据透视表选项】对话框，选择【布局和格式】选项卡，单击取消选中【格式】组中的【更新时自动调整列宽】复选框。

第5步 选择【数据】选项卡，单击选中【数据透视表数据】组中的【打开文件时刷新数据】复选框，单击【确定】按钮。

9.4.4 改变数据透视表的布局

可以根据需要对数据透视表的布局进行改变，具体操作步骤如下。

第1步 选择数据透视表，单击【数据透视表工具】→【设计】选项卡下【布局】组中的【总计】按钮 ，在弹出的下拉列表中选择【仅对列启用】选项。

第2步 即可仅对总计进行操作，效果如下图所示。

行标签	出口收入	代工收入	加盟资金	门店销售	网上销售
1月	100	300	106	200	320
2月	103	200	87	180	310
3月	105	150	76	260	280
4月	96	135	63	320	340
5月	98	154	65	160	300
6月	76	120	58	170	190
总计	578	1059	455	1290	1740

第3步 单击【数据透视表工具】→【设计】选项卡下【布局】组中的【报表布局】按钮，在弹出的下拉列表中选择【以大纲形式显示】选项。

第4步 即可以大纲形式显示数据透视表，效果如下图所示。

第5步 单击【数据透视表工具】→【设计】选项卡下【布局】组中的【报表布局】按钮，在弹出的下拉列表中选择【以压缩形式显示】选项，可以将数据透视表切换回压缩形式显示。

9.4.5 整理数据透视表的字段

在统计和分析过程中，可以通过整理数据透视表中的字段来分别对各字段进行统计分析，具体操作步骤如下。

第1步 选中数据透视表，在【数据透视表字段列表】窗格中取消选中【月份】复选框。

第2步 数据透视表中也相应发生改变，效果如下图所示。

第3步 继续取消选中【项目】复选框，该字段也将从数据透视表中消失，效果如下图所示。

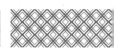

第 4 步 在【数据透视表字段列表】窗格中将【月份】字段拖动至【列标签】区域中,将【项目】字段拖动至【行标签】区域中。

第 5 步 即可将原来数据透视表中的行和列进行互换,效果如下图所示。

	E	F	G	H	I	J	K	L
1	同期比较	(全部)						
2								
3	求和项:金额	列标签						
4	行标签	1月	2月	3月	4月	5月	6月	
5	出口收入	100	103	105	96	98	76	
6	代工收入	300	200	150	135	154	120	
7	加盟资金	106	87	76	63	65	58	
8	门店销售	200	180	260	320	160	170	
9	网上销售	320	310	280	340	300	190	
10	总计	1026	880	871	954	777	614	
11								
12								

第 6 步 将【月份】字段拖动至【行标签】区域中,

则可在数据透视表中不显示列,效果如下图所示。

	E	F	G	H
1	同期比较	(全部)		
2				
3	行标签	求和项:金额		
4	出口收入	578		
5	1月	100		
6	2月	103		
7	3月	105		
8	4月	96		
9	5月	98		
10	6月	76		
11	代工收入	1059		
12	1月	300		
13	2月	200		
14	3月	150		
15	4月	135		
16	5月	154		
17	6月	120		
18	加盟资金	455		
19	1月	106		

第 7 步 再次将【项目】字段拖至【列】区域内,即可将行和列换回,效果如下图所示。

	E	F	G	H	I	J	K
1	同期比较	(全部)					
2							
3	求和项:金额	列标签					
4	行标签	出口收入	代工收入	加盟资金	门店销售	网上销售	
5	1月	100	300	106	200	320	
6	2月	103	200	87	180	310	
7	3月	105	150	76	260	280	
8	4月	96	135	63	320	340	
9	5月	98	154	65	160	300	
10	6月	76	120	58	170	190	
11	总计	578	1059	455	1290	1740	
12							
13							

9.4.6 刷新数据透视表

如果数据源工作表中的数据发生变化,可以使用刷新功能刷新数据透视表,具体操作步骤如下。

第 1 步 选择 C15 单元格,将单元格中的数值更改为"128"。

	A	B	C	D
1	月份	项目	金额	同期比较
2	1月	网上销售	320	超出
3	1月	门店销售	200	低于
4	1月	加盟资金	106	超出
5	1月	出口收入	100	低于
6	1月	代工收入	300	超出
7	2月	网上销售	310	超出
8	2月	门店销售	180	低于
9	2月	加盟资金	87	低于
10	2月	出口收入	103	低于
11	2月	代工收入	200	超出
12	3月	网上销售	280	超出
13	3月	门店销售	260	低于
14	3月	加盟资金	76	超出
15	3月	出口收入	128	低于
16	3月	代工收入	150	超出
17	4月	网上销售	340	超出
18	4月	门店销售	320	超出
19	4月	加盟资金	63	低于
20	4月	出口收入	96	低于
21	4月	代工收入	135	超出

第 2 步 选择数据透视表,单击【数据透视表工具】→【选项】选项卡下【数据】组中的【刷新】按钮。

第3步 数据透视表即会相应发生改变，效果如下图所示。

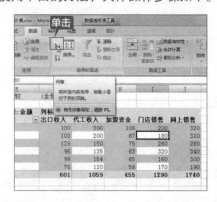

9.4.7 在透视表中排序

如果需要对数据透视表中的数据进行排序，可以使用下面的方法，具体操作步骤如下。

第1步 单击 E4 单元格内【行标签】右侧的下拉按钮 ，在弹出的下拉列表中选择【降序】选项。

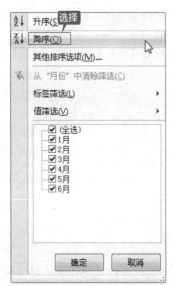

第2步 即可看到以降序顺序显示的数据，效果如下图所示。

第3步 按【Ctrl+Z】组合键撤销上步操作，选择数据透视表数据区域I列中任一单元格，单击【数据】选项卡下【排序和筛选】选项组中的【升序】按钮 。

第4步 即可将数据以"门店销售"数据为标准进行升序排列，效果如下图所示。

第5步 对数据进行排序分析后，可以按【Ctrl+Z】组合键撤销上步操作，效果如下图所示。

9.5 数据透视表的格式设置

对数据透视表进行格式设置可以使数据透视表更加清晰美观，增加数据透视表的易读性。

9.5.1 使用内置的数据透视表样式

Excel 内置了多种数据透视表的样式，可以满足大部分数据透视表的需要。使用内置的数据透视表样式的步骤如下。

第1步 选择数据透视表内任一单元格。

	E	F	G	H	I	J	K
1	同期比较	(全部)					
2							
3	求和项:金额	列标签					
4	行标签	出口收入	代工收入	加盟资金	门店销售	网上销售	
5	1月	100	300	106	200	320	
6	2月	103	200	87	180	310	
7	3月	128	150	76	260	280	
8	4月	96	135	63	320	340	
9	5月	98	154	65	160	300	
10	6月	76	120	58	170	190	
11	总计	601	1059	455	1290	1740	

第2步 单击【数据透视表工具】→【设计】选项卡下【数据透视表样式】组中的【其他】按钮，在弹出的下拉列表中选择一种样式。

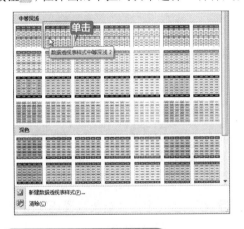

第3步 即可对数据透视表应用该样式，效果如下图所示。

	E	F	G	H	I	J	K
1	同期比较	(全部)					
3	求和项:金额	列标签					
4	行标签	出口收入	代工收入	加盟资金	门店销售	网上销售	
5	1月	100	300	106	200	320	
6	2月	103	200	87	180	310	
7	3月	128	150	76	260	280	
8	4月	96	135	63	320	340	
9	5月	98	154	65	160	300	
10	6月	76	120	58	170	190	
11	总计	601	1059	455	1290	1740	
12							
13							

┃提示┃

除了使用内置样式，用户还可以选择数据透视表内任一单元格，单击【数据透视表工具】→【设计】选项卡下【数据透视表样式】组中的【其他】按钮，在弹出的下拉列表中选择【新建数据透视表样式】选项进行自定义样式创建。

9.5.2 设置默认样式

如果经常使用某个样式，可以将其设置为默认样式，具体操作步骤如下。

第1步 选择数据透视表区域内任一单元格。

	E	F	G	H	I	J	K
1	同期比较	(全部)					
2							
3	求和项:金额	列标签					
4	行标签	出口收入	代工收入	加盟资金	门店销售	网上销售	
5	1月	100	300	106	200	320	
6	2月	103	200	87	180	310	
7	3月	128	150	76	260	280	
8	4月	96	135	63	320	340	
9	5月	98	154	65	160	300	
10	6月	76	120	58	170	190	
11	总计	601	1059	455	1290	1740	

第2步 单击【数据透视表工具】→【设计】选项卡下【数据透视表样式】组中的【其他】按钮，弹出样式下拉列表，将鼠标指针放置在需要设置为默认样式的样式上，单击鼠标右键，在弹出的快捷菜单中选择【设为默认值】选项。

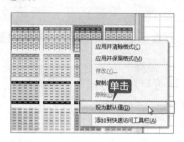

第3步 即可将该样式设置为默认数据透视表样式，以后再创建数据透视表，将会自动应用该样式。例如，创建 A1:D10 单元格区域的数据透视表，就会自动使用默认样式。

9.6 创建收入统计透视图

和数据透视表不同，数据透视图可以更直观地展示出数据的数量和变化，更容易从数据透视图中找到数据的变化规律和趋势。

9.6.1 通过数据区域创建数据透视图

数据透视图可以通过数据源工作表进行创建，具体操作步骤如下。

第1步 选中工作表中 A1:D31 单元格区域，单击【插入】选项卡下【表】组中【数据透视表】按钮的下拉按钮，在弹出的下拉列表中选择【数据透视图】选项。

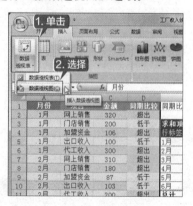

第2步 弹出【创建数据透视表及数据透视图】对话框，选中【现有工作表】单选按钮，单击【位置】文本框右侧的【折叠】按钮。

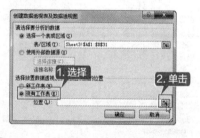

第3步 在工作表中选择需要放置透视图的位置，单击【展开】按钮。

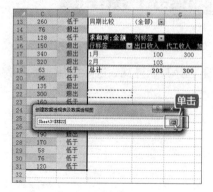

第4步 返回【创建数据透视表】对话框，单击【确定】按钮。

第5步 即可在工作表中插入数据透视图，效果如下图所示。

第6步 在【数据透视表字段列表】窗格中，将【项目】字段拖至【图例字段】区域，将【月份】字段拖至【轴字段】区域，将【金额】字段拖至【数值】区域，将【同期比较】

字段拖至【报表筛选】区域。

第7步 即可生成数据透视图，效果如下图所示。

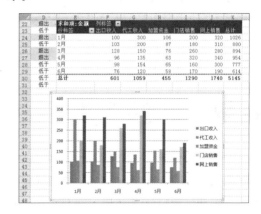

| 提示 |

创建数据透视图时，不能使用XY（散点图）、气泡图和股价图等图表类型。

9.6.2 通过数据透视表创建数据透视图

处了使用数据区域创建数据透视图之外，还可以使用数据透视表创建数据透视图，具体操作步骤如下。

第1步 将先前使用数据区域创建的数据透视图删除，选择第一个数据透视表数据区域内任一单元格。

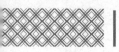
第2步 单击【数据透视表工具】→【选项】选项卡下【工具】组中的【数据透视图】按钮 数据透视图。

第3步 弹出【插入图表】对话框,选择【柱形图】组中的【簇状柱形图】选项,单击【确定】按钮。

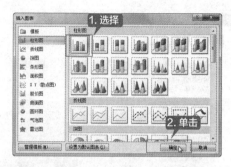

第4步 即可在工作表中插入数据透视图,效果如下图所示。

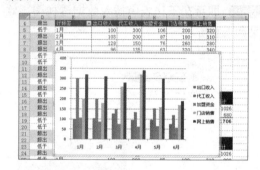

9.6.3 美化数据透视图

插入数据透视图之后,可以对数据透视图进行美化,具体操作步骤如下。

第1步 选中创建的数据透视图,单击【数据透视图工具】→【设计】选项卡下【图表布局】组中的【其他】按钮，在弹出的下拉列表中选择一种布局。

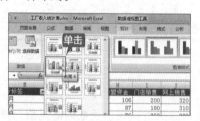

第2步 即可更改数据透视图的图表布局,效果如下图所示。

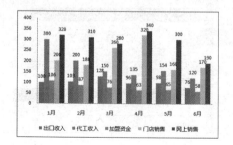

第3步 继续单击【图表样式】组中的【其他】按钮，在弹出的下拉列表中选择一种图表样式。

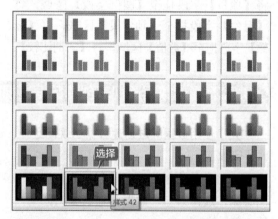

第4步 即可为数据透视图应用所选图表样式,效果如下图所示。

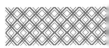

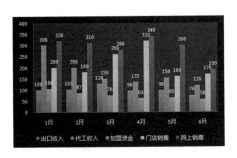

第5步 单击【数据透视图工具】→【布局】选项卡下【标签】选项组中的【图表标题】按钮，在弹出的下拉列表中选择【图表上方】选项。

第6步 即可在数据透视图中添加图标标题，将图标标题更改为"收入统计"，效果如下图所示。

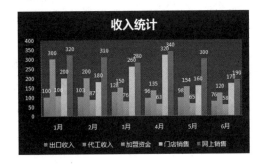

| 提示 | ┈┈┈┈┈┈┈

透视表和透视图外观的设置应以易读为前提，然后在不影响观察的前提下对表格和图表进行美化。

至此，就完成了对收入统计透视表和透视图的制作，保存即可。

制作销售业绩透视表

创建销售业绩透视表可以很好地对销售业绩数据进行分析，找到普通数据表中很难发现的规律，对以后的销售策略有很重要的参考作用。制作销售业绩透视表可以按照以下步骤进行。

第一步 创建销售业绩透视表

根据销售业绩表创建出销售业绩透视表。

	销售业绩透视表		季度	(全部)				
	季度	销售额						
	第一季度	¥680,000	求和项:销售额	列标签				
	第一季度	¥590,000	行标签	销售1部	销售2部	销售3部	总计	
	第一季度	¥730,000	家电	1430000	1400000	1540000	4370000	
	第一季度	¥750,000	日用品	1290000	1530000	1280000	4100000	
	第二季度	¥700,000	食品	1380000	1470000	1320000	4170000	
	第二季度	¥650,000	总计	4100000	4400000	4140000	12640000	
	第一季度	¥720,000						
	第一季度	¥790,000						
	第一季度	¥820,000						
	第一季度	¥680,000						
	第二季度	¥740,000						
	第一季度	¥650,000						
	第一季度	¥920,000						
	第一季度	¥830,000						
	第一季度	¥510,000						
	第一季度	¥620,000						
	第一季度	¥450,000						
	第一季度	¥810,000						

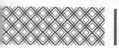

第二步 设置数据透视表格式

可以根据需要进数据透视表的格式进行设置，使表格更加清晰易读。

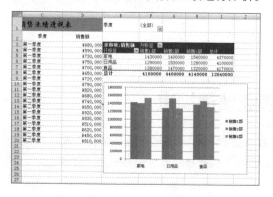

第三步 插入数据透视图

在工作表中插入销售业绩透视图，以便更好地对各部门各季度的销售业绩进行分析。

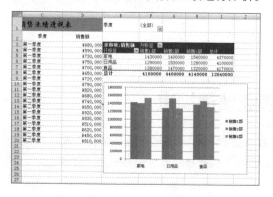

第四步 美化数据透视图

对数据透视图进行美化操作，使数据透视图更加美观清晰。

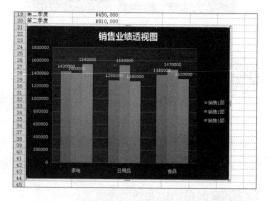

至此，销售业绩透视表就制作完成了。

◇ 组合数据透视表内的数据项

对于数据透视表中性质相同的数据项，可以将其进行组合以便更好地对数据进行统计分析，具体操作步骤如下。

第1步 打开随书光盘中的"素材\ch09\采购数据透视表.xlsx"文件。

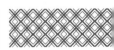

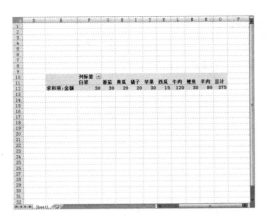

第2步 选中 F11:H11 单元格区域，单击鼠标右键，在弹出的快捷菜单中选择【组合】选项。

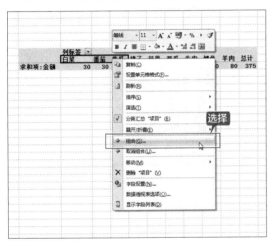

第3步 即可创建名称为"数据组 1"的组合，输入数据组名称"蔬菜"，按【Enter】键确认，效果如下图所示。

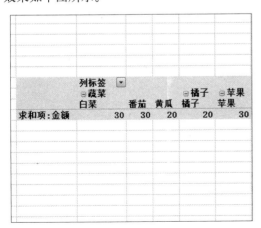

第4步 使用同样的方法，可以为其他采购项目创建数据组，效果如下图所示。

第5步 单击数据组名称左侧的按钮⊞，即可将数据组合并起来，并得出统计结果。

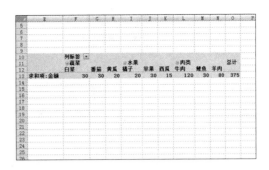

◇ 将数据透视图转为图片形式

下面的方法可以将数据透视图转换为图片保存，具体操作步骤如下。

第1步 打开随书光盘中的"素材 \ch09\ 采购数据透视图 .xlsx"文件，选中工作簿中的数据透视图，按【Ctrl+C】组合键复制。

第2步 打开【画图】软件，按【Ctrl+V】组合键将图表复制在绘图区域，适当调整背景大小。

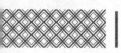

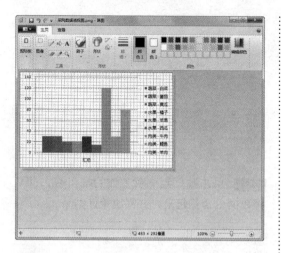

第3步 单击【文件】选项卡下的【另存为】选项，选择保存格式为"PNG"。

第4步 弹出【另存为】对话框，在【文件名】文本框内输入文件名称，选择保存位置，单击【保存】按钮即可。

| 提示 |

除了上述方法之外，还可以使用选择性粘贴功能将图表以图片形式粘贴在 Excel、PPT 和 Word 中。

第10章

高级数据处理与分析——公式和函数的应用

本章导读

公式和函数是 Excel 的重要组成部分，有着强大的计算能力，为用户分析和处理工作表中的数据提供了很大的方便，使用公式和函数可以节省处理数据的时间，降低处理大量数据时的出错率。本章通过制作工资明细表来学习公式和函数的操作方法。

思维导图

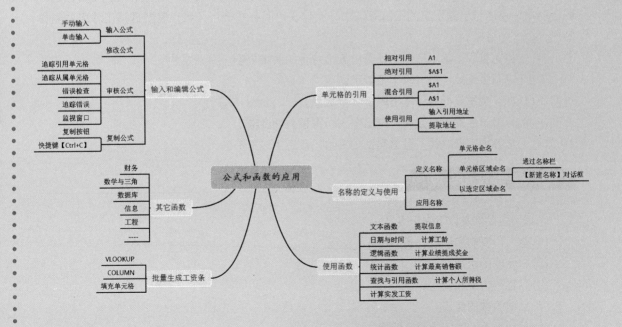

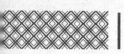
 10.1 工资明细表

工资明细表是最常见的工作表之一。工资明细表作为职工工资的发放凭证，是根据各类工资类型汇总而成的，涉及众多函数的使用。在制作工资明细表的过程中，需要使用多种类型的函数，了解各种函数的用法和性质，对以后制作类似工作表时有很大帮助。

实例名称：制作工资明细表	
实例目的：掌握公式和函数的应用	
素材	素材 \ch10\ 五月份工资明细表 .xlsx
结果	结果 \ch10\ 五月份工资明细表 .xlsx
录像	视频教学录像 \10 第 10 章

10.1.1 案例概述

工资明细表由工资条、工资表、职工基本信息表、销售奖金表、业绩奖金标准和税率表组成的，每个工作表里的数据都需要经过大量的运算，各个工作表之间也需要使用函数相互调用，最后由各个工作表共同组成职工工资明细的工作簿。通过制作工资明细表，可以学习各种函数的使用方法。

10.1.2 设计思路

工资明细表由几个基本的表格组成，如工资表记录着职工每项工资的金额和总的工资数目、职工基本信息表记录着职工的工龄等。由于工作表之间存在调用关系，需要理清工作表的制作顺序，设计思路如下。

(1) 应先完善职工基本信息，计算出五险一金的缴纳金额。

(2) 计算职工工龄，得出职工工龄工资。

(3) 根据奖金发放标准计算出职工奖金数目。

(4) 汇总得出应发工资数目，得出个人所得税缴纳金额。

(5) 汇总各项工资数额，得出实发工资数，最后生成工资条。

10.1.3 涉及知识点

本案例主要涉及以下知识点。

(1) 输入、复制和修改公式。

(2) 单元格的引用。

(3) 名称的定义和使用。

(4) 文本函数的使用。

(5) 日期函数和时间函数的使用。

(6) 逻辑函数的使用。

(7) 统计函数的使用。

(8) 查找和引用函数的使用。

(9) VLOOKUP、COLUMN 函数的使用。

10.2 输入和编辑公式

输入公式是使用函数的第一步，在制作工资明细表的过程中使用的函数种类多种多样，输入方法也可以根据需要进行调整。

打开随书光盘中的"素材\ch10\五月份工资明细表.xlsx"文件，可以看到工作簿中包含 5 个工作表，可以通过单击底部的工作表标签进行切换。

工资表：是职工工资的最终汇总表，主要记录职工基本信息和各个部分的工资构成。

职工基本信息表：主要记录着职工的职工编号、姓名、入职日期、基本工资和五险一金的应缴金额等信息。

销售奖金表：是职工业绩的统计表，记录着职工的信息和业绩情况，统计各个职工应发放奖金的比例和金额。此外还统计最高销售额和该销售额对应的职工。

业绩奖金标准：是记录各个层级的销售额应发放奖金比例的表格，是统计奖金额度的依据。

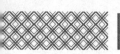

税率表：记录着个人所得税的征收标准，是统计个人所得税的依据。

10.2.1 输入公式

输入公式的方法很多，可以根据需要进行选择，做到准确快速输入。

1. 公式的输入方法

在 Excel 中输入公式的方法可分为手动输入和单机输入。

(1)手动输入。

第1步 选择"职工基本信息"工作表，在选定的单元格中输入"=1+28"，公式会同时出现在单元格和编辑栏中。

	A	B
7	103005	赵明
8	103006	李飞
9	103007	李雪
10	103008	胡东
11	103009	马军
12	103010	输入
13		
14		=1+28

第2步 按【Enter】键可确认输入并计算出运算结果。

	A	B	
10	103008	胡东	201
11	103009	马军	201
12	103010	刘力	201
13			
14		29	
15			
16			
17			
18			

> **┃提示┃**
> 公式中的各种符号一般都要求在英文状态下输入。

(2)单击输入。

单击输入在需要输入大量单元格的时候可以节省很多时间且不容易出错。下面以输入公式"=A7+B7"为例介绍单击输入的步骤。

第1步 选择"职工基本信息"工作表，选中 E14 单元格，输入"="。

	C	D	E
7	2013/8/5	2900	
8	2014/4/20	2800	
9	2014/10/20	2700	
10	2015/6/5	2600	
11	2015/7/20	2300	
12	2015/8/20	2300	
13			输入
14			=
15			

第2步 单击 D3 单元格，单元格周围会显示活动的虚线框，同时编辑栏中会显示"D3"，这就表示单元格已被引用。

	C	D	E
1	**本信息表**		
2	入职日期	基本工资	五险一金
3	2007/1/20	4100	
4	2007/5/10	4000	
5	2008/6/25	3900	
6	2013/2/3	3000	
7	2013/8/5	2900	
8	2014/4/20	2800	
9	2014/10/20	2700	
10	2015/6/5	2600	
11	2015/7/20	2300	
12	2015/8/20	2300	
13			
14		=D3	

第 3 步 输入加号"+",单击单元格 D4,单元格 D4 也被引用。

	C	D	E
4	2007/5/10	4000	
5	2008/6/25	3900	
6	2013/2/3	3000	
7	2013/8/5	2900	
8	2014/4/20	2800	
9	2014/10/20	2700	
10	2015/6/5	2600	
11	2015/7/20	2300	
12	2015/8/20	2300	
13			
14		=D3+D4	
15			
16			

第 4 步 按【Enter】键确认,即可完成公式的输入并得出结果,效果如下图所示。

	D	E	F
10	2600		
11	2300		
12	2300		
13			
14		8100	
15			
16			
17			

2. 在工资明细表中输入公式

第 1 步 选择"职工基本信息"工作表,选中 E3 单元格,在单元格中输入公式"=D3*10%"。

	C	D	E
2	入职日期	基本工资	五险一金 输入
3	2007/1/20	4100	=D3*10%
4	2007/5/10	4000	
5	2008/6/25	3900	
6	2013/2/3	3000	
7	2013/8/5	2900	
8	2014/4/20	2800	
9	2014/10/20	2700	

第 2 步 按【Enter】键确认,即可得出五险一金缴纳金额。

	C	D	E	F
2	入职日期	基本工资	五险一金	
3	2007/1/20	4100	410	
4	2007/5/10	4000		
5	2008/6/25	3900		
6	2013/2/3	3000		
7	2013/8/5	2900		
8	2014/4/20	2800		
9	2014/10/20	2700		
10	2015/6/5	2600		
11	2015/7/20	2300		
12	2015/8/20	2300		
13				

第 3 步 将鼠标指针放置在 E3 单元格右下角,当指针变为实心十字 **十** 形状时,按住鼠标左键将鼠标指针向下拖动至 E12 单元格,即可将快速填充至所选单元格,效果如下图所示。

	C	D	E	F
2	入职日期	基本工资	五险一金	
3	2007/1/20	4100	410	
4	2007/5/10	4000	400	
5	2008/6/25	3900	390	
6	2013/2/3	3000	300	
7	2013/8/5	2900	290	
8	2014/4/20	2800	280	
9	2014/10/20	2700	270	
10	2015/6/5	2600	260	
11	2015/7/20	2300	230	
12	2015/8/20	2300	230	
13				

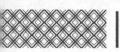
10.2.2 修改公式

五险一金根据各地情况的不同缴纳比例也不一样，因此公式也应做出对应修改，具体操作步骤如下。

第1步 选择"职工基本信息"工作表，选中 E3 单元格。

	C	D	E
2	入职日期	基本工资	五险一金
3	2007/1/20	4100	410
4	2007/5/10	4000	400
5	2008/6/25	3900	390
6	2013/2/3	3000	300
7	2013/8/5	2900	290
8	2014/4/20	2800	280
9	2014/10/20	2700	270
10	2015/6/5	2600	260
11	2015/7/20	2300	230
12	2015/8/20	2300	230

第2步 将缴纳比例更改为 11%，只需在上方编辑栏中将公式更改为"=D3*11%"即可。

SUM	× ✔ ƒx	=D3*11%	
	C	D	E
2	入职日期	基本工资	五险一金
3	2007/1/20	4100	=D3*11%
4	2007/5/10	4000	400
5	2008/6/25	3900	390
6	2013/2/3	3000	300
7	2013/8/5	2900	290
8	2014/4/20	2800	280
9	2014/10/20	2700	270
10	2015/6/5	2600	260
11	2015/7/20	2300	230
12	2015/8/20	2300	230
13			

第3步 按【Enter】键确认，E3 单元格即可显示比例更改后的缴纳金额。

	C	D	E
2	入职日期	基本工资	五险一金
3	2007/1/20	4100	451
4	2007/5/10	4000	400
5	2008/6/25	3900	390
6	2013/2/3	3000	300
7	2013/8/5	2900	290
8	2014/4/20	2800	280
9	2014/10/20	2700	270
10	2015/6/5	2600	260
11	2015/7/20	2300	230
12	2015/8/20	2300	230

第4步 使用快速填充功能填充其他单元格即可得出其余职工的五险一金缴纳金额。

	C	D	E
2	入职日期	基本工资	五险一金
3	2007/1/20	4100	451
4	2007/5/10	4000	440
5	2008/6/25	3900	429
6	2013/2/3	3000	330
7	2013/8/5	2900	319
8	2014/4/20	2800	308
9	2014/10/20	2700	297
10	2015/6/5	2600	286
11	2015/7/20	2300	253
12	2015/8/20	2300	253
13			

10.2.3 审核公式

利用 Excel 提供的审核功能，可以方便地检查工作表中涉及公式的单元格之间的关系。

当公式使用引用单元格或从属单元格时，检查公式的准确性或查找错误的根源会很困难，而 Excel 提供有帮助检查公式的功能。可以使用【追踪引用单元格】和【追踪从属单元格】按钮，以追踪箭头显示或追踪单元格之间的关系。追踪单元格的具体操作步骤如下。

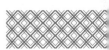

第1步 选择"职工基本信息"工作表，在 A14 和 B14 单元格中分别输入数字"45"和"51"，在 C14 单元格中输入公式"=A14+B14"，按【Enter】键确认。

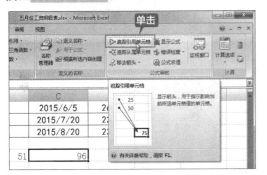

第2步 选中 C14 单元格，单击【公式】选项卡下【公式审核】组中的【追踪引用单元格】按钮 ⚡追踪引用单元格。

第3步 即可显示蓝色箭头来表示单元格之间的引用关系，效果如下图所示。

	A	B	C
10	103008	胡东	2015/6/5
11	103009	马军	2015/7/20
12	103010	刘力	2015/8/20
13			
14	45	51	96
15			
16			

第4步 选中 C14 单元格，按【Ctrl+C】组合键复制公式，在 D14 单元格中按【Ctrl+V】

组合键将公式粘贴在单元格内。选中 C14 单元格，单击【公式】选项卡下【公式审核】组中的【追踪从属单元格】按钮 ⚡追踪从属单元格，即可显示单元格间的从属关系。

	A	B	C	D
10	103008	胡东	2015/6/5	2600
11	103009	马军	2015/7/20	2300
12	103010	刘力	2015/8/20	2300
13				
14	45	51	96	147
15				
16				
17				

第5步 要移去工作表中的追踪箭头，单击【公式】选项卡下【公式审核】组中的【移去箭头】按钮 ⚡移去箭头。

第6步 即可将箭头移去，效果如下图所示。

	A	B	C	D	E
10	103008	胡东	2015/6/5	2600	286
11	103009	马军	2015/7/20	2300	253
12	103010	刘力	2015/8/20	2300	253
13					
14	45		51	96	147
15					
16					
17					

> **提示**
>
> 使用 Excel 提供的审核功能，还可以进行错误检查和监视窗口等，这里不再一一赘述。

10.2.4 复制公式

在"职工基本信息"工作表中可以使用填充柄工具快速在其余单元格填充 E3 单元格使用的公式，也可以使用复制公式的方法快速输入相同公式。

第1步 选中 E4 ：E12 单元格区域，将鼠标光标放置在选中单元格区域内，单击鼠标右键，在弹出的快捷菜单中选择【清除内容】选项。

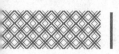

第2步 即可清除所选单元格内的内容，效果如下图所示。

	C	D	E
1	本信息表		
2	入职日期	基本工资	五险一金
3	2007/1/20	4100	451
4	2007/5/10	4000	
5	2008/6/25	3900	
6	2013/2/3	3000	
7	2013/8/5	2900	
8	2014/4/20	2800	
9	2014/10/20	2700	
10	2015/6/5	2600	
11	2015/7/20	2300	
12	2015/8/20	2300	
13			

第3步 选中 E3 单元格，按【Ctrl+C】组合键复制公式。

	C	D	E
1	本信息表		
2	入职日期	基本工资	五险一金
3	2007/1/20	4100	451
4	2007/5/10	4000	
5	2008/6/25	3900	
6	2013/2/3	3000	
7	2013/8/5	2900	
8	2014/4/20	2800	
9	2014/10/20	2700	
10	2015/6/5	2600	
11	2015/7/20	2300	
12	2015/8/20	2300	

第4步 选中 E12 单元格，按【Ctrl+V】组合键粘贴公式，即可将公式粘贴至 E12 单元格，效果如下图所示。

	C	D	E	F
1	本信息表			
2	入职日期	基本工资	五险一金	
3	2007/1/20	4100	451	
4	2007/5/10	4000		
5	2008/6/25	3900		
6	2013/2/3	3000		
7	2013/8/5	2900		
8	2014/4/20	2800		
9	2014/10/20	2700		
10	2015/6/5	2600		
11	2015/7/20	2300		
12	2015/8/20	2300	253	
13				
14				

第5步 使用同样的方法可以将公式粘贴至其余单元格。

	C	D	E
1	本信息表		
2	入职日期	基本工资	五险一金
3	2007/1/20	4100	451
4	2007/5/10	4000	440
5	2008/6/25	3900	429
6	2013/2/3	3000	330
7	2013/8/5	2900	319
8	2014/4/20	2800	308
9	2014/10/20	2700	297
10	2015/6/5	2600	286
11	2015/7/20	2300	253
12	2015/8/20	2300	253
13			

10.3 单元格的引用

单元格的引用分为绝对引用、相对引用和混合引用三种，学会使用引用将为制作工资明细表提供很大的帮助。

10.3.1 相对引用和绝对引用

相对引用：引用格式如"A1"，是当引用单元格的公式被复制时，新公式引用的单元格的位置将会发生改变。例如，当在 A1~A5 单元格中输入数值"1，2，3，4，5"，然后在 B1 单元格中输入公式"=A1+6"，当把 B1 单元格区域中的公式复制到 B2:B5 单元格区域中，会发现 B2:B5 单元格区域中的计算结果为左侧单元格的值加上 6。

	A	B
		=A1+6
1	1	7
2	2	8
3	3	9
4	4	10
5	5	11
6		

绝对引用：引用格式形如"$A$1"，这种对单元格引用的方式是完全绝对的，即一旦成为绝对引用，无论公式如何被复制，对采用绝对引用的单元格的引用位置是不会改变的。例如，在单元格 B1 中输入公式"=$A$1+3"，然后把 B1 单元格中的公式分别复制到 B2:B5 单元格区域处，则会发现 B2:B5 单元格区域中的结果均等于 A1 单元格的数值加上 3。

	A	B
		=$A$1+3
1	1	4
2	2	4
3	3	4
4	4	4
5	5	4
6		

10.3.2 混合引用

引用形式如"$A1"，指具有绝对列和相对行，或是具有绝对行和相对列的引用。绝对引用列采用 $A1、$B1 等形式；绝对引用行采用 A$1、B$1 等形式。如果公式所在单元格的位置改变，则相对引用改变，而绝对引用不变。如果多行或多列地复制公式，相对引用自动调整，而绝对引用不作调整。

例如，在 A1:A5 单元格区域中输入数值"1，2，3，4，5"，然后在 B1:B5 单元格区域中输入数值"2，4，6，8，10"，在 D1:D5 单元格区域中输入数值"3，4，5，6，7"，在 C1 单元格输入公式"=$A1+B$1"。

把 C1 单元格中的公式分别复制到 C2:C5 单元格区域处，则会发现 C2:C5 单元格区域中的结果均等于 A 列单元格的数值加上 B1 单元格的数值。

	A	B	C	D
			=$A1+B$1	
1	1	2	3	3
2	2	4	4	4
3	3	6	5	5
4	4	8	6	6
5	5	10	7	7
6				
7				

将 C1 单元格公式复制在 E1:E5 单元格区域内，则会发现 E1:E5 单元格区域中的结果均等于 A 列单元格的数值加上 D1 单元格的数值。

	A	B	C	D	E
					=$A1+D$1
1	1	2	3	3	4
2	2	4	4	4	5
3	3	6	5	5	6
4	4	8	6	6	7
5	5	10	7	7	8
6					
7					

10.3.3 使用引用

灵活地使用引用可以更快地完成函数的输入，提高数据处理的速度和准确度。使用引用的方法有很多种，选择适合的方法可以达到最好的效果。

(1)输入引用地址。

在使用引用单元格较少的公式时，可以使用直接输入引用地址的方法，如输入公式"=E11+2"。

	A	B	C	D	E
7	103005	赵明	2013/8/5	2900	319
8	103006	李飞	2014/4/20	2800	308
9	103007	李雪	2014/10/20	2700	297
10	103008	胡东	2015/6/5	2600	286
11	1030 输入	马军	2015/7/20	2300	253
12	103	刘力	2015/8/20	2300	253
13					
14	=E11+2				
15					
16					
17					
18					
19					

(2)提取地址。

在输入公式过程中，在需要输入单元格或者单元格区域时，可以用鼠标单击单元格或者选中单元格区域。

	C	D	E	F
	2007/1/20	4100	451	
	2007/5/10	4000	440	
	2008/6/25	3900	429	
	2013/2/3	3000	330	
	2013/8/5	2900	319	
	2014/4/20	2800	308	
	2014/10/20	2700	297	
	2015/6/5	2600	286	
	2015/7/20	2300	253	
	2015/8/20	2300	253	
		=SUM(D3:D12)		
		SUM(number1, [number2],...)		

(3)使用【折叠】按钮。

第1步 选择"职工基本信息"工作表，选中F2单元格。

	D	E	F	G
1	表		选择	
2	基本工资	五险一金		
3	4100	451		
4	4000	440		
5	3900	429		
6	3000	330		
7	2900	319		
8	2800	308		
9	2700	297		
10	2600	286		
11	2300	253		
12	2300	253		
13				

第2步 单击编辑栏中的【插入公式】按钮 fx，在弹出的【插入函数】对话框中选择【选择函数】列表框内的 MAX 函数，单击【确定】按钮。

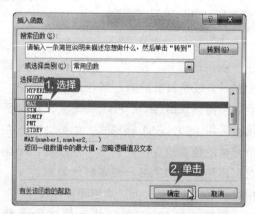

第3步 弹出【函数参数】对话框，单击【Number1】文本框右侧的【折叠】按钮。

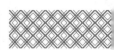

第4步 在表格中选中需要处理的单元格区域，单击【展开】按钮 图。

第6步 即可得出最高的基本工资数额，并显示在插入函数的单元格内。

第5步 返回【函数参数】对话框，可看到选定的单元格区域，单击【确定】按钮。

10.4 名称的定义与使用

为单元格或者单元格区域定义名称可以方便对该单元格或者单元格区域进行查找和引用，在数据繁多的工资明细表中可以发挥很大作用。

10.4.1 定义名称

名称是代表单元格、单元格区域、公式或者常量值的单词或字符串，名称在使用范围内必须保持唯一，也可以在不同的范围中使用同一个名称。如果要引用工作簿中相同的名称，则需要在名称之前加上工作簿名。

1. 为单元格命名

选中"销售奖金表"工作表中的 G3 单元格，在编辑栏的名称文本框中输入"最高销售额"后按【Enter】键确认。

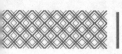
为单元格命名时必须遵守以下几点规则。

(1)名称中的第一个字符必须是字母、汉字、下划线或反斜杠,其余字符可以是字母、汉字、数字、点和下划线。

(2)不能将"C"和"R"的大小写字母作为定义的名称。在名称框中输入这些字母时,会将它们作为当前单元格选择行或列的表示法。例如,选择单元格 A2,在名称框中输入"R",按下【Enter】键,光标将定位到工作表的第 2 行上。

(3)不允许的单元格引用。名称不能与单元格引用相同(如不能将单元格命名为"Z12"或"R1C1")。如果将 A2 单元格命名为"Z12",按下【Enter】键,光标将定位到 Z12 单元格中。

(4)不允许使用空格。如果要将名称中的

单词分开,可以使用下划线或句点作为分隔符。例如,选择一个单元格,在名称框中输入"单 元格",按下【Enter】键,则会弹出错误提示框。

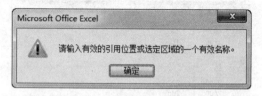

(5)一个名称最多可以包含 255 个字符,Excel 名称不区分大小写字母。例如,为单元格 A2 创建了名称"Smase",在单元格 B2 名称栏中输入"SMASE",确认后则会回到单元格 A2 中,而不能创建单元格 B2 的名称。

2. 为单元格区域命名

为单元格区域命名有以下几种方法。

(1)在名称栏中输入。

第1步 选择"销售奖金表"工作表,选中 C3:C12 单元格区域。

第2步 在名称栏中输入"销售额",单击

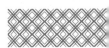

【Enter】键,即可完成对该单元格区域的命名。

	A	B	C	D	E
1			**业绩表**		
2	职工工号	职工姓名	销售额	奖金比例	奖金
3	101001	张兰	60000		
4	101002	王芬	51000		
5	101003	张帅	56000		
6	101004	冯叶	24000		
7	101005	赵明	48000		
8	101006	李飞	12000		
9	101007	李雪	10000		
10	101008	胡东	15000		
11	101009	马军	17000		
12	101010	刘力	9000		
13					

(2)使用【新建名称】对话框。

第1步 选择"销售奖金表"工作表,选中 D3:D12 单元格区域。

	A	B	C	D	E
1			**销售业绩表**		
2	职工工号	职工姓名	销售额	奖金比例	奖金
3	101001	张三	50000		
4	101002	王小花	48000		
5	101003	张帅帅	56000		
6	101004	冯小华	24000		
7	101005	赵小明	18000		
8	101006	李小四	12000		
9	101007	李明明	9000		
10	101008	胡双	15000		
11	101009	马东东	10000		
12	101010	刘兰兰	19000		
13					

第2步 选择【公式】选项卡,单击【定义的名称】组中的【定义名称】按钮 定义名称 。

第3步 在弹出的【新建名称】对话框的【名称】文本框中输入"奖金比例",单击【确定】按钮即可定义该区域名称。

第4步 命名后效果如下图所示。

	B	C	D	E
1		**业绩表**		
2	职工姓名	销售额	奖金比例	奖金
3	张兰	60000		
4	王芬	51000		
5	张帅	56000		
6	冯叶	24000		
7	赵明	48000		
8	李飞	12000		
9	李雪	10000		
10	胡东	15000		
11	马军	17000		
12	刘力	9000		
13				

3. 以选定区域命名

工作表(或选定区域)的首行或每行的最左列通常含有标签以描述数据。若一个表格本身没有行标题和列标题,则可将这些选定的行和列标签转换为名称,具体的操作步骤如下。

第1步 打开"职工基本信息"工作表,选中单元格区域 C2:C12。

	B	C	D	E
1		**职工基本信息表**		
2	职工姓名	入职日期	基本工资	五险一金
3	张兰	2007/1/20	4100	451
4	王芬	2007/5/10	4000	440
5	张帅	2008/6/25	3900	429
6	冯叶	2013/2/3	3000	330
7	赵明	2013/8/5	2900	319
8	李飞	2014/4/20	2800	308
9	李雪	2014/10/20	2700	297
10	胡东	2015/6/5	2600	286
11	马军	2015/7/20	2300	253
12	刘力	2015/8/20	2300	253
13				

第2步 单击【公式】选项卡下【定义的名称】组中的【根据所选内容创建】按钮 根据所选内容创建 。

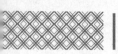

第3步 在弹出的【以选定区域创建名称】对话框中单击选中【首行】复选框，单击【确定】按钮。

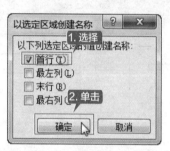

第4步 即可为单元格区域成功命名，在名称栏中输入"入职日期"，按【Enter】键即可自动选中单元格区域 C3:C12。

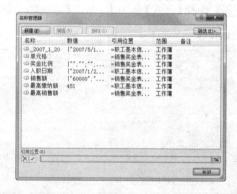

10.4.2 应用名称

为单元格、单元格区域定义好名称后，就可以在工作表中使用了，具体的操作步骤如下。

第1步 选择"职工基本信息"工作表，分别定义 E3 单元格名称为"最高缴纳额"，单击【公式】选项卡下【定义的名称】组中的【名称管理器】按钮。

第2步 弹出【名称管理器】对话框，可以看到定义的名称。

第3步 单击【关闭】按钮，选择空白单元格 F14。

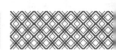

第4步 单击【公式】选项卡下【定义的名称】组中的【用于公式】按钮 ，在弹出的下拉列表中选择【粘贴名称】选项。

第5步 弹出【粘贴名称】对话框，在【粘贴名称】列表框中选择"最高缴纳额"，单击【确定】按钮。

第6步 即可看到单元格出现公式"=最高缴纳额"。

	D	E	F	G
7	2900	319		
8	2800	308		
9	2700	297		
10	2600	286		
11	2300	253		
12	2300	253		
13				
14			=最高缴纳额	
15				
16				

第7步 按【Enter】键即可将名称为"最高缴纳额"的单元格的数据显示在F14单元格中。

	D	E	F	G
7	2900	319		
8	2800	308		
9	2700	297		
10	2600	286		
11	2300	253		
12	2300	253		
13				
14			451	
15				
16				
17				

10.5 使用函数计算工资

制作工资明细表需要运用很多种类型的函数，这些函数为数据处理提供了很大帮助。

10.5.1 使用文本函数提取职工信息

职工的信息是工资表中必不可少的一项信息，逐个输入不仅浪费时间且容易出现错误，使用文本函数可以快速准确地将职工信息输入工资表，具体操作步骤如下。

第1步 选择"工资表"工作表，选中B3单元格。

	A	B	C	D
1		选择		五月份工
2	职工编号	职工工号	职工姓名	工龄
3	001			
4	002			
5	003			
6	004			
7	005			
8	006			
9	007			
10	008			
11	009			
12	010			
13				
14				
15				

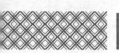
第2步 在编辑栏中输入公式"=TEXT(职工基本信息!A3,0)"。

	A	B	C
1		输入	
2	职工编号	职工工号	职工姓名
3	001	信息!A3,0)	
4	002		
5	003		
6	004		
7	005		

|提示|

公式"=TEXT(职工基本信息!A3,0)"用于显示"职工基本信息"工作表中A3单元格内的工号。

第3步 按【Enter】键确认，即可将"职工基本信息"工作表相应单元格的职工工号引用在B3单元格。

	A	B	C
1			
2	职工编号	职工工号	职工姓名
3	001	103001	
4	002		
5	003		
6	004		
7	005		
8	006		

第4步 使用快速填充功能可以将公式填充在B4:B12单元格区域中，效果如下图所示。

	A	B	C
1			
2	职工编号	职工工号	职工姓名
3	001	103001	
4	002	103002	
5	003	103003	
6	004	103004	
7	005	103005	
8	006	103006	
9	007	103007	
10	008	103008	
11	009	103009	
12	010	103010	
13			
14			

第5步 选中C3单元格，在编辑栏中输入公式"=TEXT(职工基本信息!B3,0)"。

	A	B	C
1			输入
2	职工编号	职工工号	职工姓名
3	001	103001	信息!B3,0)
4	002	103002	
5	003	103003	
6	004	103004	
7	005	103005	
8	006	103006	

|提示|

公式"=TEXT(职工基本信息!B3,0)"用于显示"职工基本信息"工作表中B3单元格内的职工姓名。

第6步 按【Enter】键确认，即可将职工姓名填充在单元格内。

	B	C	D
1			五月份
2	职工工号	职工姓名	工龄
3	103001	张兰	
4	103002		
5	103003		
6	103004		
7	103005		
8	103006		

第7步 使用快速填充功能可以将公式填充在C4:C12单元格区域中，效果如下图所示。

	B	C	D
1			五月
2	职工工号	职工姓名	工龄
3	103001	张兰	
4	103002	王芬	
5	103003	张帅	
6	103004	冯叶	
7	103005	赵明	
8	103006	李飞	
9	103007	李雪	
10	103008	胡东	
11	103009	马军	
12	103010	刘力	
13			
14			

| 提示 |

Excel 中常用的文本函数有以下几种。

(1) CONCATENATE(text1,text2,...)：将若干字符串合并成一个字符串。

(2) LEN(text)：返回字符串中的字符数。

(3) MID(text,start_num,num_chars)：返回字符串中从指定位置开始的特定数目的字符。

(4) RIGHT(text,num_chars)：根据指定的字符数返回文本串中最后一个或多个字符。

(5) VALUE(text)：将代表数字的文字串转换成数字。

10.5.2 使用日期与时间函数计算工龄

职工的工龄是计算职工工龄工资的依据。使用日期函数可以很准确地计算出职工工龄，根据工龄即可计算出工龄工资，具体操作步骤如下。

第1步 选择"工资表"工作表，选中D3单元格。

五月份工资表

职工姓名	工龄	工龄工资
张兰		
王芬		
张帅		
冯叶		
赵明		

第2步 计算方法是使用当日日期减去入职日期，在单元格中输入公式"=DATEDIF(职工基本信息 !C3,TODAY(),"y")"。

五月份工资表

职工工号	职工姓名	工龄	工龄工资
103001	张兰	DAY(),"y")	
103002	王芬		
103003	张帅		
103004	冯叶		
103005	赵明		
103006	李飞		

| 提示 |

公式 "=DATEDIF(职工基本信息 !C3,TODAY(),"y")" 用于计算职工的工龄。

第3步 按【Enter】键确认，即可得出职工工龄。

五月份工

职工工号	职工姓名	工龄
103001	张兰	9
103002	王芬	
103003	张帅	
103004	冯叶	
103005	赵明	
103006	李飞	
103007	李雪	
103008	胡东	
103009	马军	
103010	刘力	

第4步 使用快速填充功能可快速计算出其余职工工龄，效果如下图所示。

五月份工

职工工号	职工姓名	工龄	工
103001	张兰	9	
103002	王芬	8	
103003	张帅	7	
103004	冯叶	2	
103005	赵明	2	
103006	李飞	1	
103007	李雪	1	
103008	胡东	0	
103009	马军	0	
103010	刘力	0	

第5步 选中 E3 单元格，输入公式"=D3*100"。

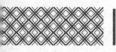

第6步 按【Enter】键即可计算出对应职工工
龄工资。

	工龄	工龄工资	应发工资
	9	¥900.0	
	8		
	7		
	2		
	2		

第7步 使用填充柄填充计算出其余职工工龄
工资，效果如下图所示。

	工龄	工龄工资	应发工资
	9	¥900.0	
	8	¥800.0	
	7	¥700.0	
	2	¥200.0	
	2	¥200.0	
	1	¥100.0	
	1	¥100.0	
	0	¥0.0	
	0	¥0.0	
	0	¥0.0	

|提示|

常用的日期函数还有以下几种。

(1) NOW()：取系统日期和时间。

(2) NOW()-TODAY()：取当前是几点
几分。

(3) YEAR(TODAY())：取当前日期的
年份。

(4) MONTH(TODAY())：取当前日期
的月份。

(5) DAY(TODAY())：取当前日期是几号。

10.5.3 使用逻辑函数计算业绩提成奖金

业绩奖金是职工工资的重要构成部分，业绩奖金根据职工的业绩划分为几个等级，每个等
级奖金的奖金比例也不同。逻辑函数可以用来进行复核检验，因此很适合计算这种类型的数据，
具体操作步骤如下。

第1步 切换至"销售奖金表"工作表，选中
D3单元格，在单元格中输入公式"=HLOOKUP
(C3，业绩奖金标准!$B$2:$F$3,2)"。

	职工姓名	销售额	奖金比例	奖金
	张兰	60000	2:$F$3, 2)	
	王芬	51000		
	张帅	56000		
	冯叶	24000		
	赵明	48000		
	李飞	12000		
	李雪	10000		
	胡东	15000		
	马军	17000		
	刘力	9000		

|提示|

HLOOKUP 函数是 Excel 中的横向查
找函数，公式"=HLOOKUP(C3，业绩奖金
标准!$B$2:$F$3,2)"中第3个参数设置为"2"
表示取满足条件的记录在"业绩奖金标准!
$B$2:$F$3"区域中第2行的值。

第2步 按【Enter】键确认，即可得出奖金比例。

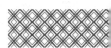
	B	C	D	E
1		业绩表		
2	职工姓名	销售额	奖金比例	奖金
3	张兰	60000	0.2	
4	王芬	51000		
5	张帅	56000		
6	冯叶	24000		
7	赵明	48000		
8	李飞	12000		
9	李雪	10000		
10	胡东	15000		
11	马军	17000		
12	刘力	9000		
13				

第3步 使用快速填充功能将公式填充进其余单元格，效果如下图所示。

	B	C	D	E
1		业绩表		
2	职工姓名	销售额	奖金比例	奖金
3	张兰	60000	0.2	
4	王芬	51000	0.2	
5	张帅	56000	0.2	
6	冯叶	24000	0.05	
7	赵明	48000	0.15	
8	李飞	12000	0.05	
9	李雪	10000	0.05	
10	胡东	15000	0.05	
11	马军	17000	0.05	
12	刘力	9000	0	
13				

第4步 选中 E3 单元格，在单元格中输入公式"=IF(C3<50000,C3*D3,C3*D3+500)"。

	C	D	E	F
MAX			=IF(C3<50000, C3*D3, C3*D3+500)	
1		业绩表	输入	
2	销售额	奖金比例	奖金	
3	60000	0.2	:3*D3+500)	
4	51000	0.2		
5	56000	0.2		
6	24000	0.05		
7	48000	0.15		
8	12000	0.05		
9	10000	0.05		
10	15000	0.05		
11	17000	0.05		
12	9000	0		
13				

提示

单月销售额大于 50000，给予 500 元奖励。

第5步 按【Enter】键确认，即可计算出该职工奖金数目。

	C	D	E
1		业绩表	
2	销售额	奖金比例	奖金
3	60000	0.2	12500
4	51000	0.2	
5	56000	0.2	
6	24000	0.05	
7	48000	0.15	
8	12000	0.05	
9	10000	0.05	
10	15000	0.05	
11	17000	0.05	
12	9000	0	
13			

第6步 使用快速填充功能得出其余职工奖金数目，效果如下图所示。

	C	D	E
1		业绩表	
2	销售额	奖金比例	奖金
3	60000	0.2	12500
4	51000	0.2	10700
5	56000	0.2	11700
6	24000	0.05	1200
7	48000	0.15	7200
8	12000	0.05	600
9	10000	0.05	500
10	15000	0.05	750
11	17000	0.05	850
12	9000	0	0
13			

10.5.4 使用统计函数计算最高销售额

统计函数作为专门进行统计分析的函数，可以很快地在工作表中找到指定数据。例如，找出最高销售额和对应职工，具体操作步骤如下。

第1步 选中 G3 单元格，单击编辑栏左侧的【插入函数】按钮 f_x。

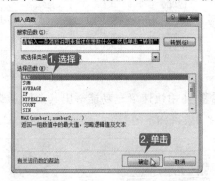

第2步 弹出【插入函数】对话框，在【选择函数】列表框中选中 MAX 函数，单击【确定】按钮。

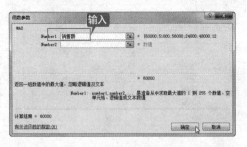

第3步 弹出【函数参数】对话框，在【Number1】文本框输入"销售额"，按【Enter】键确认。

第4步 即可找出最高销售额并显示在 G3 单元格内，如下图所示。

第5步 选中 H3 单元格，输入公式"=INDEX(B3:B12,MATCH(G3,C3:C12,))"。

第6步 单击【Enter】键。即可显示最高销售额对应的职工姓名。

| 提示 |::::::::

　　公式"=INDEX(B3:B12,MATCH(G3,C3:C12,))"的含义为 G3 单元格的值与 C3:C12 单元格区域的值匹配时，返回 B3:B12 单元格区域中对应的值。

10.5.5 使用查找与引用函数计算个人所得税

　　个人所得税根据个人收入的不同实行阶梯形式的征收方式，因此直接计算起来比较复杂。在 Excel 中，这类问题可以使用查找和引用函数来解决，具体操作步骤如下。

1. 计算应发工资

第1步 切换至"工资表"工作表，选中 F3 单元格。

	E	F	
1	工资表		
2	工龄工资	应发工资	个人F
3	¥900.0		
4	¥800.0		
5	¥700.0		
6	¥200.0		
7	¥200.0		
8	¥100.0		

第2步 在单元格中输入公式"= 职工基本信息 !D3− 职工基本信息 !E3+ 工资表 !E3+ 销售奖金表 !E3"。

	A	B	C	D	E	F
				五月份工资表		
2	职工工号	职工姓名	工龄	工龄工资	应发工资
3	103001	张兰	9	¥900.0	奖金表!E3
4	103002	王芬	8	¥800.0	
5	103003	张帅	7	¥700.0	
6	103004	冯叶	2	¥200.0	
7	103005	赵明	2	¥200.0	
8	103006	李飞	1	¥100.0	
9	103007	李言	1	¥100.0	

第3步 按【Enter】键确认，即可计算出应发工资数目。

	D	E	F	
1	五月份工资表			
2	工龄	工龄工资	应发工资	个
3	9	¥900.0	¥17,049.0	
4	8	¥800.0		
5	7	¥700.0		
6	2	¥200.0		
7	2	¥200.0		
8	1	¥100.0		
9	1	¥100.0		
10	0	¥0.0		

第4步 使用快速填充功能得出其余职工应发工资数目，效果如下图所示。

	D	E	F	G	H
1	五月份工资表				
2	工龄	工龄工资	应发工资	个人所得税	实发工资
3	9	¥900.0	¥17,049.0		
4	8	¥800.0	¥15,060.0		
5	7	¥700.0	¥15,871.0		
6	2	¥200.0	¥4,070.0		
7	2	¥200.0	¥9,981.0		
8	1	¥100.0	¥3,192.0		
9	1	¥100.0	¥3,003.0		
10	0	¥0.0	¥3,064.0		
11	0	¥0.0	¥2,897.0		
12	0	¥0.0	¥2,047.0		

2. 计算个人所得税数额

第1步 在"工资表"工作表中选中 G3 单元格。

	E	F	G	H
1	工资表		选择	
2	工龄工资	应发工资	个人所得税	实发工资
3	¥900.0	¥17,049.0		
4	¥800.0	¥15,060.0		
5	¥700.0	¥15,871.0		
6	¥200.0	¥4,070.0		
7	¥200.0	¥9,981.0		
8	¥100.0	¥3,192.0		
9	¥100.0	¥3,003.0		
10	¥0.0	¥3,064.0		
11	¥0.0	¥2,897.0		
12	¥0.0	¥2,047.0		

第2步 在单元格中输入公式"=IF(F3< 税率表 !E$2,0,LOOKUP(工资表 !F3− 税率表 !E$2, 税率表 !C$4:C$10,(工资表 !F3− 税率表 !E$2)* 税率表 !D$4:D$10− 税率表 !E$4:E$10))"。

	E	F	G	H
1	工资表		输入	
2	工龄工资	应发工资	个人所得税	实发工资
3	¥900.0	¥17,049.0	:$4:E$10))	
4	¥800.0	¥15,060.0		
5	¥700.0	¥15,871.0		
6	¥200.0	¥4,070.0		
7	¥200.0	¥9,981.0		
8	¥100.0	¥3,192.0		
9	¥100.0	¥3,003.0		
10	¥0.0	¥3,064.0		
11	¥0.0	¥2,897.0		
12	¥0.0	¥2,047.0		

第3步 按【Enter】键即可得出职工应缴纳的个人所得税数目。

工资表			
工龄工资	应发工资	个人所得税	实发工资
¥900.0	¥17,049.0	¥2,382.3	
¥800.0	¥15,060.0		
¥700.0	¥15,871.0		
¥200.0	¥4,070.0		
¥200.0	¥9,981.0		
¥100.0	¥3,192.0		
¥100.0	¥3,003.0		
¥0.0	¥3,064.0		
¥0.0	¥2,897.0		
¥0.0	¥2,047.0		

| 提示 |

　　LOOKUP 函数根据税率表查找对应的个人所得税，使用 IF 函数可以返回低于起征点职工所缴纳的个人所得税为 0。

10.5.6 计算个人实发工资

　　工资明细表最重要的一项就是职工的实发工资数目。计算实发工资的方法很简单，具体操作步骤如下。

第1步 在"工资表"工作表中单击 H3 单元格，输入公式"=F3-G3"。

应发工资	个人所得税	实发工资
¥17,049.0	¥2,382.3	=F3-G3
¥15,060.0	¥1,885.0	
¥15,871.0	¥2,087.8	
¥4,070.0	¥17.1	
¥9,981.0	¥741.2	

第2步 按【Enter】键确认，即可得出职工的实发工资数目。

第4步 使用快速填充功能填充其余单元格，计算出其余职工应缴纳的个人所得税数额，效果如下图所示。

工资表			
工龄工资	应发工资	个人所得税	实发工资
¥900.0	¥17,049.0	¥2,382.3	
¥800.0	¥15,060.0	¥1,885.0	
¥700.0	¥15,871.0	¥2,087.8	
¥200.0	¥4,070.0	¥17.1	
¥200.0	¥9,981.0	¥741.2	
¥100.0	¥3,192.0	¥0.0	
¥100.0	¥3,003.0	¥0.0	
¥0.0	¥3,064.0	¥0.0	
¥0.0	¥2,897.0	¥0.0	
¥0.0	¥2,047.0	¥0.0	

应发工资	个人所得税	实发工资
¥17,049.0	¥2,382.3	¥14,666.8
¥15,060.0	¥1,885.0	
¥15,871.0	¥2,087.8	
¥4,070.0	¥17.1	
¥9,981.0	¥741.2	
¥3,192.0	¥0.0	
¥3,003.0	¥0.0	
¥3,064.0	¥0.0	
¥2,897.0	¥0.0	

第3步 使用快速填充功能将公式填充进其余单元格，得出其余职工实发工资数目，效果如下图所示。

应发工资	个人所得税	实发工资
¥17,049.0	¥2,382.3	¥14,666.8
¥15,060.0	¥1,885.0	¥13,175.0
¥15,871.0	¥2,087.8	¥13,783.3
¥4,070.0	¥17.1	¥4,052.9
¥9,981.0	¥741.2	¥9,239.8
¥3,192.0	¥0.0	¥3,192.0
¥3,003.0	¥0.0	¥3,003.0
¥3,064.0	¥0.0	¥3,064.0
¥2,897.0	¥0.0	¥2,897.0
¥2,047.0	¥0.0	¥2,047.0

10.6 使用 VLOOKUP、COLUMN 函数批量制作工资条

工资条是发放给职工的工资凭证，可以使职工知道自己工资详细发放情况。制作工资条的具体操作步骤如下。

第1步 在工作簿新建名称为"工资条"的空白工作表，并将该工作表移动至最前面位置。

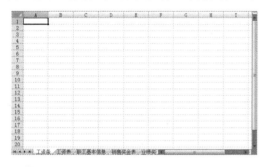

第2步 选中"工资条"工作表中 A1:H1 单元格区域。

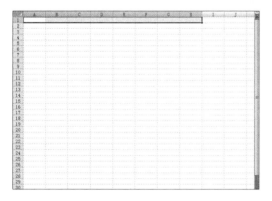

第3步 单击【开始】选项卡下【对齐方式】组中的【合并后居中】按钮 。

第4步 输入文字"工资条"，并在【字体】组中将【字体】设置为"华文楷体"，【字号】设置为"20"，并设置表头背景色和其他表格表头一致，效果如下图所示。

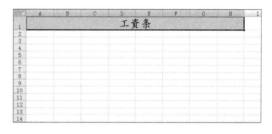

第5步 在 A2:H2 单元格区域中输入如下图所示文字，并在 A3 单元格内输入序号"001"，适当调整列宽，并将所有单元格的对齐方式设置为"居中对齐"。

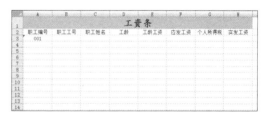

第6步 在单元格 B3 内输入公式"=VLOOKUP($A3,工资表!$A$3:$H$12,COLUMN(),0)"。

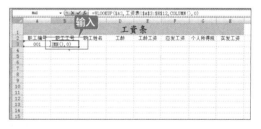

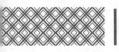

> **│提示│**
>
> 在公式"=VLOOKUP($A3,工资表! $A$3:$H$12,COLUMN(),0)"中,在"工资表"工作表单元格区域 A3:H12 中查找 A3 单元格的值,COLUMN() 用来计数,0 表示精确查找。

第 7 步 按【Enter】键确认,即可引用职工工号至单元格内。

第 8 步 使用快速填充功能将公式填充至 C3 至 H3 单元格内,即可引用其余项目至对应单元格内,效果如下图所示。

第 9 步 选中 A2:H3 单元格区域,为单元格区域添加边框。

第 10 步 选中 A2:H4 单元格区域,将鼠标光标放置在 H4 单元格框线右下角,待鼠标光标变为实心十字 ✚ 形状时按住鼠标左键,拖动鼠标光标至 H30 单元格,即可自动填充其余职工工资条,如下图所示。

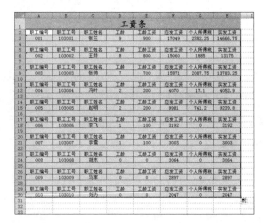

至此,工资明细表就制作完成了,保存文件即可。

10.7 其他函数

在制作工资明细表的过程中使用了一些常用的函数,下面介绍一些其他常用的函数。

(1)统计函数。

统计函数可以帮助 Excel 用户从复杂的数据中筛选有效数据。由于筛选的多样性,Excel 中提供了多种统计函数。

常用的统计函数有 COUNTA 函数、AVERAGE 函数(返回其参数的算术平均值)和 ACERAGEA 函数(返回所有参数的算术平均值)等。公司考勤表中记录了职工是否缺勤,现在需要统计缺勤的总人数,这里使用 COUNTA 函数。

COUNTA 函数

功能:用于计算区域中不为空的单元格个数。

语法:COUNTA(value1,[value2], ...)

参数:value1 为必要,表示要计算的值的第一个参数。

value2, ...:可选,表示要计算的值的其他参数,最多可包含 255 个参数。

(2)工程函数。

工程函数可以解决一些数学问题，如果能够合理地使用工程函数，可以极大地简化程序。

常用的工程函数有 DEC2BIN 函数（将十进制转化为二进制）、BIN2DEC 函数（将二进制转化为十进制）、IMSUM 函数（两个或多个复数的值）。

(3)信息函数。

信息函数是用来获取单元格内容信息的函数。信息函数可以在满足条件时返回逻辑值，从而获取单元格的信息，还可以确定存储在单元格中的内容的格式、位置、错误信息等类型。

常用的信息函数有 CELL 函数（引用区域的左上角单元格样式、位置或内容等信息）、TYPE 函数（检测数据的类型）。

(4)多维数据集函数。

多维数据集函数可用来从多维数据库中提取数据集和数值，并将其显示在单元格中。

常用的多维数据集函数有 CUBEKPI MEMBER 函数（返回重要性能指示器 (KPI) 属性，并在单元格中显示 KPI 名称）、CUBEMEMBER 函数（返回多维数据集中的成员或元组，用来验证成员或元组存在于多维数据集中）和 CUBEMEMB ERPROPERTY 函数（返回多维数据集中成员属性的值，用来验证某成员名称存在于多维数据集中，并返回此成员的指定属性）等。

制作凭证明细表

公司年度开支凭证明细表是对公司一年内费用支出的归纳和汇总，工作簿内包含多个项目的开支情况。对年度开支情况进行详细地处理和分析有利于对公司本阶段工作的总结，为公司更好地做出下一阶段的规划有很重要的作用。年度开支凭证明细表数据繁多，需要使用多个函数进行处理，可以分为以下几个步骤进行。

第一步　计算工资支出

可以使用求和函数对"工资支出"工作表中每个月份的工资数目进行汇总，以便分析公司每月的工资发放情况。

第二步　调用"工资支出"工作表数据

需要使用 VLOOKUP 函数调用"工资支出"工作表中的数据，完成对"明细表"工作表里工资发放情况的统计。

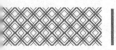
第三步　调用其他支出

使用 VLOOKUP 函数调用"其他支出"工作表中的数据，完成对"明细表"其他项目开支情况的统计。

第四步　统计每月支出

使用求和函数对每个月的支出情况进行汇总，得出每月的总支出。

至此，公司年度开支明细表就统计制作完成了。

◇ 分步查询复杂公式

Excel 中不乏复杂公式，在使用复杂公式计算数据时如果对计算结果产生怀疑，可以分步查询公式。

第 1 步 打开随书光盘中的"素材 \ch10\ 住房贷款速查表 .xlsx"文件，选择单元格 D5，单击【公式】选项卡下【公式审核】组中的【公式求值】按钮 ❻ 公式求值 。

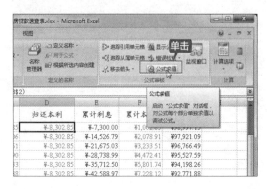

第 2 步 弹出【公式求值】对话框，在【求值】文本框中可以看到函数的公式，单击【求值】按钮。

第 3 步 即可得出第一步计算结果，如下图所示。

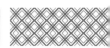
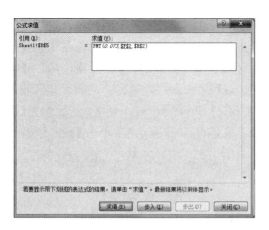

第4步 再次单击【求值】按钮，即可得出第二步计算结果。

第5步 重复单击【求值】按钮，即可将公式每一步计算结果求出，查询完成后，单击【关闭】按钮即可。

◇ 逻辑函数间的混合运用

在使用"是""非""或"等逻辑函数时，默认情况下返回的是 TURE 或 FALSE 等逻辑值，但是在实际工作和生活中，这些逻辑值的意义并不大。所以，很多情况下，可以借助 IF 函数返回"完成""未完成"等结果。

第1步 打开随书光盘中的"素材 \ch10\ 任务完成情况表 .xlsx"文件，在单元格 F3 中输入公式"=IF(AND（B3 > 100,C3 > 100,D3 > 100,E3 > 100）,"完成","未完成")"。

第2步 按【Enter】键即可显示是否完成工作量的信息。

第3步 利用快速填充功能，判断其他职工工作量的完成情况。

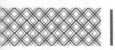
◇ 提取指定条件的不重复值

下面以提取销售助理人员名单为例介绍如何提取指定条件的不重复值的操作技巧。

第1步 打开随书光盘中的"素材 \ch10\ 职务 .xlsx"文件，在 F2 单元格内输入"姓名"，在 G2 和 G3 单元格内分别输入"职务"和"销售助理"。

	D	E	F	G
1				输入
2	基本工资		姓名	职务
3	¥4,500			销售助理
4	¥4,200			
5	¥4,800			
6	¥4,300			
7	¥4,200			
8	¥5,800			
9	¥4,200			
10	¥6,800			
11	¥4,200			
12	¥4,600			
13	¥4,100			
14	¥8,500			

第2步 选中数据区域内任一单元格，单击【数据】选项卡下【排序和筛选】组中的【高级】按钮 。

第3步 弹出【高级筛选】对话框，选中【将筛选结果复制到其他位置】单选按钮，【列表区域】为 $A$2:$D$14 单元格区域，【条件区域】为 Sheet1!$G$2:$G$3 单元格区域，【复制到】Sheet1!$F$2 单元格，然后选中【选择不重复的记录】复选框，单击【确定】按钮。

第4步 即可将职务为"销售助理"的人员姓名全部提取出来，效果如下图所示。

	D	E	F	G
1				
2	基本工资		姓名	职务
3	¥4,500		贺双双	销售助理
4	¥4,200		刘晓坡	
5	¥4,800		张可洪	
6	¥4,300		范娟娟	
7	¥4,200			
8	¥5,800			
9	¥4,200			
10	¥6,800			
11	¥4,200			
12	¥4,600			
13	¥4,100			
14	¥8,500			
15				

第**3**篇

PPT 办公应用篇

本篇主要介绍 PPT 中的各种操作，通过本篇的学习，读者可以学习 PPT 的基本操作、图形和图表的应用、动画和多媒体的应用及放映幻灯片等操作。

第11章

PPT 的基本操作

本章导读

在职业生涯中，会遇到包含文字与图片和表格的演示文稿，如公司管理培训 PPT、企业发展战略 PPT、产品营销推广方案 PPT 等，使用 PowerPoint 2007 提供的为演示文稿应用主题、设置格式化文本、图文混排、添加数据表格、插入艺术字等操作，可以方便地对这些包含图片的演示文稿进行设计制作。

思维导图

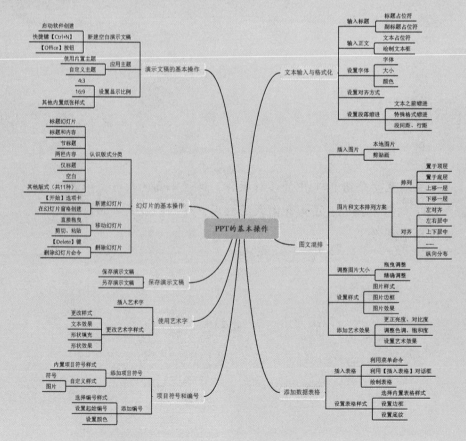

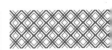

 11.1 公司管理培训 PPT

制作公司管理培训 PPT 要做到标准清楚、内容客观、重点突出、个性鲜明，便于领导了解工作情况。

实例名称：制作公司管理培训 PPT		
实例目的：掌握 PPT 的基本操作		
	素材	素材 \ch11\ 领导力培训 .txt
	结果	结果 \ch11\ 公司管理培训 PPT.pptx
	录像	视频教学录像 \11 第 11 章

11.1.1 案例概述

制作公司管理培训 PPT 时需要注意以下几点。

1. 标准清楚、结构清晰

（1）要围绕公司类型和企业文化来制作 PPT。

（2）要体现出培训的功能，不能写成公司介绍。

2. 内容客观、重点突出

（1）必须实事求是、客观实在、全面准确。

（2）要重点介绍有影响性、全局性的主要工作，一般性、日常性的工作表述要简洁。

3. 个性鲜明

（1）要各层次进行不同的培训。

（2）相同的工作岗位，要注重个人的个性差异、工作方法差异造成的工作业绩的不同。

本章的公司管理培训 PPT 属于教育培训类中的一种，气氛可以以冷静睿智为主。

11.1.2 设计思路

制作公司管理培训 PPT 时可以按以下的思路进行。

（1）新建空白演示文稿，为演示文稿应用主题。

（2）制作幻灯片首页。

（3）制作领导力培训页面。

（4）制作执行力培训页面。

（5）制作发现人才培训、时间管理培训、目标及结束幻灯片页面。

（6）保存制作完成的演示文稿。

11.1.3 涉及知识点

本案例主要涉及以下知识点。

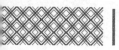
(1)引用主题。

(2)幻灯片页面的添加、删除、移动。

(3)输入文本并设置文本样式。

(4)添加项目符号和编号。

(5)插入图片、表格。

(6)插入艺术字。

11.2 演示文稿的基本操作

在制作公司管理培训 PPT 时，首先要新建空白演示文稿，并为演示文稿应用主题，以及设置演示文稿的显示比例。

11.2.1 新建空白演示文稿

启动 PowerPoint 2007 软件之后，PowerPoint 2007 会提示创建什么样的 PPT 演示文稿，并提供模板供用户选择，单击【空白演示文稿】选项即可创建一个空白演示文稿。

第1步 单击【开始】菜单按钮，在弹出的列表中选择【所有程序】→【Microsoft Office】→【Microsoft Office PowerPoint 2007】选项。

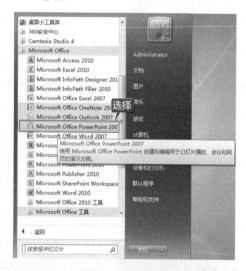

第2步 即可新建空白演示文稿。

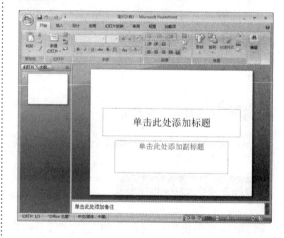

11.2.2 为演示文稿应用主题

新建空白演示文稿后，用户可以为演示文稿应用主题，来满足公司管理培训 PPT 模板的格式要求。

PowerPoint 2007 中内置了 24 种主题，用户可以根据需要使用这些主题，具体操作步骤如下。

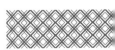
第1步 单击【设计】选项卡下【主题】组右侧的【其他】按钮 ，在弹出的下拉列表中任选一种样式，如选择"华丽"主题。

第2步 此时，主题即可应用到幻灯片中，设置后的效果如下图所示。

提示

单击【设计】选项卡下【主题】组右侧的【其他】按钮 ，在弹出的下拉列表中选择【浏览主题】选项可以设置自定义主题。

11.2.3 设置演示文稿的显示比例

演示文稿常用的显示比例有 4:3 和 16:9 两种，新建 PowerPoint 2007 演示文稿时默认的比例为 16:9，用户可以方便地在这两种比例之间切换。此外，用户可以自定义幻灯片页面的大小来满足演示文稿的设计需求。设置演示文稿显示比例的具体操作步骤如下。

第1步 单击【设计】选项卡下【页面设置】组中的【页面设置】按钮 ，弹出【页面设置】对话框。

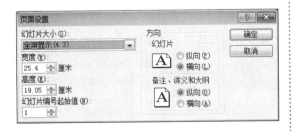

第2步 单击【幻灯片大小】文本框右侧的下拉按钮，在弹出的下拉列表中选择【全屏显示（16:10）】选项，然后单击【确定】按钮。

第3步 在演示文稿中即可看到设置演示文稿显示比例后的效果。

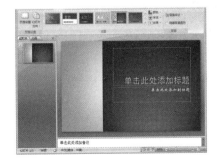

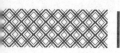

 幻灯片的基本操作

使用 PowerPoint 2007 制作公司管理培训 PPT 时要先掌握幻灯片的基本操作。

11.3.1 认识幻灯片版式分类

在使用 PowerPoint 2007 制作幻灯片时，经常需要更改幻灯片的版式，用来满足幻灯片不同样式的需要。每个幻灯片版式包含文本、表格、视频、图片、图表、形状等内容的占位符，并且还包含这些对象的格式。

第1步 新建演示文稿后，会新建一张幻灯片页面，此时的幻灯片版式为"标题幻灯片"版式页面。

第2步 单击【开始】选项卡下【幻灯片】组中【版式】按钮 版式 · 的下拉按钮，在弹出的下拉列表中即可看到包含有"标题幻灯片""标题和内容""节标题""两栏内容"等 11 种版式。

> **|提示|**
>
> 每种版式的样式及占位符各不相同，用户可以根据需要选择要创建或更改的幻灯片版式，从而制作出符合要求的 PPT。

11.3.2 新建幻灯片

新建幻灯片的常见方法有两种，用户可以根据需要选择合适的方式快速新建幻灯片。

1. 使用【开始】选项卡

第1步 单击【开始】选项卡下【幻灯片】组中【新建幻灯片】按钮 的下拉按钮，在弹出的下拉列表中选择【仅标题】选项。

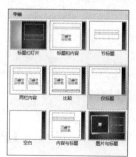

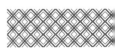
第2步 即可新建"仅标题"幻灯片页面，并可在左侧的【幻灯片】窗格中显示新建的幻灯片。

2. 使用快捷菜单

第1步 在【幻灯片】窗格中选择一张幻灯片并单击鼠标右键，在弹出的快捷菜单中选择【新建幻灯片】选项。

第2步 即可在该幻灯片的下方，快速新建幻灯片。

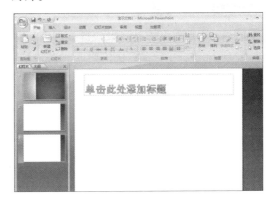

11.3.3 移动幻灯片

用户可以通过移动幻灯片来改变幻灯片的位置，单击需要移动的幻灯片并按住鼠标左键，拖曳幻灯片至目标位置，松开鼠标左键即可。此外，通过剪切并粘贴的方式也可以移动幻灯片。

11.3.4 删除幻灯片

不需要的幻灯片页面可以将其删除，删除幻灯片的常见方法有两种。

1. 使用【Delete】键

第1步 在【幻灯片】窗格中选择要删除的幻灯片页面，按【Delete】键。

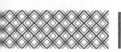
第2步 即可快速删除选择的幻灯片页面。

2. 使用快捷菜单

第1步 选择要删除的第2张幻灯片页面，并单击鼠标右键，在弹出的快捷菜单中单击【删除幻灯片】选项。

第2步 即可删除选择的幻灯片页面。

11.4 文本的输入和格式化设置

在幻灯片中输入可以文本，并对文本进行字体、颜色、对齐方式、段落缩进等格式化设置。

11.4.1 在幻灯片首页输入标题

幻灯片中文本占位符的位置是固定的，用户可以在其中输入文本，具体操作步骤如下。

第1步 选择第一张幻灯片，单击标题文本占位符内的任意位置，使鼠标光标置于标题文本框内。

第3步 选择副标题文本占位符，在副标题文本框中输入文本"孙××"，按【Enter】键换行，并输入" 2016 年 1 月 06 日"

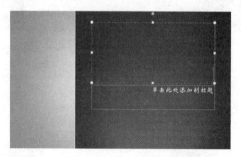

第2步 输入标题文本"公司管理培训"。

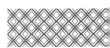
11.4.2 在文本框中输入内容

在演示文稿的文本框中输入内容的具体操作步骤如下。

第1步 打开随书光盘中的"素材 \ch11\ 领导力培训 .txt"文件。选中记事本中的文字，按【Ctrl+C】组合键复制所选内容。

第2步 回到演示文稿中，新建一张【仅标题】幻灯片，将鼠标光标置于幻灯片中的空白处，按【Ctrl+V】组合键将复制的内容粘贴至文本占位符内。

第3步 在"标题"文本占位符内输入"领导力培训"文本。

11.4.3 设置字体

PowerPoint 默认的字体为"宋体"，字体颜色为"黑色"，在【开始】选项卡下【字体】组中或【字体】对话框的【字体】选项卡中可以设置字体、字号及字体颜色等，具体操作步骤如下。

第1步 选中第 1 张幻灯片页面中的"公司管理培训"标题文本内容，单击【开始】选项卡下【字体】组中【字体】按钮的下拉按钮，在弹出的下拉列表中选择"华文行楷"。

第2步 单击【字号】按钮的下拉按钮，在弹出的下拉列表中设置字号为"60"。

第3步 把鼠标箭头放在标题文本占位符的四周控制点上，按住鼠标左键调整文本占位符的大小，并根据需要调整位置，然后根据需要设置幻灯片首页中其他内容的字体。

第4步 选择"领导力培训"幻灯片页面，重复上述操作步骤设置标题内容的【字体】为

"华文新魏"，字号为"40"，【字体颜色】为"粉红，强调文字颜色5，深色50%"，并将正文内容的【字体】设置为"华文楷体"，【字号】为"24"，【字体颜色】为"粉红，强调文字颜色5，深色50%"，并根据需要调整文本框的大小与位置。

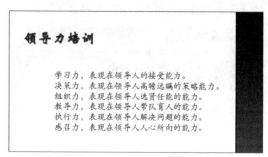

11.4.4 设置对齐方式

段落对齐方式包括左对齐、右对齐、居中对齐、两端对齐和分散对齐等，不同的对齐方式可以达到不同的效果。

第1步 选择第1张幻灯片页面，选中需要设置对齐方式的段落，单击【开始】选项卡下【段落】组中的【右对齐】按钮。

第2步 设置后的效果如下图所示。

| 提示 |

使用【段落】对话框也可以设置对齐方式。单击【开始】选项卡下【段落】组中的【段落设置】按钮，弹出【段落】对话框，在【常规】组中设置【对齐方式】为"右对齐"，单击【确定】按钮。

11.4.5 设置文本的段落缩进

段落缩进指的是段落中的行相对于页面左边界或右边界的位置，段落文本缩进的方式有首行缩进、文本之前缩进和悬挂缩进三种。设置段落文本缩进的具体操作步骤如下。

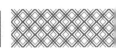
第1步 选择第 2 张幻灯片页面，将光标定位在要设置段落缩进的段落中，单击【开始】选项卡下【段落】组右下角的【段落】按钮 。

第2步 弹出【段落】对话框，在【缩进和间距】选项卡下的【缩进】组中单击【特殊格式】右侧的下拉按钮，在弹出的下拉列表中选择【首行缩进】选项。

第3步 在【间距】组中单击【行距】右侧的下拉按钮，在弹出的下拉列表中选择【1.5 倍行距】选项，单击【确定】按钮。

第4步 更改文本的字号设置，设置后的效果如下图所示。

11.5 添加项目符号和编号

使用项目符号或者编号（自动），可以使内容条例更清晰，更易于理解。

11.5.1 为文本添加项目符号

添加项目符号就是在一些段落的前面加上完全相同的符号，具体操作步骤如下。

1. 使用【开始】选项卡

第1步 新建一张"仅标题"幻灯片，打开随书光盘中的"素材\ch11\四大作风、六步执行力.txt"文件，并把文本内容复制到幻灯片内，在"标题"文本框内输入"执行力培训"文本。

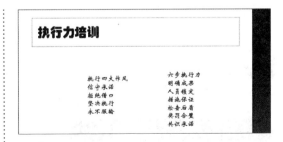

第2步 设置标题文本【字体】为"华文新魏"，【字号】为"40"，【字体颜色】为"粉红，强调文字颜色 5，深色 50%"，并设置正文内

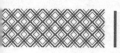

容的【字体】为"华文楷体",【字号】为"20",【字体颜色】为"粉红,强调文字颜色5,深色50%",并把"执行四大作风"与"六步执行力"文本的字体颜色设置为"浅蓝"。

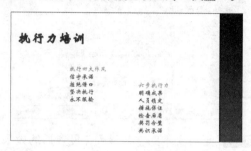

第3步 选中内容文本,设置段落间距为"1.5倍行距"。

第4步 单击【开始】选项卡下【段落】组中【项目符号】按钮 ≡ 的下拉按钮,在弹出的下拉列表中将鼠标指针放置在某个项目符号上即可预览效果。

第5步 单击选择一种项目符号类型,即可将其应用至选择的段落内。

11.5.2 为文本添加编号

2. 使用快捷菜单

用户还可以选中要添加项目符号的文本内容,单击鼠标右键,在弹出的快捷菜单中选择【项目符号】选项,在其下一级子菜单中选择项目符号类型。

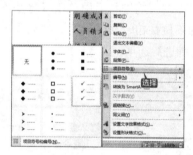

|提示|::::::::

在下拉列表中选择【项目符号】→【项目符号和编号】选项,即可打开【项目符号和编号】对话框,单击【自定义】按钮,在打开的【符号】对话框中即可选择其他符号作为项目符号。

添加编号是按照大小顺序为文档中的行或段落添加编号,具体操作步骤如下。

1. 使用【开始】选项卡

第1步 新建一张"仅标题"幻灯片,打开随书光盘中的"素材 \ch11\ 培养人才 .txt"文件,把内容复制粘贴到该幻灯片内,并输入标题"发现人才培训"。

第2步 设置标题文本【字体】为"华文新魏",【字号】为"40",【字体颜色】为"粉红,强调文字颜色5,深色50%",设置正文内容的【字体】为"华文楷体",【字号】为"20",【字体颜色】为"粉红,强调文字颜色5,深色50%",并设置【行距】为"1.5 倍行距"。

第3步 选择正文文本内容,单击【开始】选项卡【段落】组中【编号】按钮的下拉按钮,在弹出的下拉列表中选择一种编号样式。

第4步 即可为选择的段落添加编号,效果如下图所示。

> **提示**
>
> 在【项目符号和编号】对话框的【编号】选项卡下单击【定义新编号格式】选项,可定义新的编号样式;单击【设置编号值】选项,可以设置编号起始值。

2. 使用快捷菜单

第1步 新建一张"仅标题"幻灯片,打开随书光盘中的"素材 \ch11\ 时间管理培训 .txt"文件,把内容复制粘贴到该幻灯片内,并输入标题"时间管理培训"。

第2步 设置标题文本【字体】为"华文新魏",【字号】为"40",【字体颜色】为"粉红,强调文字颜色5,深色50%",设置正文内容的【字体】为"华文楷体",【字号】为"20",【字体颜色】为"粉红,强调文字颜色5,深色50%",并设置【行距】为"1.5 倍行距"。

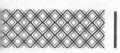

第3步 选择正文内容并单击鼠标右键，在弹出的快捷菜单中选择【编号】选项，在其下一级子菜单中选择一种编号样式。

第4步 即可为选择的段落添加编号，效果如下图所示。

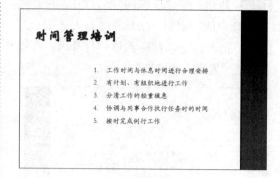

11.6 幻灯片的图文混排

在制作公司管理培训 PPT 时插入适当的图片，并根据需要调整图片的大小，为图片设置样式与艺术效果，可以达到图文并茂的效果。

11.6.1 插入图片

在制作公司管理培训 PPT 时，插入适当的图片，可以对文本进行说明或强调，具体操作步骤如下。

第1步 选择第2张幻灯片页面，单击【插入】选项卡下【插图】组中的【图片】按钮。

第2步 弹出【插入图片】对话框，选中需要的图片，单击【插入】按钮。

第3步 即可将图片插入幻灯片中。

11.6.2 图片和文本框排列方案

在公司管理培训 PPT 中插入图片后，选择好的图片和文本框的排列方案，可以使 PPT 看起来更美观整洁，具体操作步骤如下。

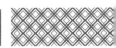

第1步 选择插入的图片，按住【Ctrl】键的同时选择幻灯片中的文本框，单击【开始】选项卡下【绘图】组中【排列】按钮的下拉按钮。在弹出的下拉列表中选择【对齐】→【横向分布】选项。

拉列表中选择【对齐】→【上下居中】选项。

第2步 再次单击【排列】按钮，在弹出的下

第3步 图片和文本框排列的效果如下图所示。

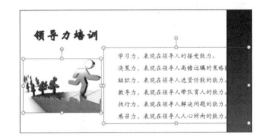

11.6.3 调整图片大小

在公司管理培训 PPT 中，确定图片和文本框的排列方案之后，需要调整图片的大小来适应幻灯片，具体操作步骤如下。

第1步 选择幻灯片中的图片，把鼠标光标放在图片四个角的任一控制点上，按住左键并拖曳鼠标，即可更改图片的大小。

第2步 分别拖曳图片与文本框至合适的位置，并调整文本框的大小，最终效果如下图所示。

11.6.4 为图片设置样式

用户可以为插入的图片设置边框、图片版式等样式，使 PPT 更加美观，具体操作步骤如下。

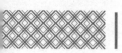
第1步 选择插入的图片，单击【图片工具】
→【格式】选项卡下【图片样式】组中【其他】
按钮 ，在弹出的下拉列表中选择【旋转，
白色】选项。

第2步 单击【图片工具】→【格式】选项卡下【图片样式】组中【图片边框】按钮 的下拉按钮，在弹出的下拉列表中选择【粗细】→【4.5磅】选项。

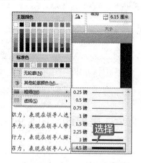

第3步 单击【图片工具】→【格式】选项卡下【图片样式】组中【图片边框】按钮 的下拉按钮，在弹出的下拉列表中选择【主题颜色】组中的【粉红，强调文字颜色5，深色 25%】选项。

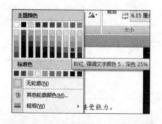

第4步 设置图片边框的效果如下图所示。

第5步 单击【图片工具】→【格式】选项卡下【图片样式】组中【图片效果】按钮 的下拉按钮，在弹出的下拉列表中选择【映像】→【紧密映像，4pt 偏移量】选项。

第6步 完成设置图片样式的操作，最终效果如下图所示。

11.6.5 为图片添加艺术效果

对插入的图片进行更正、调整等艺术效果的编辑，可以使图片更好地融入 PPT 的氛围中，具体操作步骤如下。

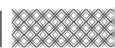

第1步 选择插入的图片，单击【图片工具】→【格式】选项卡下【调整】组中【亮度】按钮 ◎ 亮度 · 的下拉按钮，在弹出的下拉列表中选择【+10%】选项。

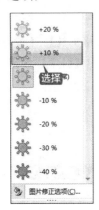

第2步 单击【图片工具】→【格式】选项卡下【调整】组中【对比度】按钮 ，在弹出的下拉列表中选择【-10%】选项。

第3步 单击【图片工具】→【格式】选项卡下【调整】选项组中的【重新着色】按钮 ，在弹出的下拉列表中选择【强调文字颜色5，浅色】选项。

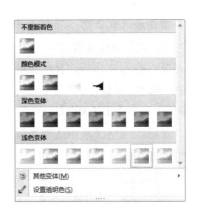

第4步 为图片添加艺术效果的最终效果如下图所示。

第5步 重复上述操作步骤，为第3张和第5张幻灯片插入图片，并设置图片样式与图片效果。

 11.7 添加数据表格

PowerPoint 2007 中可以插入表格使 PPT 中要传达的信息更加简单明了，并可以为插入的表格设置表格样式。

11.7.1 插入表格

在 PowerPoint 2007 中插入表格的方法有利用菜单命令插入表格、利用对话框插入表格和绘制表格三种，本节主要介绍利用菜单命令插入表格。

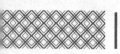
利用菜单命令插入表格是最常用的插入表格的方式，具体操作步骤如下。

第1步 在第5张幻灯片后新建"仅标题"幻灯片，输入标题"目标"，并设置文本格式。单击【插入】选项卡下【表格】组中的【表格】按钮，在插入表格区域中选择要插入表格的行数和列数。

第2步 释放鼠标左键即可在幻灯片中创建3行5列的表格。

第3步 打开随书光盘中的"素材\ch11\目标.txt"文件，把内容复制进表格内，并设置【字体】为"华文行楷"，【字号】为"20"，

并调整表格的大小。

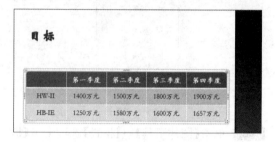

第4步 单击【表格工具】→【布局】选项卡下【对齐方式】组中的【居中】按钮，即可使文本居中显示。

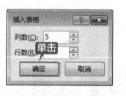

| 提示 |

利用【插入表格】对话框分别在【行数】和【列数】微调框中输入行数和列数，单击【确定】按钮，即可插入一个表格。

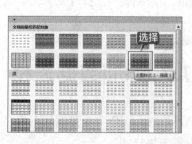

11.7.2 设置表格的样式

在 PowerPoint 2007 中可以设置表格的样式，使 PPT 看起来更加美观，具体操作步骤如下。

第1步 选择表格，单击【表格工具】→【设计】选项卡下【表格样式】组中的【其他】按钮，在弹出的下拉列表中选择【主题样式2–强调5】选项。

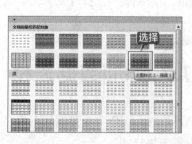

第2步 更改表格样式的效果如下图所示。

	第一季度	第二季度	第三季度	第四季度
HW-II	1400万元	1500万元	1800万元	1900万元
HB-IE	1250万元	1580万元	1600万元	1657万元

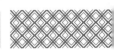

第3步 选择表格，单击【表格工具】→【设计】选项卡下【表格样式】组中【效果】按钮 效果·，在弹出的下拉列表中选择【阴影】→【左下斜偏移】选项。

第4步 单击【表格工具】→【设计】选项卡下【表格样式】组中【效果】按钮 效果·，在弹出的下拉列表中选择【映像】→【紧密映像，4pt偏移量】选项。

第5步 设置表格样式后的效果如下图所示。

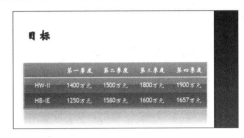

11.8 使用艺术字作为结束页

艺术字与普通文字相比，有更多的颜色和形状可供选择，表现形式更加多样化，在公司管理培训 PPT 中插入艺术字可以达到锦上添花的效果。

11.8.1 插入艺术字

在 PowerPoint 2007 中插入艺术字作为结束页的结束语，具体操作步骤如下。

第1步 在末尾新建"标题"幻灯片，删除幻灯片内的文本占位符，单击【插入】选项卡下【文本】组中的【艺术字】按钮 艺术字，在弹出的下拉列表中选择一种艺术字样式。

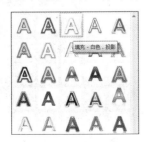

第2步 幻灯片中即可弹出【请在此放置您的文字】艺术字文本框，删除艺术字文本框内的文字，输入"培训结束"，按【Enter】键，输入"谢谢！"文本内容。

第3步 选中艺术字，将鼠标光标放在艺术字的边框上，当鼠标指针变为 形状时，拖曳指针，即可改变文本框的大小，调整文本框的位置，并设置艺术字的【字号】为"60"。

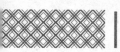
11.8.2 更改艺术字样式

插入艺术字之后，可以更改艺术字的样式，使PPT更加美观，具体操作步骤如下。

第1步 选中艺术字，单击【绘图工具】→【格式】选项卡下【艺术字样式】组中的【其他】按钮 ，在弹出的下拉列表中选择一种样式。

第2步 单击【绘图工具】→【格式】选项卡下【艺术字样式】组中的【文本效果】按钮，在弹出的下拉列表中选择【阴影】→【左下斜偏移】选项。

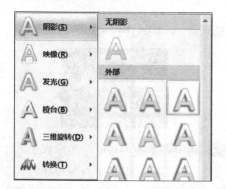

第3步 单击【绘图工具】→【格式】选项卡下【艺术字样式】组中的【本文效果】按钮，在弹出的下拉列表中选择【映像】→【紧密映像，接触】选项。

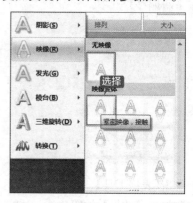

第4步 为艺术字添加映像的效果如下图所示。

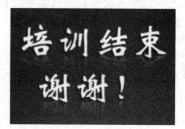

第5步 单击【绘图工具】→【格式】选项卡下【形状样式】组中的【形状填充】按钮，在弹出的下拉列表中选择【粉红，文字2，深色25%】选项。

第6步 单击【绘图工具】→【格式】选项卡下【形状样式】组中的【形状填充】按钮，在弹出的下拉列表中选择【渐变】→【深色变体】→【线性向上】选项。

第8步 艺术字样式设置效果如下图所示。

第7步 单击【绘图工具】→【格式】选项卡下【形状样式】组中【形状效果】按钮 形状效果 的下拉按钮,在弹出的下拉列表中选择【映像】→【映像变体】→【半映像,4pt 偏移量】选项。

11.9 保存设计好的演示文稿

公司管理培训 PPT 设计完成之后,需要进行保存,具体操作步骤如下。

第1步 单击【Office】按钮,在弹出的列表中选择【另存为】选项,在右侧的【保存文档副本】组中单击【PowerPoint 演示文稿】选项。

第2步 弹出的【另存为】对话框,选择文件要保存的位置,在【文件名】文本框中输入"公司管理培训 PPT",单击【保存】按钮即可保存演示文稿。

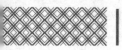

设计个人述职报告 PPT

　　与公司管理培训 PPT 类似的演示文稿还有企业发展战略 PPT、个人述职报告 PPT 等。设计制作这类演示文稿时，都要做到内容客观、重点突出、个性鲜明，使别人能了解演示文稿的重点内容，并突出个人魅力。下面就以设计个人述职报告 PPT 为例进行介绍，具体操作步骤如下。

第一步　新建演示文稿

　　新建空白演示文稿，为演示文稿应用主题，并设置演示文稿的显示比例。

第二步　新建幻灯片

　　新建幻灯片，并在幻灯片内输入文本，设置字体格式、段落对齐方式、段落缩进等。

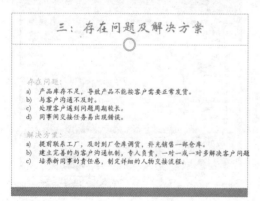

第三步　添加项目符号，进行图文混排

　　为文本添加项目符号与编号，并插入图片，为图片设置样式，添加艺术效果。

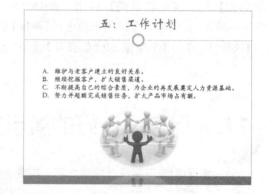

第四步　添加数据表格并插入艺术字作结束页

　　插入表格并设置表格的样式；插入艺术字，对艺术字的样式进行更改。最后保存设计好的演示文稿。

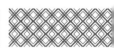

◇ 使用网格线和参考线辅助调整版式

在 PowerPoint 2007 中使用网格和参考线可以调整版式，提高特定类型 PPT 的制作效率，优化排版细节，丰富做图技巧。具体操作方法如下。

第1步 打开 PowerPoint 2007 软件，并新建一张空白幻灯片。

第2步 在【视图】选项卡下【显示／隐藏】组中单击选中【网格线】复选框与【标尺】复选框，在幻灯片中即可出现网格线与参考线辅助调整版式。

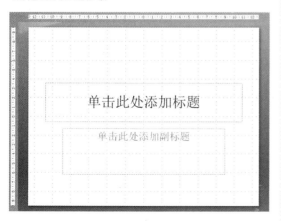

◇ 将常用的主题设置为默认主题

将常用的主题设置为默认主题，可以提高操作效率，具体操作步骤如下。

第1步 打开"素材 \ch11\ 自定义模板 .pptx"文件，单击【设计】选项卡下【主题】组中的【其他】按钮，在弹出的下拉列表中选择【保存当前主题】选项。

第2步 弹出【保存当前主题】对话框，在【文件名】文本框中输入文件名"公司模板"，单击【保存】按钮。

第3步 单击【设计】选项卡下【主题】组中的【其他】按钮，在弹出的下拉列表中右键单击【自定义】组中的【公司模板】选项，在弹出的快捷菜单中选择【设置为默认主题】选项，即可更改默认主题。

◇ 自定义图片项目符号

在演示文稿中使用图片做项目符号可以使 PPT 更加清晰美观，具体操作步骤如下。

第1步 打开随书光盘中的"素材 \ch11\ 项目符号 .pptx"文件，选择文本框中的内容，单击【开始】选项卡下【段落】组中的【项目符号】按钮 ≣，在弹出的下拉列表中选择【项目符号和编号】选项。

第2步 在弹出的【项目符号和编号】对话框中，单击【图片】按钮。

第3步 弹出【图片项目符号】对话框，选择一个图片，单击【确定】按钮。

第4步 即可在幻灯片中插入自定义的图片项目符号。

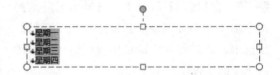

第12章
图形和图表的应用

本章导读

在职业生活中，会遇到包含自选图形、SmartArt 图形和图表的演示文稿，如产品营销推广方案、企业发展战略 PPT、个人述职报告、公司管理培训 PPT 等，使用 PowerPoint 2007 提供的自定义幻灯片母版、插入自选图形、插入 SmartArt 图形、插入图表等操作，可以方便地对这些包含图形图表的幻灯片进行设计制作。

思维导图

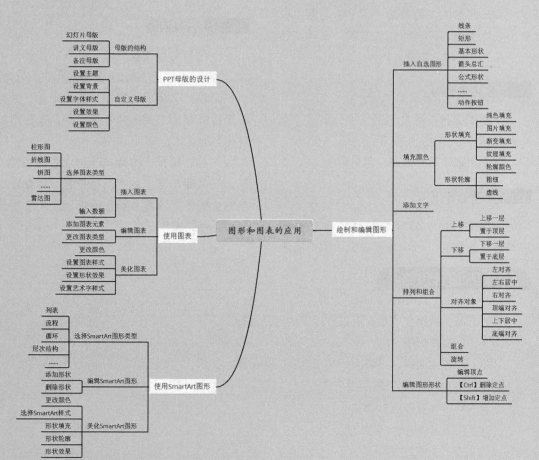

12.1 产品营销推广方案

制作产品营销推广方案 PPT 要做到内容客观、重点突出、气氛相融，便于领导更好地阅览方案的内容。

实例名称：制作产品营销推广方案 PPT	
实例目的：掌握演示文稿中图形和图表的应用	
素材	素材 \ch12\ 市场背景 .txt
结果	结果 \ch12\ 产品营销推广方案 .pptx
录像	视频教学录像\12 第 12 章

12.1.1 案例概述

产品营销推广方案是一个以销售为目的的计划，是在市场销售和服务之前，为了达到预期的销售目标而进行的各种销售促进活动的整体性策划。一份完整的营销方案应至少包括三方面的主题分析，即基本问题、项目市场优劣势、解决问题的方案。设计产品营销推广方案时，需要注意以下几点。

1. 内容客观

(1)要围绕推广的产品进行设计制作，紧扣内容。

(2)必须基于事实依据，客观实在。

2. 重点突出

(1)现在已经进入"读图时代"，图形是人类通用的视觉符号，它可以吸引用户的注意，在推广方案中要注重图文结合。

(2)图形图表的使用要符合宣传页的主题，可以进行加工提炼来体现形式美，并产生强烈鲜明的视觉效果。

3. 气氛相融

(1)色彩可以渲染气氛，并且加强版面的冲击力，用以烘托主题，容易引起用户的注意。

(2)推广方案的色彩要从整体出发，并且各个组成部分之间的色彩要相关，来形成主题内容的基本色调。

产品营销推广方案属于企业管理中的一种，气氛要与推广的产品相符合。本章就以产品营销推广方案为例介绍在 PPT 中应用图形和图表的操作。

12.1.2 设计思路

设计产品营销推广方案时可以按以下的思路进行。

(1)制作幻灯片母版。

(2)绘制和编辑图形，丰富演示文稿内容，美化演示文稿。

(3)使用 SmartArt 图形展示推广流程。

(4)添加各种图表并进行美化。

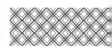
12.1.3 涉及知识点

本案例主要涉及以下知识点。

(1)设计幻灯片母版。

(2)绘制和编辑图形。

(3)使用 SmartArt 图形并编辑美化。

(4)插入图表并编辑美化。

 12.2 幻灯片母版的设计

幻灯片母版与幻灯片模板相似，用于设置幻灯片的样式，可制作演示文稿中的背景、颜色主题和动画等。

12.2.1 认识母版的结构

幻灯片母版包含标题样式和文本样式。

第1步 启动 PowerPoint 2007，新建空白演示文稿。

第2步 单击快速访问工具栏中的【保存】按钮 ，在弹出的列表中选择【另存为】→【PowerPoint 演示文稿】选项。

第3步 在弹出的【另存为】对话框中选择文件要保存的位置，在【文件名】文本框输入"产品营销推广方案"，并单击【保存】按钮，即可保存演示稿。

第4步 单击【视图】选项卡下【演示文稿视图】组中的【幻灯片母版】按钮 幻灯片母版，即可进入幻灯片母版视图。

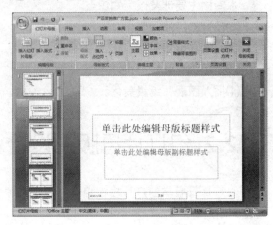

的幻灯片窗格和右侧的幻灯片母版编辑区域，在幻灯片母版编辑区域包含页眉、页脚、标题与文本框。

第5步 在幻灯片母版视图中，主要包括左侧

12.2.2 自定义幻灯片母版

自定义幻灯片母版可以为整个演示文稿设置相同的颜色、字体、背景和效果等，具体操作步骤如下。

第1步 在左侧的幻灯片窗格中选择第1张幻灯片，单击【插入】选项卡下【插图】组中的【图片】按钮。

第2步 弹出【插入图片】对话框，选择"背景1.jpg"文件，单击【插入】按钮。

第3步 图片即可插入到幻灯片母版中。把鼠标指针移动到图片4个角的控制点上，当鼠标指针变为形状时拖曳图片右下角的控制点，把图片放大到合适的大小。

第4步 在插入的图片上单击右键，在弹出的快捷菜单中选择【置于底层】→【置于底层】选项

第5步 即可把图片置于底层，使文本占位符

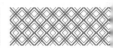
显示出来。

第6步 选中幻灯片标题中的文字，在【开始】选项卡下【字体】组中设置【字体】为"华文新魏"，【字号】为"46"。

第7步 再次单击【插入】选项卡下【插图】组中的【图片】按钮，弹出【插入图片】对话框，选择"背景2.png"文件，单击【插入】按钮，将图片插入到演示文稿中。

第8步 选择插入的图片，当鼠标指针变为形状时，按住鼠标左键将其拖曳到合适的位置，释放鼠标左键。在图片上单击鼠标右键，在弹出的快捷菜单中选择【置于底层】→【下移一层】选项，将图片下移一层，并根据需要调整标题文本框的位置。

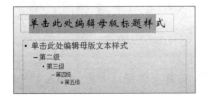

第9步 在幻灯片窗格中，选择第2张幻灯片，在【幻灯片母版】选项卡下【背景】组中单击选中【隐藏背景图形】复选框，隐藏背景图形。

第10步 单击【插入】选项卡下【插图】组中的【图片】按钮，弹出【插入图片】对话框，选择"背景1.jpg"图片，单击【插入】按钮，即可使图片插入幻灯片中。

第11步 根据需要调整图片的大小，并将插入的图片置于底层。完成自定义幻灯片母版的操作。

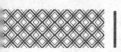

第12步 单击【幻灯片母版】选项卡下【关闭】组中的【关闭母版视图】按钮，关闭母版视图，返回至普通视图。

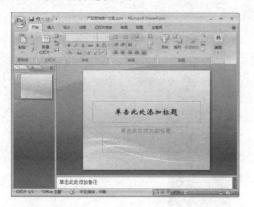

在插入自选图形之前，首先需要制作产品营销推广方案的首页、目录页和市场背景页面。

第1步 在首张幻灯片中，删除所有的文本占位符。

第2步 单击【插入】选项卡下【文本】组中的【艺术字】按钮，在弹出的下拉列表中选择一种艺术字样式。

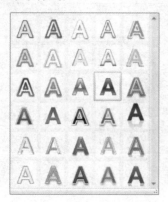

第3步 即可在幻灯片页面中插入【请在此放置您的文字】艺术字文本框。删除艺术字文本框内的文字，输入"××家装材料营销推广方案"文本内容，并调整艺术字的位置。

第4步 单击【绘图工具】→【格式】选项卡下【艺术字样式】组中的【本文效果】按钮，在弹出的下拉列表中选择【映像】→【紧密映像，接触】选项。

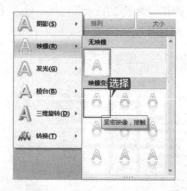

第5步 选择插入的艺术字，设置【字体】为"华文新魏，【字号】为"60"，然后将鼠标指针放在艺术字的文本框上，按住鼠标左键并拖曳指针至合适位置，释放放鼠标左键，即可完成对艺术字位置的调整。

第6步 重复上述操作步骤，插入制作部门与

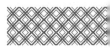

日期，并单击【开始】选项卡下【段落】组中的【右对齐】按钮 ，使艺术字右对齐显示。

第 7 步 下面制作目录页。单击【开始】选项卡下【幻灯片】组中的【新建幻灯片】按钮的下拉按钮 ，在弹出的下拉列表中选择【仅标题】选项。

第 8 步 新建"仅标题"幻灯片，在标题文本框中输入"目录"并修改标题文本框的大小。

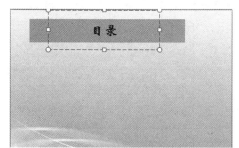

第 9 步 在目录页绘制一个横排文本框并输入相关内容，并设置【字体】为"楷体"，【字号】为"28"，【字体颜色】为"蓝色，强

调文字颜色 1，深色 50%"。并根据需要为目录内容添加项目符号，完成目录页的制作，最终效果如下图所示。

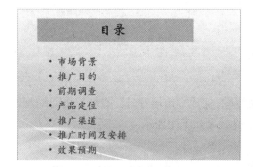

第 10 步 制作"市场背景"幻灯片页面。新建"仅标题"幻灯片，在标题文本框中输入"市场背景"文本。

第 11 步 打开随书光盘中的"素材 \ch12\ 市场背景 .txt"文件，把文本内容复制粘贴进"市场背景"幻灯片内，并设置文本的【字体】为"华文楷体"，【字号】为"20"，【字体颜色】为"绿色"。

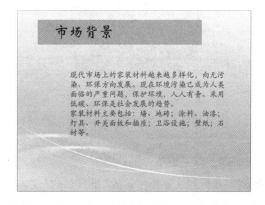

第 12 步 单击【开始】选项卡下【段落】组中的【段落】按钮 ，在弹出的"段落"对话框中设置【行距】为"1.5 倍行距"，并设置首行缩进，单击【确定】按钮。

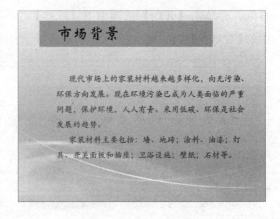

第13步 完成"市场背景"幻灯片页面的制作，最终效果如下图所示。

 绘制和编辑图形

在产品营销推广方案演示文稿中，绘制和编辑图形可以丰富演示文稿的内容，美化演示文稿。

12.3.1 插入自选图形

在制作产品营销推广方案时，需要在幻灯片中插入自选图形，具体操作步骤如下。

第1步 单击【开始】选项卡【幻灯片】组中的【新建幻灯片】按钮的下拉按钮，在弹出的下拉列表中选择【仅标题】选项，新建一张幻灯片。

第3步 单击【插入】选项卡【插图】组中的【形状】按钮，在弹出的下拉列表选择【基本形状】→【椭圆】选项。

第2步 在标题文本框中输入"推广目的"文本。

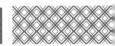

第4步 此时鼠标指针在幻灯片中的形状显示为 **十**，在幻灯片绘图区空白位置处单击，确定图形的起点，拖曳鼠标指针至合适位置时释放鼠标左键，即可完成椭圆的绘制。

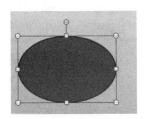

第5步 重复步骤 3~4 的操作，在幻灯片中依次绘制椭圆、燕尾形箭头、七角星以及圆角矩形等其他自选图形。

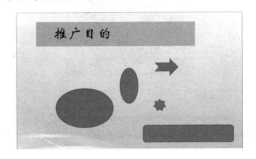

12.3.2 填充颜色

插入自选图形后，需要对插入的图形填充颜色，使图形与幻灯片氛围相融，具体操作步骤如下。

第1步 选择要填充颜色的基本图形，这里选择较大的"椭圆形"，单击【绘图工具】→【格式】选项卡下【形状样式】组中的【形状填充】按钮 ，在弹出的下拉列表中选择【水绿色，强调文字颜色 5，深色 25%】选项。

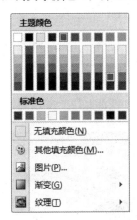

第2步 单击【绘图工具】→【格式】选项卡下【形状样式】组中的【形状填充】按钮 ，在弹出的下拉列表中选择【渐变】→【深色变体】→【线性向左】选项。

第3步 单击【绘图工具】→【格式】选项卡下【形状样式】组中的【形状填充】按钮 ，在弹出的下拉列表中选择【无轮廓】选项。

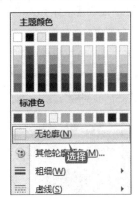

第4步 填充颜色完成后的效果如下图所示。

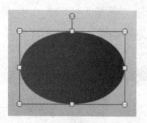

第5步 重复上述操作步骤，为其他的自选图形填充颜色。

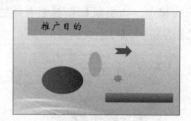

12.3.3 在图形上添加文字

设置好自选图形的填充颜色后，可以在自选图形上添加文字，具体操作步骤如下。

第1步 选择要添加文字的自选图形，单击鼠标右键，在弹出的快捷菜单中选择【编辑文字】选项。

第2步 即可在自选图形中显示光标，在其中输入相关的文字"1"。

第3步 选择输入的文字，在【开始】选项卡下【字体】组中设置【字体】为"华文新魏"，【字号】为"18"。

第4步 单击【开始】选项卡下【字体】组中【字体颜色】按钮的下拉按钮，在弹出的下拉列表中选择【紫色，强调文字颜色4，深色50%】选项。

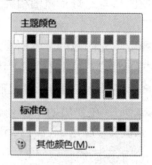

第5步 重复上述操作步骤，选择"圆角矩形"自选图形并单击鼠标右键，在弹出的快捷菜单中选择【编辑文字】选项，输入文字"消费群快速认知新产品"，并设置字体格式。

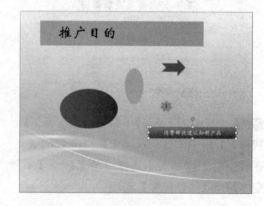

12.3.4 图形的组合和排列

绘制自选图形与编辑文字之后要对图形进行组合与排列，使幻灯片更加美观，具体操作步骤如下。

第1步 选择要进行排列的第 1 个图形，按住【Ctrl】键再次选择另一个图形，使两个图形同时选中。

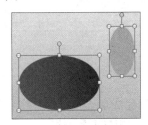

第2步 选择【开始】选项卡下【绘图】组中的【排列】按钮，在弹出的下拉列表中选择【对齐】→【左右居中】选项。

第3步 使选中的图形左右居中对齐。

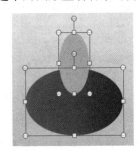

第4步 再次选择【开始】选项卡下【绘图】组中的【排列】按钮，在弹出的下拉列表中选择【对齐】→【上下居中】选项。

第5步 使选中的图形垂直居中对齐。

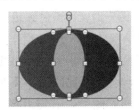

第6步 单击【开始】选项卡下【绘图】组中的【排列】按钮，在弹出的下拉列表中选择【组合】选项。

第7步 即可使选中的两个图形进行组合。拖曳鼠标指针，把图形移动到合适的位置。

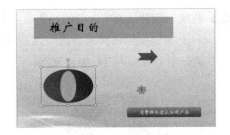

第8步 如果要取消组合，再次选择【绘图工具】→【格式】选项卡下【绘图】组中的【排列】

按钮，在弹出的下拉列表中选择【取消组合】选项。

第9步 即可取消组合已组合的图形。

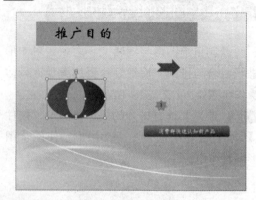

12.3.5 绘制不规则的图形——编辑图形形状

在绘制图形时，可通过编辑图形的顶点来编辑图形，具体操作步骤如下。

第1步 选择要编辑的图形，单击【绘图工具】→【格式】选项卡下【插入形状】组中的【编辑形状】按钮，在弹出的下拉列表中选择【转换为任意多边形】选项。

第2步 再次单击【编辑形状】按钮，在弹出的下拉列表中选择【编辑顶点】选项，即可看到所选择图形的顶点处于可编辑的状态。

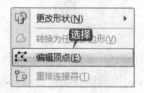

第3步 将鼠标指针放置在图形的一个顶点上，向上或向下拖曳鼠标指针至合适位置处释放鼠标左键，即可对图形进行编辑操作。

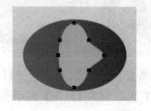

第4步 编辑完成后，在幻灯片空白位置单击即可完成对图形顶点的编辑。

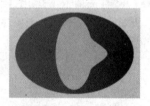

第5步 重复上述操作，为其他自选图形编辑顶点。

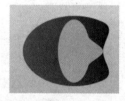

第6步 在【绘图工具】→【格式】选项卡下的【形状样式】组中为自选图形填充渐变色。

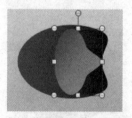

第7步 选择一个自选图形，按【Ctrl】键再选择其余的图形，然后释放鼠标左键与【Ctrl】键。

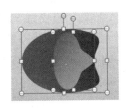

第8步 单击【开始】选项卡下【绘图】组中的【排列】按钮，在弹出的下拉列表中选择【组合】选项。

第9步 即可将选中的所有图形组合为一个图形。

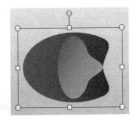

第10步 选择插入的"燕尾形箭头"形状，将其拖曳至合适的位置。

插入图形，并组合调整适当位置，具体操作步骤如下。

第1步 选择插入的"七角星"形状，将其拖曳到"圆角矩形"形状的上方。

第2步 同时选中"七角星"形状与"圆角矩形"形状，单击【开始】选项卡下【绘图】组中的【排列】按钮，在弹出的下拉列表中选择【组合】选项。

第3步 即可组合选中的形状。

第4步 调整组合后的图形至合适的位置。

第5步 选择"七角星"形状组合后的形状与"燕尾形箭头"形状，并对其进行复制粘贴。

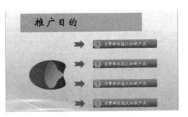

第6步 更改图形中的文本内容，就完成了"推广目的"幻灯片页面的制作。

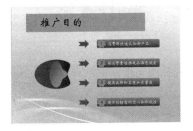

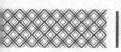
第7步 新建"仅标题"幻灯片页面，并在标题文本框中输入"前期调查"文本。

第8步 重复上述操作，在"前期调查"幻灯

片页面中插入"椭圆"形状与"矩形"形状，并为插入的图形填充颜色并设置图形效果，在"矩形"图形上添加文字，并复制调整图形，效果如下图所示。

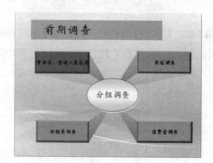

12.4 使用 SmartArt 图形展示推广流程

SmartArt 图形是信息和观点的视觉表示形式，可以在多种不同的布局中创建 SmartArt 图形。SmartArt 图形主要应用在创建组织结构图、显示层次关系、演示过程或者工作流程的各个步骤或阶段、显示过程、程序或其他事件流及显示各部分之间的关系等方面，配合形状的使用，可以更加快捷地制作精美的演示文稿。

12.4.1 选择 SmartArt 图形类型

SmartArt 图形主要分为列表、流程、循环、层次结构、关系、矩阵和棱锥图七大类。

第1步 单击【开始】选项卡下【幻灯片】组中【新建幻灯片】按钮，在弹出的下拉列表中选择【仅标题】选项。

第2步 在标题文本框中输入"产品定位"文本。

第3步 选择【插入】选项卡下【插图】组中的【SmartArt】按钮，弹出【选择 SmartArt 图形】对话框，选择【流程】选项卡中的【连续图片列表】选项，并单击【确定】按钮。

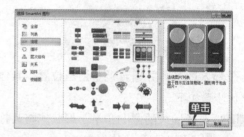

第4步 SmartArt 图形即可插入到"产品定位"幻灯片页面中。

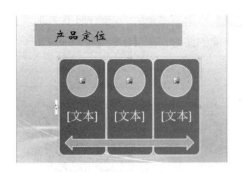

第 5 步 单击 SmartArt 图形中的【图片】按钮
，弹出【插入图片】对话框，选择一张素材，
单击【插入】按钮。

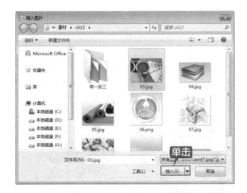

第 6 步 即可把图片插入到 SmartArt 图形中。

第 7 步 重复上述操作步骤插入其余的图片到

SmartArt 图形中。

第 8 步 将鼠标指针定位至第一个文本框中，
在其中输入相关内容。

第 9 步 根据需要在其余的文本框中输入相关
文字，即可完成 SmartArt 图形的创建。

12.4.2 编辑 SmartArt 图形

创建 SmartArt 图形之后，用户可以根据
需要来编辑 SmartArt 图形，具体操作步骤如下。
第 1 步 选择创建的 SmartArt 图形，单击
【SmartArt 工具】→【设计】选项卡下【创
建图形】组中【添加形状】按钮的下拉按钮，
在弹出的下拉列表中选择【在后面添加形状】
选项。

第2步 即可在图形中添加新的 SmartArt 形状，也可以根据需要在新添加的 SmartArt 图形中添加图片与文本。

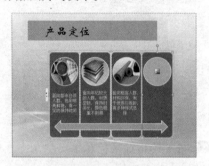

12.4.3 美化 SmartArt 图形

编辑完 SmartArt 图形，还可以对 SmartArt 图形进行美化，具体操作步骤如下。

第1步 选择 SmartArt 图形，单击【SmartArt 工具】→【设计】选项卡下【SmartArt 样式】组中的【更改颜色】按钮，在弹出的下拉列表中选择一种主题颜色。

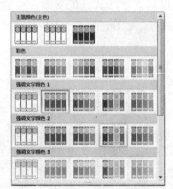

第2步 即可更改 SmartArt 图形的颜色。

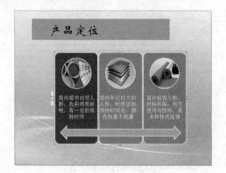

第3步 单击【SmartArt 工具】→【设计】选

第3步 要删除多余的 SmartArt 图形时，选择要删除的图形，按【Delete】键即可。

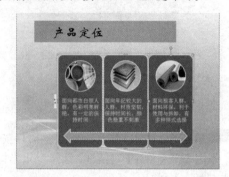

项卡下【SmartArt 样式】组中的【其他】按钮，在弹出的下拉列表中选择【白色轮廓】选项。

第4步 即可更改 SmartArt 图形的样式。

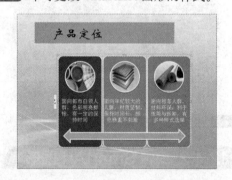

第5步 此外，还可以根据需要设计单个 SmartArt 图形的样式。选择要设置样式的图形，单击【SmartArt 工具】→【格式】选项卡下【形状样式】组中的【形状填充】按钮，在弹出的下拉列表中选择一种颜色。

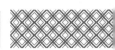

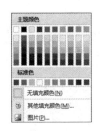

第6步 即可完成对 SmartArt 图形的艺术效果
设置。

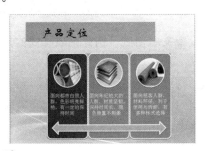

第7步 再次重复上述操作步骤，完成"推广
渠道"幻灯片页面的制作。

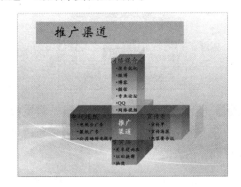

12.5 使用图表展示产品销售数据情况

在 PowerPoint 2007 中插入图表，可以使产品营销推广方案中要传达的信息更加简单明了。

12.5.1 插入图表

在产品营销推广方案中插入图表，丰富
演示文稿的内容，具体操作步骤如下。

第1步 单击【开始】选项卡下【幻灯片】组
中的【新建幻灯片】按钮，在弹出的下拉列
表中选择【仅标题】选项。

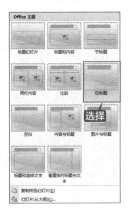

第2步 即可新建"仅标题"幻灯片页面，在
标题文本框中输入"推广时间及安排"文本。

第3步 单击【插入】选项卡下【表格】组中的【表
格】按钮，在弹出的下拉列表中选择【插入
表格】选项。

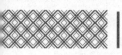
第4步 弹出【插入表格】对话框，设置【列数】为"5"，【行数】为"5"，单击【确定】按钮。

第5步 即可在幻灯片中插入表格。将鼠标指针放在表格上，拖曳鼠标指针至合适位置处，即可调整图表的位置。

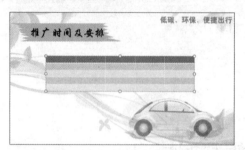

第6步 打开随书光盘中的"素材 \ch12\ 推广时间及安排 .txt"文件，把内容复制粘贴进表格中，并调整表格的大小，即可完成表格的创建。

第7步 新建"仅标题"幻灯片页面，并设置标题为"效果预期"。

设置文本格式、选择图表样式的操作步骤如下。

第1步 打开随书光盘中的"素材 \ch12\ 效果预期 .txt"文件，并把文本内容复制粘贴进表格中，并设置文本格式，调整表格的大小和位置。

第2步 单击【插入】选项卡下【插图】组中的【图表】按钮，弹出【插入图表】对话框，在左侧选择【柱形图】选项卡，在右侧选择【簇状柱形图】选项，单击【确定】按钮。

第3步 即可在幻灯片中插入图表，并打开"Microsoft PowerPoint 中的图表"工作簿。

第8步 插入 5 列 4 行的表格，并调整表格的位置。

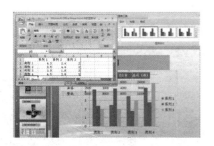

第4步 在工作簿中，根据插入的表格输入相关的数据。

第5步 关闭【Microsoft PowerPoint 中的图表】工作簿，即可完成插入图表的操作。

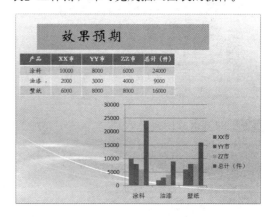

12.5.2 编辑图表

插入图表之后，可以根据需要编辑图表，具体操作步骤如下。

第1步 选择创建的图表，单击【图表工具】→【布局】选项卡下【标签】组中的【数据标签】按钮，在弹出的下拉列表中选择【数据标签外】选项。

第2步 即可在图表中添加数据标签。

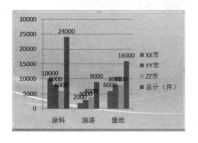

第3步 调整数据标签的文本格式，效果如下图所示。

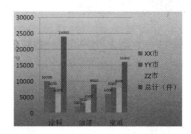

第4步 用户也可以根据需要来改变图表的类型。单击【图表工具】→【设计】选项卡下【类型】组中的【更改图表类型】按钮。

第5步 在弹出的【更改图表类型】对话框中即可更改图表类型，选择【折线图】→【折线图】选项，单击【确定】按钮。

第6步 即可更改图表类型。

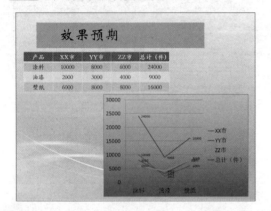

第7步 将图表的类型再次更改为【簇状柱形图】类型。

12.5.3 美化图表

编辑图表之后，用户可以根据需要美化图表，具体操作步骤如下。

第1步 选择插入的图表，单击【图表工具】→【格式】选项卡下【形状样式】组中的【形状填充】按钮，在弹出的下拉列表中根据需要选择颜色。

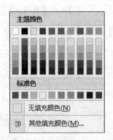

第2步 单击【图表工具】→【格式】选项卡下【形状样式】组中的【形状填充】按钮，在弹出的下拉列表中选择【渐变】→【线性向上】选项。

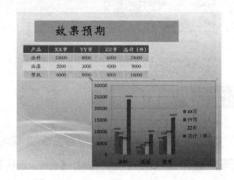

第8步 选择插入的图表，将鼠标指针放置在四周的控制点上，拖曳鼠标指针至合适大小后即可更改图表的大小。

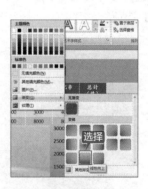

第3步 即可更改图表的样式。

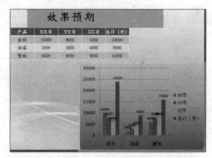

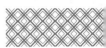

第4步 单击【图表工具】→【格式】选项卡下【形状样式】组中的【形状轮廓】按钮，在弹出的下拉列表中选择一种轮廓颜色。

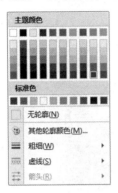

第5步 即可完成对幻灯片图表的美化操作。

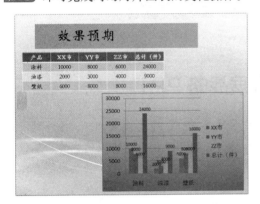

第6步 制作结束幻灯片页面。单击【开始】选项卡下【幻灯片】组中的【新建幻灯片】按钮，在弹出的下拉列表中选择【标题】幻灯片。

第7步 插入"标题"幻灯片页面后，删除幻

灯片中的文本占位符。单击【插入】选项卡下【文本】组中的【艺术字】按钮，在弹出的下拉列表中选择一种艺术字样式。

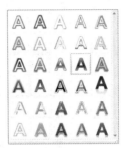

第8步 即可在幻灯片页面中添加【请在此放置您的文字】文本框，在文本框中输入"谢谢！"文本。

第9步 选择输入的艺术字，在【开始】选项卡下【字体】组中设置【字体】为"华文新魏"，【字号】为"66"。

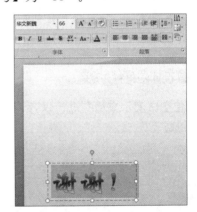

第10步 选择艺术字文本框，按住鼠标左键将其拖曳至合适的位置后释放鼠标左键，即可完成对结束页幻灯片的制作。

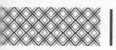
第11步 制作完成的产品推广方案 PPT 效果如下图所示。

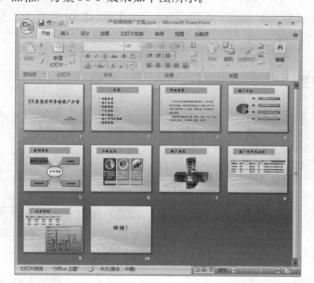

举一
反三

设计企业发展战略 PPT

　　与产品营销推广方案类似的演示文稿还有企业发展战略 PPT、市场调查 PPT、年终销售分析 PPT 等。设计这类演示文稿时，使用自选图形、SmartArt 图形及图表等来表达内容，不仅使幻灯片内容更丰富，还可以更直观展示数据。下面就以设计企业发展战略 PPT 为例进行介绍，具体操作步骤如下。

第一步 设计幻灯片母版

　　新建空白演示文稿并进行保存，自定义幻灯片母版。

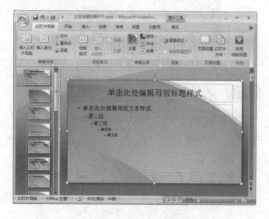

第二步 绘制和编辑图形

　　在幻灯片中插入自选图形并为图形填充颜色，在图形上添加文字，对图形进行排列。

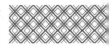

第三步 插入和编辑 SmartArt 图形

插入 SmartArt 图形，并进行编辑与美化。

◇ 巧用【Ctrl】和【Shift】键绘制图形

在 PowerPoint 中使用【Ctrl】键和【Shift】键可以方便地绘制图形，具体操作方法如下。

第1步 在绘制长方形、加号、椭圆等具有重心的图形时，按住【Ctrl】键，图形会以重心为基点进行变化。如果不按【Ctrl】键，会以某一边为基点变化。

第2步 在绘制正方形、圆形、正三角形、正十字形等中心对称的图形时，按住【Shift】键，可以使图形等比绘制。

◇ 为幻灯片添加动作按钮

在幻灯片中适当地添加动作按钮，可以方便对幻灯片的播放进行操作，具体操作步骤如下。

第1步 单击【插入】选项卡下【插图】组中的【形状】按钮，在弹出的下拉列表中选择【动作按钮：第一张】选项。

第四步 插入图表

在企业发展战略 PPT 幻灯片中插入图表，并进行编辑与美化。

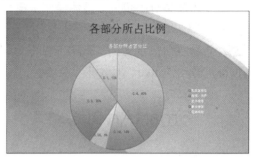

第2步 在最后一张幻灯片页面中绘制选择的动作按钮自选图形。

第3步 绘制完成，弹出【动作设置】对话框，单击选中【超链接到】单选按钮，在其下拉列表中选中【第一张幻灯片】选项，单击【确定】按钮，即可完成动作按钮的添加。放映幻灯片至最后一张时，单击添加的动作按钮即可快速返回第一张幻灯片页面。

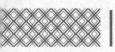

◇ 将文本转换为 SmartArt 图形

将文本转换为 SmartArt 图形是一种将现有幻灯片转换为设计插图的快速方案，可以有效地传达演讲者的想法，具体操作步骤如下。

第1步 新建空白演示文稿，删除所有的文本占位符，输入"SmartArt 图形"文本。

SmartArt 图形

第2步 选中文本，单击【开始】选项卡下【段落】组中的【转换为 SmartArt】按钮，在弹出的下拉列表中选择一种 SmartArt 图形。

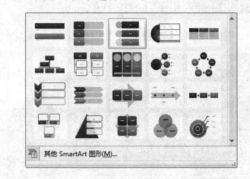

第3步 即可将文本转换为 SmartArt 图形。

第13章
动画和多媒体的应用

📖 本章导读

　　动画和多媒体是演示文稿的重要元素，在制作演示文稿的过程中，适当地加入动画和多媒体可以使演示文稿变得更加精彩。PowerPoint 提供了多种动画样式，支持对动画效果和视频的自定义播放。本章就以制作工作室宣传 PPT 为例介绍动画和多媒体在演示文稿中的应用方法。

🧭 思维导图

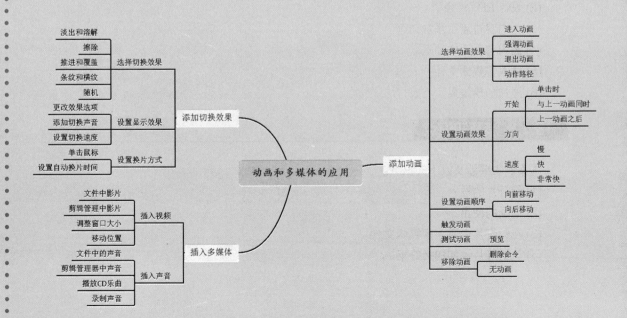

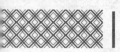

13.1 工作室宣传 PPT

工作室宣传 PPT 是为了对设计团队进行更好地宣传而制作的宣传材料。PPT 的好坏关系到团队的形象和宣传效果，因此应注重每张幻灯片中细节的处理。在特定的页面中加入合适的过渡动画，会使幻灯片更加生动；也可为幻灯片加入视频等多媒体素材，以达到更好的宣传效果。

实例名称：制作工作室宣传 PPT		
实例目的：掌握动画和多媒体的应用		
	素材	素材 \ch13\ 工作室宣传 PPT.pptx
	结果	结果 \ch13\ 工作室宣传 PPT.pptx
	录像	视频教学录像 \13 第 13 章

13.1.1 案例概述

工作室宣传 PPT 包含了工作室简介、人员构成、设计理念、工作室精神、工作室文化几个主题，分别从各个方面对工作室的情况进行介绍。工作室宣传 PPT 是宣传性质的文件，体现了设计工作室的形象。因此，对工作室宣传 PPT 的制作应该观点明确，美观大方。

13.1.2 设计思路

工作室宣传 PPT 的设计可以参照以下的思路。
(1) 设计 PPT 封面。
(2) 设计 PPT 目录页。
(3) 为内容过渡页添加动画。
(4) 为内容页添加动画。
(5) 插入多媒体文件。
(6) 添加切换效果。

13.1.3 涉及知识点

本案例主要涉及以下知识点。
(1) 幻灯片的插入。
(2) 动画的使用。
(3) 在幻灯片中插入多媒体文件。
(4) 为幻灯片添加切换效果。

13.2 设计工作室宣传 PPT 封面页

工作室宣传 PPT 的一个重要组成部分就是封面，封面的内容包括 PPT 的名称和制作单位等。制作封面的具体操作步骤如下。

第1步 打开随书光盘中的"素材 \ch13\ 工作室宣传 PPT.pptx"演示文稿。

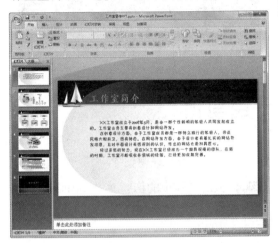

第2步 单击【开始】选项卡下【幻灯片】组中【新建幻灯片】按钮 的下拉按钮，在弹出的下拉列表中选择【标题幻灯片】版式。

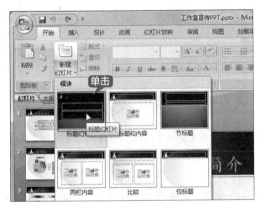

第3步 即可新建一张幻灯片页面，在新建的幻灯片中的主标题文本框内输入"工作室宣传 PPT"文本。

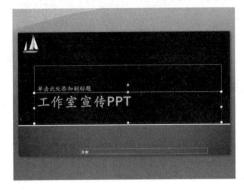

第4步 选中输入的文字，在【开始】选项卡下【字体】组中将【字体】设置为"楷体"，【字号】设置为"60"。

第5步 单击【开始】选项卡下【字体】组中【字体颜色】按钮 的下拉按钮，在弹出的下拉列表中选择标准色【绿色】选项。

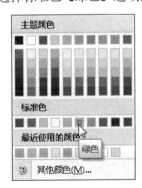

第6步 即可完成对标题文本的样式设置，效果如下图所示。

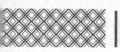

位符，最终效果如下图所示。

第7步 在副标题文本框内输入"2016年2月制作"，适当调整文本位置，并删除页脚占

13.3 设计工作室宣传 PPT 目录页

在为演示文稿添加完封面之后，需要为其添加目录页，具体操作步骤如下。

第1步 选中第1张幻灯片，单击【开始】选项卡下【幻灯片】组中【新建幻灯片】按钮的下拉按钮，在弹出的下拉列表中选择"仅标题"版式。

第2步 即可添加一张新的幻灯片，如下图所示。

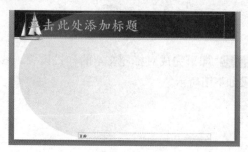

第3步 在幻灯片中的标题文本框内输入"目录"文本，适当调整文字位置并删除页脚占位符，效果如下图所示。

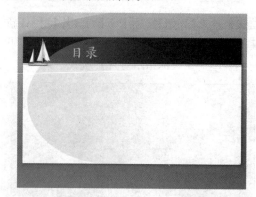

第4步 单击【插入】选项卡下【插图】组中的【图片】按钮 。

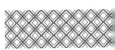
第5步 在弹出的【插入图片】对话框中选择随书光盘中的"素材\ch13\图片1.png"文件，单击【插入】按钮。

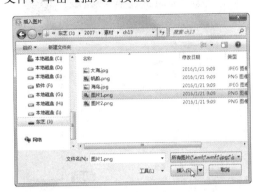

第6步 即可将图片插入幻灯片中，适当调整图片大小，效果如下图所示。

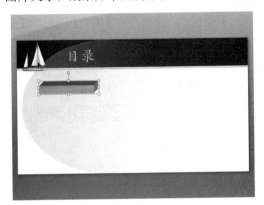

第7步 单击【插入】选项卡下【文本】组中的【文本框】按钮。

第8步 按住鼠标左键，在插入的图片上拖动鼠标插入文本框，并在文本框内输入"1"，设置数字"1"的【字体颜色】为"白色"，【字号】为"16"，并调整至图片中间位置，效果如下图所示。

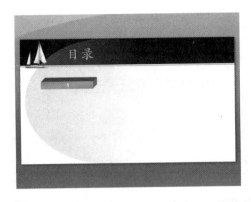

第9步 同时选中图片和数字，单击【格式】选项卡下【排列】组中的【组合】按钮，在弹出的下拉列表中选择【组合】选项。

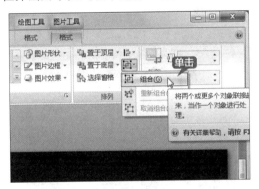

| 提示 |

　　组合功能可将图片和数字组合在一起，再次拖动图片，数字会随图片的移动而移动。

第10步 单击【插入】选项卡下【插图】组中的【形状】按钮，在弹出的下拉列表中选择【矩形】组中的【矩形】选项。

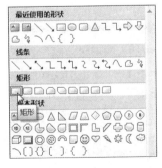

第11步 按住鼠标左键拖曳光标在幻灯片中插入矩形形状，效果如下图所示。

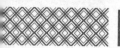
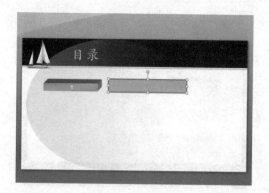

第12步 单击【绘图工具】→【格式】选项卡下【形状样式】组中的【形状轮廓】按钮 ☑ 形状轮廓▼，在弹出的下拉列表中选择【无轮廓】选项。

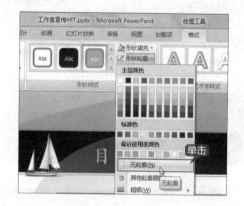

第13步 即可去除形状的轮廓，效果如下图所示。

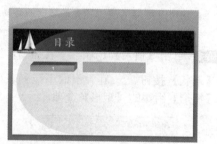

第14步 选中插入的形状，在【绘图工具】→【格式】选项卡下【大小】组中设置形状的【高度】为"1.1厘米"，【宽度】为"11厘米"。

第15步 选择矩形形状，单击鼠标右键，在弹出的快捷菜单中选择【设置形状格式】选项。

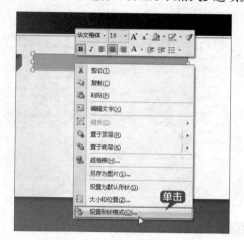

第16步 弹出【设置形状格式】对话框，选择【填充】选项卡，单击选中【填充】组内的【渐变填充】单选按钮，在【预设颜色】下拉列表中选择"雨后初晴"样式，【类型】设置为"线性"，【方向】设置为"线性向右"。

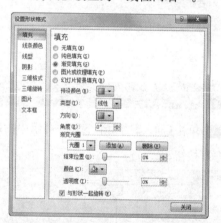

第17步 单击【颜色】按钮，在弹出的下拉列表中选择标准色【蓝色】选项。

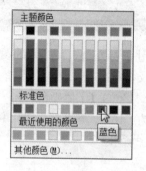

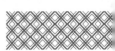
第 18 步 删除【光圈】下拉列表中中间两个光圈。

第 19 步 选择【光圈 2】，单击【颜色】按钮，在弹出的下拉列表中选择【浅蓝】。

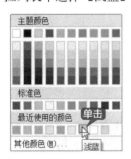

第 20 步 即可对矩形形状应用该颜色，关闭【设置形状格式】对话框，即可将矩形形状的格式设置完成，效果如下图所示。

第 21 步 选中矩形形状，单击鼠标右键，在弹出的快捷菜单中选择【编辑文字】选项。

第 22 步 在矩形形状中输入"工作室简介"文字，【对齐方式】设置为"居中对齐"，效果如下图所示。

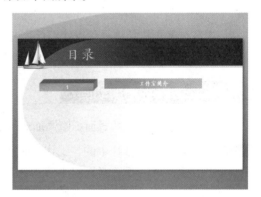

第 23 步 选中插入的图片，单击鼠标右键，在弹出的快捷菜单在选择【置于顶层】→【置于顶层】选项。

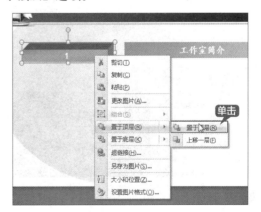

第 24 步 图片即可置于矩形形状上层，将图片调整至合适位置，并将图片和矩形形状组合在一起，效果如下图所示。

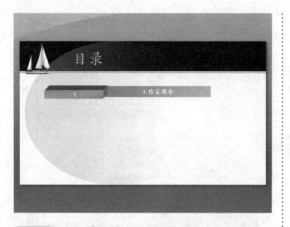

删除多余占位符，最终效果如下图所示。

第25步 使用上述方法制作第2、3、4、5条目录，

13.4 为内容过渡页添加动画

为内容过渡页添加动画可以使幻灯片内容的切换显得更加醒目，在工作室宣传PPT中，为内容过渡页面添加动画可以使演示文稿更加生动，起到更好的宣传效果。

13.4.1 为文字添加动画

为工作室宣传PPT的封面标题添加动画效果，可以使封面更加生动，具体操作步骤如下。

第1步 单击第1张幻灯片中的"工作室宣传PPT"文本框，单击【动画】组中【动画】下拉列表。

第2步 在弹出的下拉列表中选择【擦除】样式。

第3步 即可为文字添加动画效果，效果如下图所示。

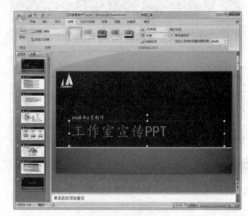

13.4.2 为图片添加动画

同样可以对图片添加动画效果，使图片更加醒目，具体操作步骤如下。

第1步 选择第 2 张幻灯片，选中目录 1。

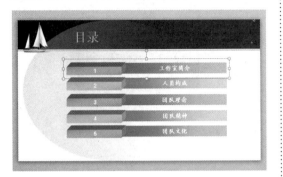

第2步 单击【图片工具】→【格式】选项卡下【排列】组中的【组合对象】按钮 ，在弹出的下拉列表中选择【取消组合】选项。

第3步 分别为图片和形状添加【飞入】动画

效果，效果如下图所示。

第4步 使用上述方法，为其余目录添加"飞入"动画效果，最终效果如下图所示。

13.5 为内容页添加动画

为工作室宣传 PPT 内容页添加动画效果，具体操作步骤如下。

第1步 选择第 3 张幻灯片，选中工作室简介内容文本框。

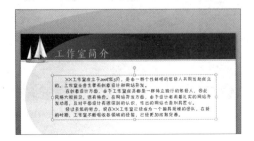

第2步 单击【动画】选项卡下【动画】组中的【自定义动画】按钮 。

第3步 弹出【自定义动画】窗格，单击【添加效果】按钮 添加效果，在弹出的下拉列表中选择【进入】→【百叶窗】选项。

设置为"单击时"，【方向】为"水平"，【速度】设置为"非常快"。

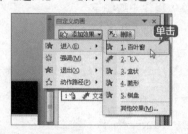

第4步 在【自定义动画】窗格中将【开始】

13.5.1 为图表添加动画

除了可以对文本添加动画，还可以对幻灯片中的图表添加动画效果，具体操作步骤如下。

第1步 选择第4张幻灯片，选中"年龄组成"图表。

动画效果下的【按系列】选项。

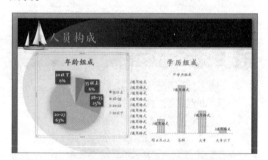

第2步 单击【动画】组中【动画】下拉列表框，在弹出的下拉列表中选择【淡出】动画效果下的【按分类】选项，即可对图表中每个类别添加动画效果。

第4步 即可对图表中每个类别添加动画效果，效果如下图所示。

第3步 选中"学历组成"图表，选择【飞入】

第5步 选择第 5 张幻灯片，使用前面的方法将图中文字和所在图片进行组合，并为幻灯片中的图形添加"飞入"效果，最终效果如下图所示。

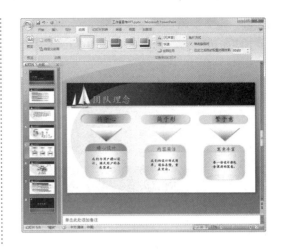

13.5.2 为 SmartArt 图形添加动画

为 SmartArt 图形添加动画效果可以使图形更加突出，更好地表达图形要表述的意义，具体操作步骤如下。

第1步 选择第 6 张幻灯片，选择"诚信"文本和所在图形，将图形和文本组合在一起。

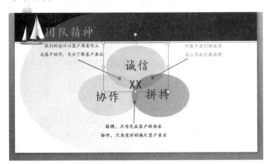

第2步 组合完成之后，为图形添加"飞入"动画效果，效果如下图所示。

第3步 使用同样的方法组合其余图形和文字，并为图形添加"飞入"动画效果。

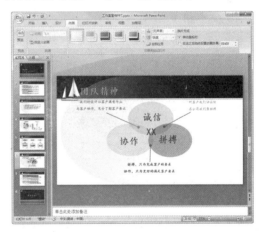

第4步 选中"我们的设计以客户满意为止，与客户合作，充分了解客户要求"文本和连接线段。

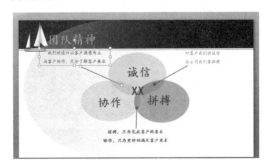

第5步 为文字添加"飞入"动画效果，结果如下图所示。

第6步 使用同样的方法为其余文本和线段添加"飞入"动画效果，最终效果如下图所示。

13.5.3 添加动作路径动画

除了可以对 PPT 应用动画样式外，还可以为 PPT 添加动作路径，具体操作步骤如下。

第1步 选择第 7 张幻灯片，选择"团队使命"包含的文本和图形。

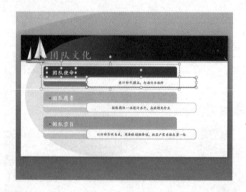

第2步 单击【动画】选项卡下【动画】组中的【自定义动画】按钮 自定义动画。

第3步 在【自定义动画】窗格中单击【添加效果】按钮，在弹出的下拉列表中选择【动作路径】→【其他动作路径】选项。

第4步 弹出【添加动作路径】对话框，选择【菱形】样式，单击【确定】按钮。

第5步 即可为所选图形添加自定义动作路径动画。

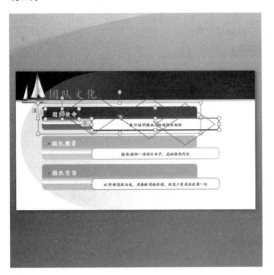

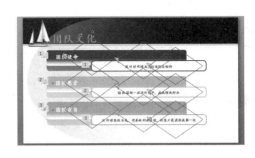

第7步 选择第8张幻灯片，对"谢谢观看"文本添加"棋盘"动画效果，效果如下图所示。

第6步 使用同样的方法，可以为其他图形添加自定义动作路径动画。

13.6 设置添加的动画

对工作室宣传PPT中的幻灯片添加动画之后，可以对动画进行设置，以达到最好的播放效果。

13.6.1 测试动画

对设置完成的动画，可以进行预览测试，以检查动画的播放效果，具体操作步骤如下。

第1步 选择第2张幻灯片，单击【动画】选项卡下【预览】组中的【预览】按钮。

第2步 即可预览动画的播放效果，如下图所示。

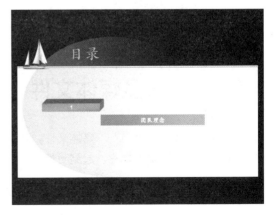

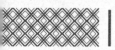

13.6.2 移除动画

如果需要更改或删除已设置的动画，可以使用下面的方法。

第1步 选择第 2 张幻灯片，单击【动画】选项卡下【动画】组中的【自定义动画】按钮 自定义动画。

第2步 弹出【自定义动画】窗格，可以在窗格中看到幻灯片中的动画列表。

第3步 选择【组合 12】选项，单击鼠标右键，在弹出的快捷菜单中选择【删除】选项。

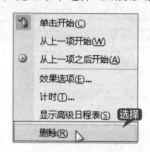

第4步 即可将"组合 12"的动画删除，效果如下图所示。

| 提示 |

此操作只做演示，不影响案例结果，按【Ctrl+Z】组合键可以撤销操作。

13.7 插入多媒体文件

在演示文稿中可以插入多媒体文件，如声音或者视频。在工作室宣传 PPT 中添加多媒体文件可以使 PPT 内容更加丰富，起到更好的宣传效果。

13.7.1 添加公司宣传视频

可以在 PPT 中添加宣传视频，具体操作步骤如下。

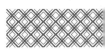

第1步 选择第3张幻灯片，选中"工作室简介"内容文本框，适当调整文本框的位置和大小，效果如下图所示。

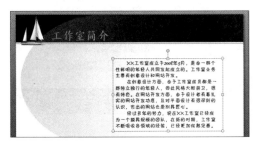

第2步 单击【插入】选项卡下【媒体剪辑】组中的【影片】按钮，在弹出的下拉列表中选择【文件中的影片】选项。

第3步 在弹出的【插入影片】对话框中选择随书光盘中的"素材\ch13\宣传视频.wmv"文件，单击【确定】按钮。

第4步 即可将视频插入到幻灯片中，适当调整视频窗口大小和位置，效果如下图所示。

13.7.2 添加背景音乐

可以为 PPT 添加背景音乐，具体操作步骤如下。

第1步 选择第2张幻灯片，单击【插入】选项卡下【媒体剪辑】组中的【声音】按钮，在弹出的下拉列表中选择【文件中的声音】选项。

第2步 弹出【插入声音】对话框，选择随书光盘中的"素材\ch13\声音.mp3"文件，单击【确定】按钮。

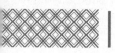

第3步 即可将音频文件添加至幻灯片中，产生一个音频标记，适当调整标记位置，效果如下图所示。

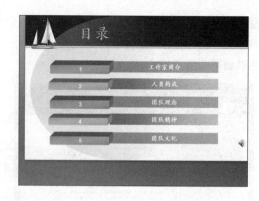

13.8 为幻灯片添加切换效果

在幻灯片中添加幻灯片切换效果可以使切换幻灯片显得更加自然，使幻灯片各个主题的切换更加流畅。

13.8.1 添加切换效果

在工作室宣传PPT各张幻灯片之间添加切换效果的具体操作步骤如下。

第1步 选择第1张幻灯片，单击【动画】选项卡下【切换到此幻灯片】组中的【其他】按钮 ，在弹出的下拉列表中选择【平滑淡出】选项。

第2步 即可为第1张幻灯片添加"平滑淡出"切换效果，效果如下图所示。

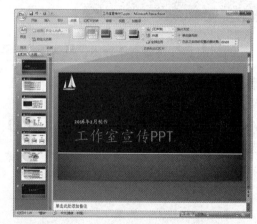

第3步 使用同样的方法可以为其他幻灯片页面添加切换效果。

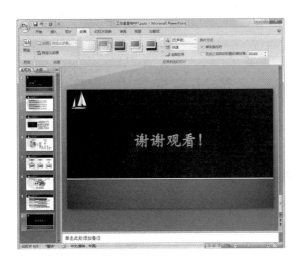

13.8.2 设置显示效果

对幻灯片添加切换效果之后，可以更改其显示效果，具体操作步骤如下。

选择第 1 张幻灯片，单击【动画】选项卡下【切换到此幻灯片】组中的【声音】下拉列表框，在弹出的下拉列表中选择"风铃"声音样式，并将【速度】设置为"快速"。

13.8.3 设置换片方式

对于设置了切换效果的幻灯片，可以设置幻灯片的换片方式，具体操作步骤如下。

第1步 选中【动画】选项卡下【切换到此幻灯片】组中的【单击鼠标时】复选框和【在此之后自动设置动画效果】复选框，在【设置自动换片时间】微调框中设置自动切换时间为"00：10"。

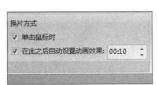

第2步 单击【动画】选项卡下【切换到此幻灯片】组中的【全部应用】按钮 全部应用，即可将设置的显示效果和切换效果应用到所有幻灯片。

| 提示 |

　　【全部应用】功能会使本张幻灯片中的切换效果替换其他幻灯片的切换效果，可以根据需要使用该功能。

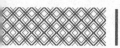

举一
反三

设计产品宣传展示 PPT

产品宣传展示 PPT 的制作和工作室宣传 PPT 的制作有很多相似之处，主要是对动画和切换效果的应用。制作产品宣传展示 PPT 可以按照以下思路进行。

第一步 为 PPT 添加封面

为产品宣传展示 PPT 添加封面，在封面中输入产品宣传展示的主题和其他信息。

第二步 为幻灯片中图片添加动画效果

可以为幻灯片中的图片添加动画效果，使产品的展示更加引人注目，起到更好的展示效果。

第三步 为幻灯片中文字添加动画效果

可以为幻灯片中的文字添加动画效果，文字作为幻灯片中的重要元素，使用合适的动画效果可以使文字很好地和其余元素融合在一起。

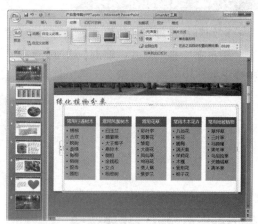

第四步 为幻灯片添加切换效果

可以为各幻灯片添加切换效果，使幻灯片之间的切换显得更加自然。

至此，就完成了产品宣传展示 PPT 的制作。

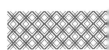

◇ 使用动画制作动态背景 PPT

在幻灯片的制作过程中，可以合理使用动画效果制作出动态的背景，具体操作步骤如下。

第1步 打开随书光盘中的"素材 \ch13\ 动态背景 .pptx"文件

第2步 选中背景图片，单击【动画】选项卡下【切换到此幻灯片】组中的【其他】按钮，在弹出的下拉列表中选择【平滑淡出】选项。

第3步 选择帆船图片，单击【动画】选项卡下【动画】组中的【自定义动画】按钮自定义动画。

第4步 弹出【自定义动画】窗格，单击【添加效果】按钮，在弹出的下拉列表中选择【动作路径】→【绘制自定义路径】→【自由曲线】选项。

第5步 在幻灯片中绘制出如下图所示的路径，绘制完成即可自动预览效果。

第6步 使用同样的方法分别为海鸟设置动作路径，在【自定义动画】窗格中适当调整动画的速度。

第7步 即可完成动态背景的制作，播放效果如下图所示。

第14章

放映幻灯片

📖 本章导读

在工作中，完成 PPT 如企业招商引资 PPT、产品营销推广方案 PPT、企业发展战略 PPT 等的设计制作后，需要放映幻灯片。放映时要做好放映前的准备工作，选择 PPT 的放映方式，并要控制放映幻灯片的过程。使用 PowerPoint 2007 提供的排练计时、自定义幻灯片放映、放大幻灯片局部信息、使用画笔做标记等操作，可以方便地对这些幻灯片进行放映。

✈ 思维导图

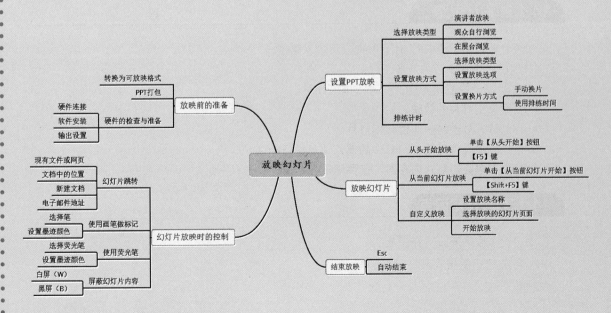

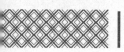

 14.1 企业招商引资 PPT 的放映

放映企业招商引资 PPT 时要做到简洁清楚、重点明了，便于公众快速接收 PPT 中的信息。

实例名称：企业招商引资 PPT 的放映	
实例目的：掌握幻灯片放映的方法	
素材	素材 \ch14\ 企业招商引资 PPT.pptx
结果	结果 \ch14\ 企业招商引资 PPT.pptx
录像	视频教学录像 \14 第 14 章

14.1.1 案例概述

放映企业招商引资 PPT 时，需要注意以下两点。

1. 简洁

(1)放映 PPT 时要简洁流畅，并使 PPT 中的文件打包保存，避免资料丢失。

(2)选择合适的放映方式，可以预先进行排练计时。

2. 重点明了

(1)在放映幻灯片时，对重点信息需要放大幻灯片局部进行播放。

(2)重点信息可以使用画笔来进行注释，并可以选择荧光笔来进行区分。

(3)需要观众进行思考时，要使用黑屏或白屏来屏蔽幻灯片中的内容。

企业招商引资 PPT 的气氛可以以淡雅冷静为主。本章就以企业招商引资 PPT 的放映为例介绍 PPT 放映的方法。

14.1.2 设计思路

放映企业招商引资 PPT 时可以按以下的思路进行。

(1)做好 PPT 放映前的准备工作。

(2)选择 PPT 的放映方式，并进行排练计时。

(3)自定义幻灯片的放映。

(4)在幻灯片放映时快速跳转幻灯片。

(5)使用画笔与荧光笔为幻灯片的重点信息进行标注。

(6)在需要屏蔽幻灯片内容时，使用黑屏与白屏。

14.1.3 涉及知识点

本案例主要涉及以下知识点。

(1)转换 PPT 的格式及将 PPT 打包。

(2)设置 PPT 放映。

(3)放映幻灯片。

(4)幻灯片放映时的控制。

 14.2 放映前的准备工作

在放映企业招商引资 PPT 之前，要做好准备工作，避免放映过程中出现错误。

14.2.1 将 PPT 转换为可放映格式

将企业招商引资 PPT 转换为可放映格式后，打开 PPT 即可进行播放，具体操作步骤如下。

第1步 打开随书光盘中的"素材 \ch14\ 企业招商引资 PPT.pptx"文件，单击【Office】按钮 ，在弹出的列表中单击【另存为】选项。

第2步 弹出【另存为】对话框，单击【保存类型】下拉列表框，在弹出的下拉列表中选择【PowerPoint 97–2003 放映（*.pps）】选项。

第3步 单击【保存】按钮。

第4步 弹出【Microsoft Office PowerPoint 兼容性检查器】对话框，单击【继续】按钮。

第5步 即可将 PPT 转换为可放映的格式。

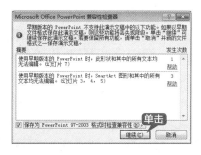

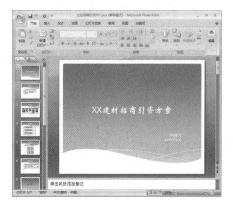

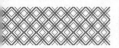
14.2.2 PPT 的打包

PPT 的打包是将 PPT 中使用的其他位置的文件（如插入的视频、声音等）集成到一个文件夹中，生成一种独立运行的文件，避免文件损坏或无法调用等问题，具体操作步骤如下。

第1步 单击【Office】按钮 ，在弹出的列表中单击【发布】→【CD 数据包】选项。

第2步 弹出的【打包成 CD】对话框，在【将CD 命名为】文本框中为打包的 PPT 进行命名，并单击【复制到文件夹】按钮。

第3步 弹出【复制到文件夹】对话框，单击【浏览】按钮。

第4步 弹出【选择位置】对话框，选择要保存的位置，并单击【选择】按钮。

第5步 返回【复制到文件夹】对话框，单击【确定】按钮。

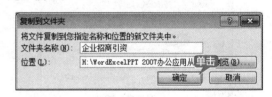

第6步 弹出提示框，用户信任连接来源后可单击【是】按钮。

第7步 弹出【正在将文件复制到文件夹】进度框。

第8步 复制完成后，返回到【打包成 CD】对话框，单击【关闭】按钮。

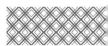

14.2.3 硬件的检查与准备

在企业招商引资 PPT 放映前，要检查计算机的硬件。

(1)硬件连接。

大多数的台式计算机通常只有一个 VGA 信号输出口，所以可能要单独添加一个显卡并正确配置才能正常使用；而目前的笔记本电脑均内置了多监视器支持。所以，要放映 PPT，使用笔记本做演示会省事得多。在确定台式机或者笔记本可以多头输出信号的情况下，将外接显示设备的信号线正确连接到视频输出口上，并打开外接设备的的电源就可以完成硬件连接了。

(2)软件安装。

对于可以支持多头显示输出的台式机或者笔记本来说，机器上的显卡驱动安装也是很重要的，如果电脑的显卡没有正确安装显卡驱动，则不能正常使用多头输出显示信号功能，这种情况需要重新安装显卡的最新驱动；如果显卡的驱动正常，则不需要该步骤。

(3)输出设置。

显卡驱动安装正确后，在任务栏的最右端显示图形控制图标，单击该图标，在弹出的显示设置的快捷菜单中执行【图形选项】→【输出至】→【扩展桌面】→【笔记本电脑 + 监视器】选项，就可以完成以笔记本屏幕作为主显示器、以外接显示设备作为辅助输出的设置。

14.3 设置 PPT 放映

用户可以对企业招商引资 PPT 进行放映方式、排练计时等设置。

14.3.1 选择 PPT 的放映方式

在 PowerPoint 2007 中，演示文稿的放映方式包括演讲者放映、观众自行浏览和在展台浏览 3 种。

可以通过单击【幻灯片放映】选项卡【设置】组中的【设置幻灯片放映】按钮，在弹出的【设置放映方式】对话框中对放映类型、放映选项及换片方式等进行设置。

1. 演讲者放映

演示文稿放映方式中的演讲者放映方式是指由演讲者一边讲解一边放映幻灯片。此放映方式一般用于比较正式的场合，如专题讲座、学术报告等，在本案例中也使用演讲者放映的方式。

将演示文稿的放映方式设置为演讲者放映的具体操作方法如下。

第1步 打开随书光盘中的"素材 \ch14\ 企业招商引资 PPT.pptx"文件，单击【幻灯片

放映】选项卡下【设置】组中的【设置幻灯片放映】按钮。

第2步 弹出【设置放映方式】对话框，默认设置即为演讲者放映状态。

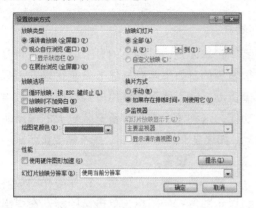

2. 观众自行浏览

观众自行浏览是指由观众自己动手使用计算机观看幻灯片。如果希望让观众自己浏览幻灯片，可以将放映方式设置成观众自行浏览。具体操作步骤如下。

第1步 单击【幻灯片放映】选项卡下【设置】组中的【设置幻灯片放映】按钮，弹出【设置放映方式】对话框，在【放映类型】组中单击选中【观众自行浏览（窗口）】单选按钮，在【放映幻灯片】组中单击选中【从…到…】单选按钮，并在右边文本框中输入"5"，设置从第1页到第5页的幻灯片放映方式为观众自行浏览。

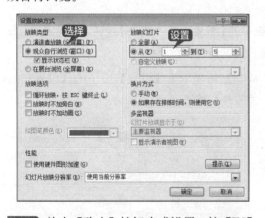

第2步 单击【确定】按钮完成设置，按【F5】

键进行演示文稿的放映。

第3步 放映结束后，即可切换到普通视图状态。

3. 在展台浏览

在展台浏览这一放映方式可以让幻灯片自动放映而不需要演讲者操作，如放在展览会的产品展示等。

打开演示文稿后，在【幻灯片放映】选项卡的【设置】组中单击【设置幻灯片放映】按钮，在弹出的【设置放映方式】对话框的【放映类型】组中单击选中【在展台浏览（全屏幕）】单选按钮，即可将放映方式设置为在展台浏览。

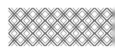

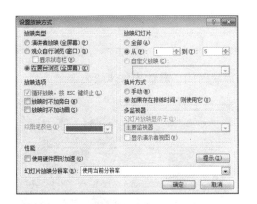

| 提示 |

　　设置为"在展台浏览"放映方式，当看完整个演示文稿或演示文稿保持闲置状态达到一段时间后，自动返回至演示文稿首页。这样，参展者就不必一直守着展台了。

14.3.2 设置 PPT 放映选项

选择 PPT 的放映方式后，用户需要设置 PPT 的放映选项，具体操作步骤如下。

第1步 单击【幻灯片放映】选项卡下【设置】组中的【设置幻灯片放映】按钮，弹出【设置放映方式】对话框，单击选中【演讲者放映（全屏幕）】单选按钮。

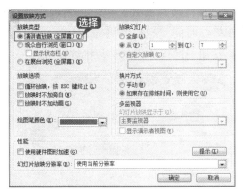

第2步 在【放映选项】组单击选中【循环放映，按 Esc 键终止】复选框，可以在最后一张幻灯片放映结束后自动返回到第一张幻灯片重复放映，直到按下键盘上的【Esc】键才能结束放映。

第3步 在【换片方式】组中单击选中【手动】复选框，设置放映过程中的换片方式为手动，可以取消使用排练计时。

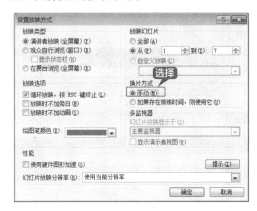

| 提示 |

　　单击选中【放映时不加旁白】复选框，表示在放映时不播放在幻灯片中添加的声音；单击选中【放映时不加动画】复选框，表示在放映时设定的动画效果将被屏蔽。

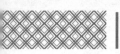
14.3.3 排练计时

用户可以通过排练计时为每张幻灯片确定适当的放映时间，具体操作步骤如下。

第1步 单击【幻灯片放映】选项卡下【设置】组中的【排练计时】按钮。

第2步 即可开始放映幻灯片，左上角会出现【预演】对话框，在【预演】对话框内可以设置暂停、继续等操作。

第3步 幻灯片播放完成后，弹出提示框。

第4步 单击【是】按钮，即可保存幻灯片计时。

第5步 若幻灯片不能自动放映，单击【幻灯片放映】选项卡下【设置】组中的【设置幻灯片放映】按钮，弹出【设置放映方式】对话框，在【换片方式】组中单击选中【如果存在排练时间，则使用它】单选按钮，单击【确定】按钮，即可使用幻灯片排练计时。

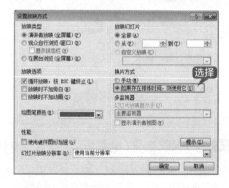

14.4 放映幻灯片

默认情况下，幻灯片的放映方式为普通手动放映，用户可以根据实际需要，设置幻灯片的放映方法，如从头开始放映、从当前幻灯片开始放映、联机放映等。

14.4.1 从头开始放映

放映幻灯片一般是从头开始放映的，从头开始放映的具体操作步骤如下。

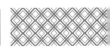

第1步 在【幻灯片放映】选项卡的【开始放映幻灯片】组中单击【从头开始】按钮或按【F5】键。

第2步 系统将从头开始播放幻灯片。由于前面使用了排练计时,幻灯片可以自动往下播放。

14.4.2 从当前幻灯片开始放映

在放映幻灯片时可以从选定的当前幻灯片开始放映,具体操作步骤如下。

第1步 选中第2张幻灯片,在【幻灯片放映】选项卡的【开始放映幻灯片】组中单击【从当前幻灯片开始】按钮或按【Shift+F5】组合键。

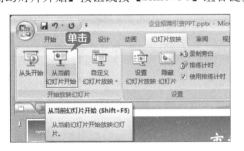

第2步 系统将从当前幻灯片开始播放幻灯片,按【Enter】键或空格键可切换到下一张幻灯片。

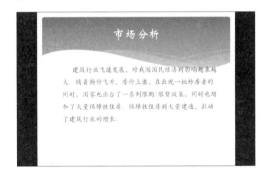

14.4.3 自定义幻灯片放映

利用 PowerPoint 的【自定义幻灯片放映】功能,可以为幻灯片设置多种自定义放映方式,具体操作步骤如下。

第1步 在【幻灯片放映】选项卡的【开始放映幻灯片】组中单击【自定义幻灯片放映】按钮,在弹出的下拉列表中选择【自定义放映】选项。

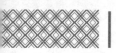

第2步 弹出【自定义放映】对话框,单击【新建】按钮。

第3步 弹出【定义自定义放映】对话框,在【在演示文稿中的幻灯片】列表框中选择需要放映的幻灯片,然后单击【添加】按钮即可将选中的幻灯片添加到【在自定义放映中的幻灯片】列表框中。

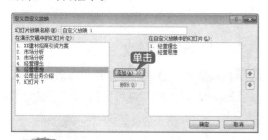

第4步 单击【确定】按钮,返回到【自定义放映】对话框,单击【放映】按钮。

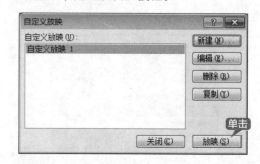

第5步 即可从选中的页码开始放映幻灯片。

14.5 幻灯片放映时的控制

在企业招商引资 PPT 的放映过程中,可以控制幻灯片的跳转、放大幻灯片局部信息、为幻灯片添加注释等操作。

14.5.1 幻灯片的跳转

在播放幻灯片的过程中需要幻灯片跳转,但又要保持逻辑上的关系,具体操作步骤如下。

第1步 选择"市场分析"幻灯片页面,将鼠标光标放置在文本框内,单击鼠标右键,在弹出的快捷菜单中选择【超链接】选项。

第2步 弹出【插入超链接】对话框,在【链接到】组中可以选择链接的文件位置,这里选择【本文档中的位置】选项,在【请选择文档中的位置】组中选择"6. 公司业务介绍"幻灯片页面,单击【确定】按钮。

第3步 即可在"市场分析"幻灯片页面插入超链接。

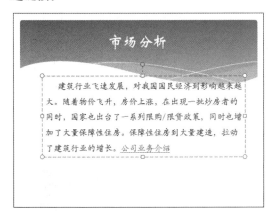

第4步 单击【幻灯片放映】选项卡下【开始

放映幻灯片】组中的【从当前幻灯片开始】按钮，播放幻灯片。

第5步 在幻灯片播放时，单击"公司业务介绍"超链接。即可跳转至超链接的幻灯片并继续播放。

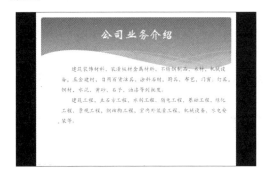

14.5.2 使用画笔做标记

要想使观看者更加了解幻灯片所表达的意思，就需要在幻灯片中添加标记以达到演讲者的目的。添加标记的具体操作步骤如下。

第1步 选择第6张幻灯片，单击【幻灯片放映】选项卡下【开始放映幻灯片】组中的【从当前幻灯片开始】按钮或按【Shift+F5】组合键放映幻灯片。

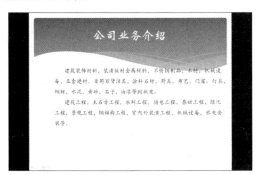

第2步 单击鼠标右键，在弹出的快捷菜单中选择【指针选项】→【圆珠笔】选项。

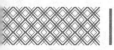
第3步 当鼠标指针变为一个点时，即可在幻灯片中添加标记。

第4步 结束放映幻灯片时，弹出提示框，单击【保留】按钮即可保留画笔注释，我们这里单击【放弃】按钮。

14.5.3 使用荧光笔勾画重点

使用荧光笔来勾画重点，可以与画笔标记进行区分，以达到演讲者的目的，具体操作步骤如下。

第1步 选中第5张幻灯片，在【幻灯片放映】选项卡的【开始放映幻灯片】组中单击【从当前幻灯片开始】按钮或按【Shift+F5】组合键。

第2步 即可从当前幻灯片页面开始播放，单击鼠标右键，在弹出的快捷菜单中选择【指针选项】→【荧光笔】选项。

第3步 当鼠标指针变为一条短竖线时，可在幻灯片中添加荧光笔标注。

第4步 结束放映幻灯片时，弹出提示框，单击【保留】按钮。

第5步 即可保留荧光笔注释。

14.5.4 屏蔽幻灯片内容——使用黑屏和白屏

在 PPT 的放映过程中，需要观众关注别的材料时，可以使用黑屏或白屏来屏蔽幻灯片中的内容，具体操作步骤如下。

第1步 在【幻灯片放映】选项卡的【开始放映幻灯片】组中单击【从头开始】按钮或按【F5】键放映幻灯片。

第2步 在放映幻灯片时，按键盘上的【W】键，即可使屏幕变为白屏。

第3步 再次按键盘上的【W】键或【Esc】键，即可返回幻灯片放映页面。

第4步 按键盘上的【B】键，即可使屏幕变为黑屏。

第5步 再次按键盘上的【B】键或【Esc】键，即可返回幻灯片放映页面。

14.6 结束幻灯片放映

在放映幻灯片的过程中，可以根据需要中止幻灯片放映，具体操作步骤如下。

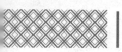
第1步 在【幻灯片放映】选项卡的【开始放映幻灯片】组中单击【从头开始】按钮或按【F5】键放映幻灯片。

第2步 单击键盘上的【Esc】键，即可快速停止放映幻灯片。

放映房地产楼盘宣传活动策划案 PPT

与企业招商引资 PPT 类似的演示文稿还有房地产楼盘宣传活动策划案 PPT、产品营销推广方案 PPT、企业发展战略 PPT 等，放映这类演示文稿时，都可以使用 PowerPoint 2007 提供的排练计时、自定义幻灯片放映、放大幻灯片局部信息、使用画笔做标记等操作，方便地对这些幻灯片进行放映。下面就以房地产楼盘宣传活动策划案 PPT 的放映为例进行介绍，具体操作步骤如下。

第一步 放映前的准备工作

将 PPT 转换为可放映格式，并对 PPT 进行打包，检查硬件。

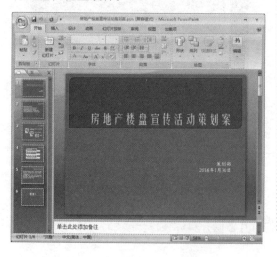

第二步 设置 PPT 放映

选择 PPT 的放映方式，并设置 PPT 的放映选项，进行排练计时。

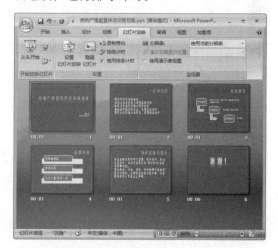

第三步 放映幻灯片

选择放映幻灯片的方法，从头开始放映、从当前幻灯片开始放映、自定义幻灯片放映等。

第四步 幻灯片放映时的控制

在 PPT 的放映过程中，可以使用幻灯片的跳转、为幻灯片添加注释等来控制幻灯片的放映。

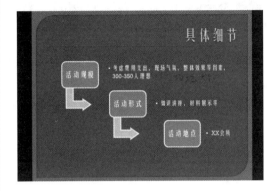

◇ 快速定位幻灯片

第1步 在【幻灯片放映】选项卡的【开始放映幻灯片】组中单击【从头开始】按钮或按【F5】键，放映幻灯片。

第2步 如果要快进到第 5 张幻灯片，可以先按下数字【5】键，再按【Enter】键。

◇ 放映幻灯片时隐藏鼠标箭头

在放映幻灯片时可以隐藏鼠标箭头，具体操作步骤如下。

在放映幻灯片时，单击鼠标右键，在弹出的快捷菜单中选择【指针选项】→【箭头选项】→【永远隐藏】选项。即可在放映幻灯片时隐藏鼠标箭头。

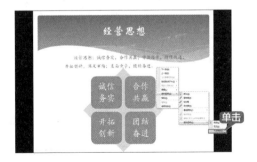

| 提示 |

按键盘上的【Ctrl+H】组合键也可以隐藏鼠标箭头。

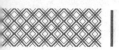
◇ 使用 QQ 远程放映幻灯片

使用 QQ 可以实现远程放映幻灯片，可以方便地用于远程授课、交流、会议等，具体操作步骤如下。

第1步 登录 QQ 后，单击【群＼讨论组】→【讨论组】→【创建讨论组】按钮，

第2步 弹出【创建讨论组】面板，在左侧选择需要进行远程放映幻灯片的好友，单击【确定】按钮。

第3步 弹出 QQ 对话框，选择【远程演示】按钮的下拉按钮，在弹出的下拉列表中单击【演示文档】按钮。

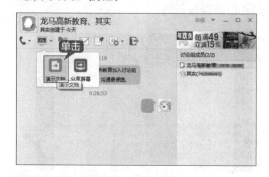

第4步 弹出【打开】对话框，选择素材文件，单击【打开】按钮。

第5步 即可进行幻灯片放映。

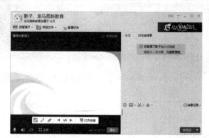

第6步 邀请观看幻灯片放映的好友单击【加入】按钮。

第7步 即可同时观看幻灯片。

第8步 播放完之后单击【退出】按钮，弹出提示框，单击【确定】按钮，即可退出 QQ 远程放映。

本篇主要介绍 Office 的行业应用。通过本篇的学习，读者可以学习 Office 在人力资源管理、行政文秘管理、财务管理及市场营销中的应用等操作。

第15章
Office 2007 在人力资源
管理中的应用

本章导读

　　人力资源管理是一项系统又复杂的组织工作，使用 Office 2007 系列组件可以帮助人力资源管理者轻松、快速地完成各种文档、数据报表及演示文稿的制作。本章主要介绍培训流程图、公司培训计划表、管理培训 PPT 的制作方法。

思维导图

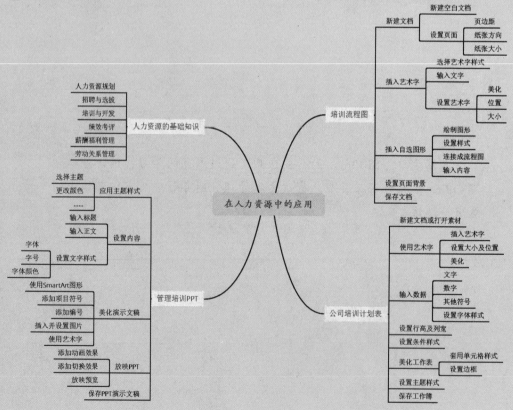

15.1 人力资源的基础知识

人力资源（Human Resources，HR）指在一个国家或地区中，处于劳动年龄、未到劳动年龄和超过劳动年龄但具有劳动能力的人口之和。

企业人力资源管理（Human Resource Management，HRM）是指根据企业发展要求，有计划地对人力资源进行合理配置，通过对企业中员工的招聘、培训、使用、考核、激励、调整等一系列过程，充分调动员工的工作积极性，发挥员工的潜能，为企业创造价值，带来更大的效益。它是企业的一系列人力资源政策以及相应的管理活动，通常包含以下内容。

(1) 人力资源规划。

(2) 岗位分析与设计。

(3) 员工招聘与选拔。

(4) 绩效考评

(5) 薪酬管理。

(6) 员工激励。

(7) 培训与开发。

(8) 职业生涯规划。

(9) 人力资源会计。

(10) 劳动关系管理。

其中，人力资源规划、招聘与选拔、培训与开发、绩效考评、薪酬管理及劳动关系管理6个模块是有人力资源管理工作的主要模块，诠释了人力资源管理的核心思想。

15.2 制作培训流程图

制作培训流程图，可以明确新员工的培训流程，加强新入职员工的管理。新员工入职培训可以大大提升新员工初始生产率水平，帮助新员工与团队建立关系及培养团队合作精神，同时也可以帮助新员工了解公司的文化和价值观。

15.2.1 设计思路

新员工入职培训可以为公司带来更多的利益，可以加强新入职员工的管理，使其尽快熟悉公司的各项规章制度、工作流程和工作职责，熟练掌握和使用工作设备和办公设施，达到各岗位工作标准，满足公司对人才的要求。人力资源部门需要根据公司的实际情况编制培训流程图及指导标准。

在 Word 2007 中可以制作培训流程图，然后根据需要对流程图进行设置字体格式、形状样式等操作，制作出一份符合公司实际情况并对公司发展有利的培训流程图。

培训流程图主要由以下几点构成。

(1)确定培训项目。

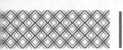

(2)确立培训标准。

(3)制定培训计划并实施。

(4)分析评估培训效果。

15.2.2 知识点应用分析

本节主要涉及以下知识点。

(1)新建文档，设置页面。

(2)插入艺术字。

(3)插入形状并设置形状样式。

(4)在形状上添加编辑文字。

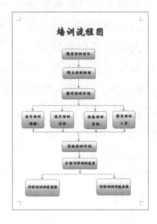

15.2.3 案例实战

制作培训流程图的具体操作步骤如下。

1. 新建文档并进行页面设置

第1步 新建空白文档，并保存为"培训流程图.docx"。

第2步 单击【页面布局】选项卡下【页面设置】组中的【页边距】按钮 ，在弹出的下拉列表中选择【自定义页边距】选项。弹出【页面设置】对话框，在【页边距】选项卡下【页边距】组中可以自定义设置"上""下""左""右"页边距，将【上】、【下】页边距均设为"1.2厘米"，【左】、【右】页边距均设为"2.0厘米"，设置【纸张方向】为"纵向"，在【预览】区域可以查看设置后的效果。

第3步 单击【页面布局】选项卡【页面设置】选项组中的【纸张大小】按钮 ，在弹出的下拉列表中选择【其他页面大小】选项。

第4步 在弹出的【页面设置】对话框中，在【纸张大小】组中设置【宽度】为"21厘米"，【高度】为"30厘米"，设置完成后效果如下图所示。

2. 插入艺术字

第1步 单击【插入】选项卡下【文本】组中的【艺术字】按钮 艺术字，在弹出的下拉列表中选择一种艺术字样式。

第2步 弹出【编辑艺术字文字】对话框，在【文本】文本框框内输入"培训流程图"文本，并设置【字体】为"华文新魏"，【字号】为"40"。

第3步 选中艺术字，单击【开始】选项卡下【段落】组中的【居中】按钮 ，使艺术字处于文档的正中位置。单击【艺术字工具】→【格式】选项卡下【形状样式】组中的【形状轮廓】按钮 形状轮廓，在弹出的下拉列表中选择一种颜色。

3. 插入自选图形并设置形状样式

第1步 单击【插入】选项卡下【插图】组中的【形状】按钮 形状，在弹出的下拉列表中选择"圆角矩形"形状，在文档中选择要绘制形状的起始位置，按住鼠标左键并拖曳至合适位置，松开鼠标左键，即可完成形状的绘制。

第2步 调整形状的大小与位置，单击【绘图工具】→【格式】选项卡下【形状样式】组中的【其他】按钮 ，在弹出的下拉列表中选择一种样式应用到形状中。

第3步 重复上面的操作步骤，插入其余的形状，并移动位置进行排列。

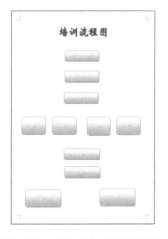

第4步 单击【插入】选项卡下【插图】组中的【形状】按钮，在弹出的下拉列表中选择"箭头"形状，按住鼠标左键拖曳进行绘制。插入多个"箭头"形状连接文档内的"圆角矩形"形状。

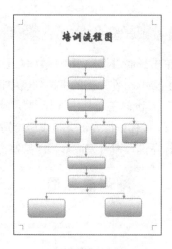

4. 在形状上添加文字并设置

第1步 选择一个形状，鼠标右键单击并在弹出的快捷菜单中选择【添加文字】选项。

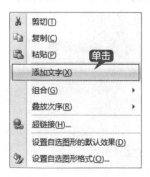

第2步 在形状中添加文字，并设置文本的【字体】为"华文楷体"，【字号】为"三号"，【字体颜色】为"蓝色，强调文字颜色5，深色 50%"。

第3步 为其余的自选图形添加文字并设置文本格式，效果如下图所示。

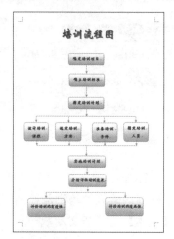

5. 保存文档

在已修改的文档中，单击快速访问工具栏中的【保存】按钮，即可在原文件中保存修改的文档。

15.3 制作公司培训计划表

公司培训是企业发展的根本，现在企业之间的竞争其实就是人才的竞争，要掌握人才资源，就需要对员工进行公司内部培训。

15.3.1 设计思路

公司对员工的培训可以分为对员工知识技能的培训和对员工企业文化的培训，如果员工的价值观与企业文化相适应，则会随着企业的发展一起成长，使企业可以健康持续地发展。

本案例中主要是通过对入职半年以内的新员工进行培训。

15.3.2 知识点应用分析

在 Excel 2007 中可以制作公司培训计划表，然后根据需要制作出一份符合公司实际情况并对公司发展有利的培训计划表。本案例将运用以下知识点。

(1)插入艺术字，并设置文本段落格式化。

(2)调整单元格的行高与列宽。

(3)设置条件样式。

(4)保存工作表并另存为其他兼容格式。

15.3.3 案例实战

制作公司培训计划表的具体操作步骤如下。

1. 插入艺术字并设置文本段落格式化

第1步 打开随书光盘中的"素材 \ch15\ 培训计划表 .xlsx"文件，单击【插入】选项卡下【文本】组中【文本框】按钮的下拉按钮 文本框，在弹出的下拉列表中选择【横排文本框】选项，在表格中单击鼠标指定标题文本框的开始位置，按住鼠标左键并拖曳鼠标在单元格区域 A1：W3 上绘制文本框。

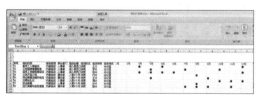

第2步 在文本框中输入文字"公司培训计划表"，单击【绘图工具】→【格式】选项卡下【艺术字样式】组中的【快速样式】按钮，在弹出的下拉列表中选择一种艺术字。

第3步 在【开始】选项卡下【字体】组中设置【字体】为"华文新魏"，设置【字号】为"44"；单击【开始】选项卡下【对齐方式】组中的【居中】按钮 ，效果如下图所示。

第4步 单击【绘图工具】→【格式】选项卡下【艺术字样式】组中的【文本效果】按钮 文本效果，在弹出的下拉列表中设置【映像】为"紧密映像，接触"。

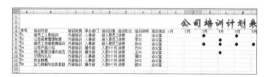

第5步 单击【绘图工具】→【格式】选项卡下【形状样式】组中的【形状填充】按钮 形状填充，在弹出的下拉列表中设置一种形状填充颜色。

第6步 选择单元格区域 A4：A12，设置【字体】为"华文楷体"，【字号】为"16"；选择单元格区域 A5:W12，设置【字体】为"华文楷体"，【字号】为"11"。

2. 调整单元格的行高与列宽

第1步 选择第 4 行单元格，把鼠标光标放在第 4 行与第 5 行之间，拖曳鼠标光标增加行高。

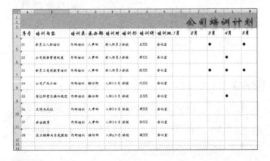

第2步 调整单元格区域 A5:W12 的行高。

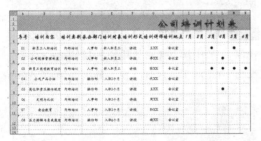

第3步 调整工作表的列宽，并单击【开始】选项卡下【段落】组中的【居中】按钮，效果如下图所示。

3. 设置条件样式

第1步 选择要设置条件样式的 U5:U12 单元格区域，单击【开始】选项卡下【样式】选项组中的【条件格式】按钮 条件格式 的下拉按钮，在弹出的下拉列表中选择【突出显示单元格规则】→【大于】选项。

第2步 弹出【大于】对话框，在【为大于以下值的单元格设置格式】文本框中输入"3 小时"文本，在【设置为】下拉列表中选择【浅红填充色深红色文本】选项，单击【确定】按钮。

第3步 效果如下图所示，培训时长超过 3 小时的已突出显示。

8月	9月	10月	11月	12月	培训时长	考核方式	备注
				●	3小时	试卷考核	
		●			4小时	试卷考核	
				●	3小时	—	
●					4小时	—	
		●			1小时	—	
			●	●	1.5小时	—	
				●	0.5小时	—	
●	●				0.5小时	—	

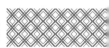

第4步 选择单元格区域 A4:W12，单击【开始】选项卡下【样式】组中【单元格样式】按钮 的下拉按钮，在弹出的下拉列表中选择一种样式。

第5步 应用单元格样式后，在【开始】选项卡下【字体】组中为工作表添加"所有框线"，效果如下图所示。

4. 设置主题效果

第1步 单击【页面布局】选项卡下【主题】组中【主题】按钮 的下拉按钮，在弹出的下拉列表中选择【龙腾四海】选项。

第2步 设置主题的效果如下图所示。

5. 保存工作表

第1步 单击【Office】按钮 ，在弹出的列表中单击【另存为】选项。

第2步 在弹出的【另存为】对话框中选择保存的位置，并设置【文件名】为"公司培训计划表"，单击【保存】按钮即可保存工作表。

至此，公司培训计划表就制作完成了。

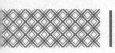

15.4 制作管理培训 PPT

管理培训是企业或公司为了培养新入职员工的需要，采用各种方式对新入职员工进行有目的、有计划的培养和训练的管理活动，使新员工能了解公司等，可以使员工更好地胜任工作。

15.4.1 设计思路

管理培训 PPT 主要由以下几点构成。

(1)幻灯片首页，介绍制作 PPT 的名称、目的。

(2)培训目的。

(3)培训计划。

(4)结束页面。

15.4.2 知识点应用分析

制作管理培训 PPT 涉及以下知识点。

(1)新建空白演示文稿并应用主题。

(2)输入文本并设置字体和段落样式。

(3)插入 SmartArt 图形。

(4)为文本添加项目编号。

(5)使用艺术字。

(6)设置动画和切换效果。

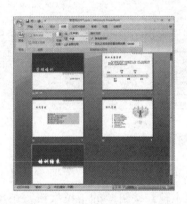

15.4.3 案例实战

制作管理培训PPT的具体操作步骤如下。

1. 新建演示文稿并应用主题

第1步 启动 PowerPoint 2007，新建一个空白演示文稿，将其保存为"管理培训 PPT. pptx"，单击【设计】选项卡下【主题】组中的【其他】按钮，在弹出的下拉列表中选择一种主题。

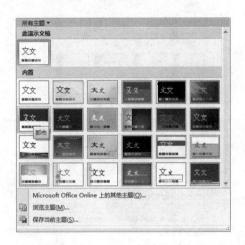

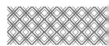

第2步 单击【设计】选项卡下【主题】组中的【颜色】按钮 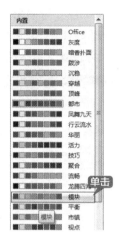，在弹出的下拉列表中选择【模块】选项。

第3步 为幻灯片应用主题的效果如下图所示。

2. 制作封面幻灯片

第1步 选择第 1 张幻灯片，在标题文本框中输入"管理培训"文本，在副标题文本框内输入"2016 年 1 月 28 日"。

第2步 设置标题文本的【字体】为"华文行楷"，【字号】为"66"，设置副标题文本的【字体】为"华文行楷"，【字号】为"24"，并设置【段

落格式】为"右对齐"，调整文本框的位置，如下图所示。

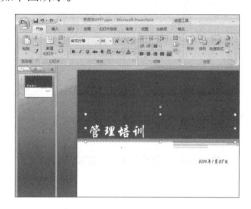

3. 设计"职业生涯管理"幻灯片

第1步 新建"仅标题"幻灯片，并在标题文本框内输入"职业生涯管理"，打开随书光盘中的"素材 \ch15\ 职业生涯管理 .txt"文件，并把内容复制粘贴到幻灯片内。

第2步 设置标题文本的【字体】为"华文新魏"，【字号】为"66"，正文文本的【字体】为"华文行楷"，【字号】为"18"，并适当调整文本框的位置。

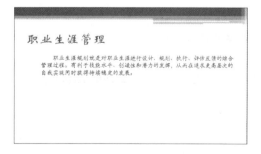

第3步 单击【插入】选项卡【插图】组中的【SmartArt】按钮，在弹出的下拉列表中选择一种样式，即可在幻灯片中插入 SmartArt 图形。

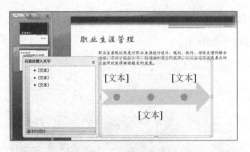

第4步 在 SmartArt 图形中添加文本，并调整图形的大小和位置。

第5步 选择 SmartArt 图形，单击【设计】选项卡下【SmartArt 样式】组中的【更改颜色】按钮，在弹出的下拉列表中选择一种主题颜色。

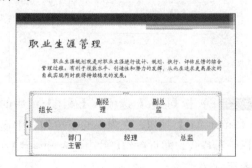

第6步 插入 SmartArt 图形的最终效果如下图所示。

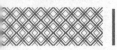

---

4. 设计"时间管理"幻灯片

第1步 新建"仅标题"幻灯片，输入标题文本"时间管理"，打开随书光盘中的"素材\ch15\时间管理.txt"，复制文本内容并粘贴到幻灯片中，并设置文本格式。

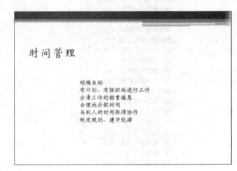

第2步 选择正文文本，单击【开始】选项卡下【段落】组中的【项目符号】按钮，在弹出的下拉列表中选择一种项目符号。

第3步 在幻灯片中添加项目符号的效果如下图所示。

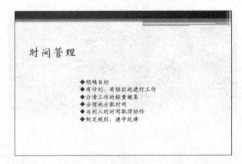

第4步 单击【格式】选项卡下【形状样式】组中的【形状填充】按钮，在弹出的下拉列表中设置一种主题颜色。

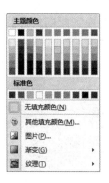

第5步 效果如下图所示。

5. 设计"团队管理"幻灯片

第1步 新建"仅标题"幻灯片,输入标题文本"团队管理",打开随书光盘中的"素材\ch15\团队管理.txt",复制文本内容并粘贴到幻灯片中,并设置文本格式。

第2步 选择正文文本,单击【开始】选项卡下【段落】组中的【编号】按钮 ，在弹出的下拉列表中选择一种编号。

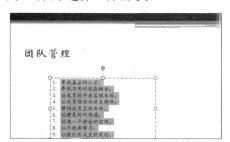

第3步 单击【插入】选项卡下【插图】组中的【图片】按钮,在弹出的【插入图片】对话框中选择素材,并单击【插入】按钮,把图片插入到幻灯片中。

第4步 选择图片,单击【格式】选项卡下【图片样式】组中的【其他】按钮,在弹出的下拉列表中选择一种图片样式,然后单击【图片效果】按钮,在弹出的下拉列表中选择【映像】→【紧密映像,4pt 偏移量】选项。

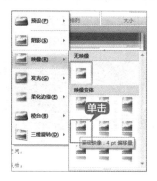

第5步 设置图片样式的效果如下图所示。

6. 制作结束幻灯片

第1步 单击【开始】选项卡【幻灯片】组中的【新建幻灯片】按钮,在弹出的下拉列表中选择【标题幻灯片】选项,新建标题幻灯片页面,并删除幻灯片中的文本占位符。

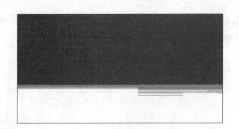

第2步 单击【插入】选项卡【文本】组中的【艺术字】按钮，在弹出的下拉列表中选择一种艺术字样式。

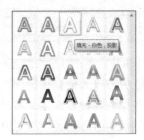

第3步 在插入的艺术字文本框中输入"培训结束"文本并设置【字号】为"80"，设置【字体】为"华文行楷"，并调整文本框的位置。

7. 添加动画和切换效果

第1步 选择第1张幻灯片，单击【动画】选项卡下【切换到此幻灯片】组中的【其他】按钮，在弹出的下拉列表中选择一种切换样式，如选择【擦除】组中的【向下擦除】切换效果样式。

第2步 在【切换到此幻灯片】组中设置【切换速度】为"中速"，单击【全部应用】按钮，将设置的切换效果应用至所有幻灯片页面。

第3步 选择第1张幻灯片中的标题文本框，在【动画】选项卡下【动画】组中设置【动画】为"飞入"效果。

第4步 在【切换到此幻灯片】组中的【换片方式】区域中单击选中【单击鼠标时】复选框，并设置【在此之后自动设置动画效果】为"00:05"。

第5步 即可为所选内容添加动画效果。使用同样的方法为其他文本内容、SmartArt图形、图片等添加动画效果，最终效果如下图所示。

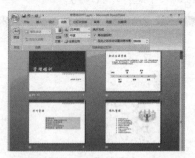

至此，就完成了管理培训PPT的制作。

第16章
Office 2007 在行政文秘管理中的应用

⊜ 本章导读

    行政文秘管理涉及相关制度的制定和执行推动、日常办公事务管理、办公物品管理、文书资料管理、会议管理等，经常需要使用 Office 办公软件。本章主要介绍 Office 2007 在行政办公中的应用，包括排版公司管理制度文件、制作公司会议议程记录表、制作公司年度总结报告 PPT 等。

◉ 思维导图

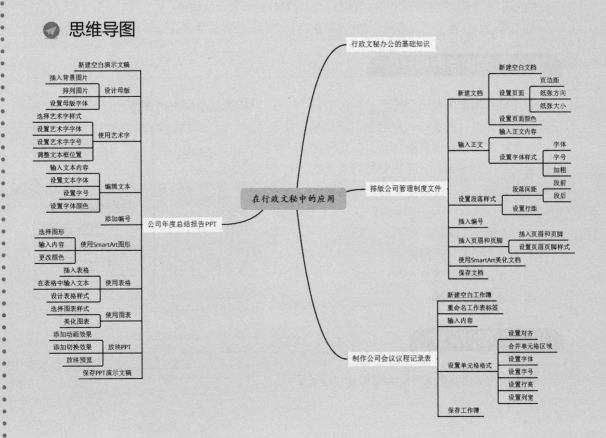

16.1 行政文秘办公的基础知识

行政文秘岗位需要掌握公关与文秘专业的基本理论与基本知识，需要具有较强的写作能力，能熟练地使用 Word、Excel 和 PowerPoint 从事文书、秘书事务工作，能进行文章写作、文学编辑和新闻写作，有较强的公关能力，并能从事信息宣传、文秘服务、日常办公管理及公共关系等工作。

16.2 排版公司管理制度文件

制定公司管理制度可以有效地调动员工的积极性，做到赏罚分明，提高员工的工作效率。

16.2.1 设计思路

公司管理制度是公司为了维护正常的工作秩序，保证工作能够高效有序进行而制定的一系列奖惩措施。基本上每个公司都有自己的管理制度，其内容根据公司的具体情况而各不相同。

制定公司管理制度时可以将制度详细划分为奖励和惩罚两部分内容。排版公司管理制度文件时，样式不可过多，要格式统一、样式简单，能够给阅读者严谨、正式的感觉，奖励和惩罚部分的内容可以根据需要设置不同的颜色，以起到鼓励和警示的作用。

公司管理制度通常由人事部门制作，而在行政文秘岗位则主要是设计公司管理制度的版式。

16.2.2 知识点应用分析

公司管理制度内容因公司而异，大型企业规范制度较多，岗位、人员也多，因此制作的管理制度文档就会复杂；而小公司根据实际情况可以制作出满足需求但相对简单的管理制度文档，但二者都需要包含奖励和惩罚两部分。

本节主要涉及以下知识点。

(1) 设置页面及背景颜色。
(2) 设置文本及段落格式。
(3) 设置页眉及页脚。

(4) 插入 SmartArt 图形。

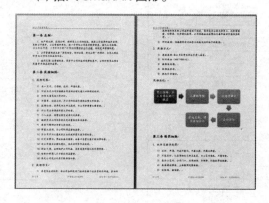

16.2.3 案例实战

排版公司管理制度文件的具体操作步骤如下。

1. 设置页面及背景颜色

第1步 新建一个 Word 文档，命名为"公司管理制度.docx"。

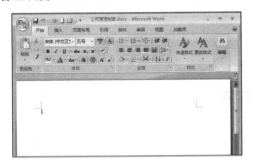

第2步 单击【页面布局】选项卡下【页面设置】组中的【页面设置】按钮，弹出【页面设置】对话框。单击【页边距】选项卡，设置页边距的【上】值为"2.16 厘米"，【下】值为"2.16厘米"，【左】值为"2.84 厘米"，【右】值为"2.84 厘米"，单击【确定】按钮。

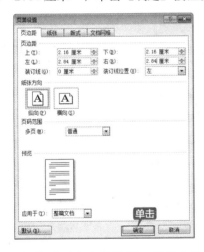

第3步 完成页面大小的设置，效果如下图所示。

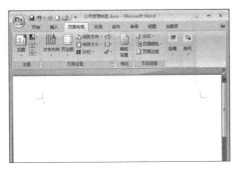

第4步 单击【页面布局】选项卡下【页面背景】组中的【页面颜色】按钮，在弹出的下拉列表中选择一种颜色。

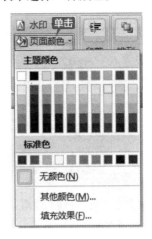

第5步 即可完成页面背景颜色的设置，效果如下图所示。

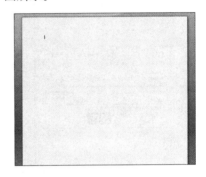

2. 输入文本并设计字体样式

第1步 打开随书光盘中的"素材\ch16\管理制度.txt"文件，复制其内容，然后将其粘贴到 Word 文档中。

第2步 选择"第一条 总则"文本，设置其【字体】为"楷体"，【字号】为"三号"，添加【加粗】效果。

第3步 设置"第一条 总则"段落间距【段前】为"1行"，【段后】为"0.5行"，并设置其【行距】为"1.5倍行距"。

第4步 双击【开始】选项卡下【剪贴板】组中的【格式刷】按钮，复制其样式，并将其应用至其他类似段落中。

第5步 选择"1. 奖励范围"文本，设置其【字体】为"楷体"，【字号】为"14"，【段前】为"0行"，【段后】为"0.5行"，并设置其【行距】为"1.2倍行距"。

第6步 使用格式刷将样式应用至其他相同的段落中。

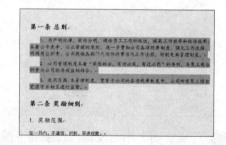

第7步 选择正文文本，设置其【字体】为"楷体"，【字号】为"12"，【首行缩进】为"2字符"，【段前】为"0.5行"，并设置其【行距】为"单倍行距"，效果如下图所示。

第8步 使用格式刷将样式应用于其他正文中。

第9步 选择"1. 奖励范围"下的正文文本，单击【开始】选项卡下【段落】组中【编号】按钮 的下拉按钮，在弹出的下拉列表中选择一种编号样式。

第10步 为所选内容添加编号后的效果如下图所示。

第11步 使用同样的方法，为其他正文内容设置编号。

3. 设置页眉及页脚

第1步 将鼠标光标定位至第1页中，单击【插入】选项卡下【页眉和页脚】组中的【页眉】

按钮 页眉 ，在弹出的下拉列表中选择【空白】选项。

第2步 在页眉中输入内容，这里输入"××公司管理制度"，设置【字体】为"楷体"，【字号】为"10"，并设置其"左对齐"。

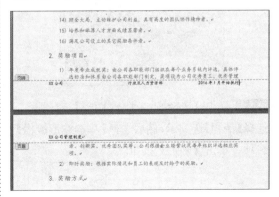

第3步 使用同样的方法为文档插入【空白（三栏）】页脚样式，输入"××公司""行政及人力资源部""2016年1月开始执行"内容，设置页脚【字体】为"楷体"，【字号】为"10"，效果如下图所示。

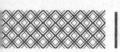
第4步 单击【设计】选项卡下【关闭】组中的【关闭页眉和页脚】按钮。

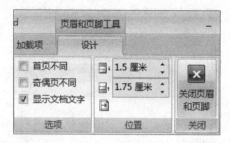

4. 插入 SmartArt 图形

第1步 将鼠标光标定位至"第二条 奖励细则"的内容最后并按【Enter】键另起一行，然后按【Backspace】键，在空白行输入文字"奖励流程："，设置【字体】为"楷体"，【字号】为"14"，【字体颜色】为"红色"，并设置"加粗"效果。

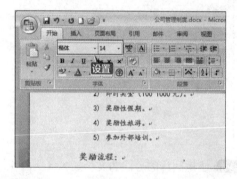

第2步 在"奖励流程："内容后按【Enter】键，单击【插入】选项卡下【插图】组中的【SmartArt】按钮 。

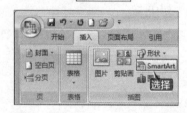

第3步 弹出【选择 SmartArt 图形】对话框，选择【流程】选项卡，然后选择【基本蛇形流程】选项，单击【确定】按钮。

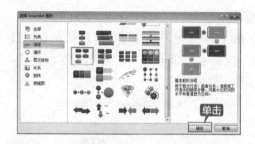

第4步 即可在文档中插入 SmartArt 图形，在 SmartArt 图形的【文本】处单击，输入相应的文字并调整 SmartArt 图形的大小及样式。

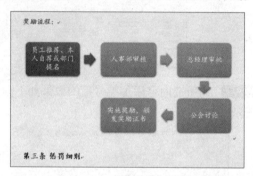

第5步 按照同样的方法，为文档添加"惩罚流程"SmartArt 图形，在 SmartArt 图形上输入相应的文本并调整大小后如下图所示。

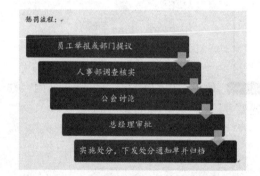

第6步 至此，公司管理制度制作完成，最终效果如下图所示。

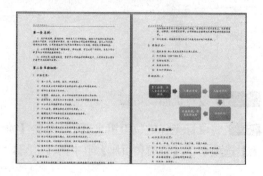

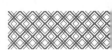

 16.3 制作公司会议议程记录表

制作会议议程记录表主要是利用 Excel 表格将会议议程完整、清晰地展现出来的过程。

16.3.1 设计思路

在日常的行政管理工作中，经常会举行有关不同内容的大大小小的会议。例如，通过会议来进行某个工作的分配、某个文件精神的传达或某个议题的讨论等，那么就需要通过会议记录来记录会议的主要内容和通过的决议等。

会议议程记录表主要是将会议的内容，如会议名称、会议时间、记录人、参与人、缺席者、发言人记录下来后，然后稍作修饰让整个表格更美观。

16.3.2 知识点应用分析

会议议程记录表主要包括以下几点。

(1) 表格标题。

(2) 会议的相关信息，如召开时间、召开地点、记录人、主持人、会议主题等。

(3) 会议内容。可以根据实际需要设计表格的结构，如发言人、内容摘要、备注，或者设计为时间、讨论主题、发言人、意见、解决方案、注意事项等。

使用 Excel 2007 制作公司会议议程记录表，主要涉及以下知识点。

(1) 输入内容。

(2) 设置单元格格式。

(3) 添加边框。

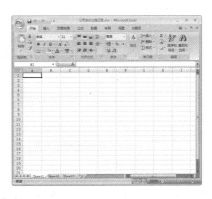

16.3.3 案例实战

制作公司会议议程记录表的具体操作步骤如下。

1. 新建文件并保存

第1步 打开 Excel 2007 并新建一个空白工作簿，将其保存为"公司会议议程记录 .xlsx"工作簿文件。

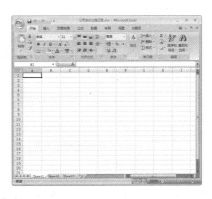

第2步 在工作表标签 Sheet1 上单击鼠标右键，

在弹出的快捷菜单中选择【重命名】选项。

第3步 输入新的工作表名称"公司会议议程记录表"。

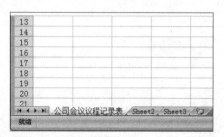

2. 输入内容

第1步 在 A1:A7 单元格区域，分别输入表头"会议议程记录表""会议主题""召开时间""记录人""参会者""缺席者""会议内容列表"。

	A	B	C
1	会议议程记录表		
2	会议主题		
3	召开时间		
4	记录人		
5	参会者		
6	缺席者		
7	会议内容列表		

第2步 分别选择 D3、D4 单元格，依次输入文字"召开地点""主持人"。

	A	B	C	D
1	会议议程记录表			
2	会议主题			
3	召开时间			召开地点
4	记录人			主持人
5	参会者			
6	缺席者			
7	会议内容列表			

第3步 在 A13、B13、F13 单元格中分别输入

"发言人""内容概要""备注"，效果如下图所示。

	A	B	C	D	E	F
1	会议议程记录表					
2	会议主题					
3	召开时间			召开地点		
4	记录人			主持人		
5	参会者					
6	缺席者					
7	会议内容列表					
8						
9						
10						
11						
12						
13	发言人	内容概要				备注
14						

3. 设置单元格格式

第1步 选择 A1:F1 单元格区域，单击鼠标右键，在弹出的快捷菜单中选择【设置单元格格式】选项。

第2步 弹出【设置单元格格式】对话框，选择【对齐】选项卡，在【水平对齐】和【垂直对齐】下拉列表中选择【居中】选项，在【文本控制】组中勾选【合并单元格】复选框。

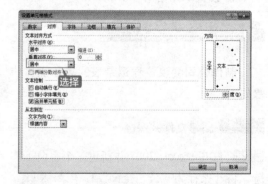

第3步 切换到【字体】选项卡，在【字体】列表框中选择"楷体"，在【字形】列表框中选择"加粗"，在【字号】列表框中选择"18"，单击【确定】按钮。

第 4 步 依次合并 B2:F2、B3:C3、B4:C4、E3:F3、E4:F4、B5:F5、B6:F6、A7:F7、B13:E13 单元格区域。

第 5 步 选择第 2 行至第 6 行,设置【字体】为"楷体",在【字号】下拉列表框中选择"14"。

第 6 步 选择第 7 行和第 13 行,设置【字体】为"楷体",【字号】为"16"。

第 7 步 选择其他空白单元格区域,设置【字体】为"楷体",【字号】为"12"。

第 8 步 根据需要调整表格的行高和列宽,并将所有内容居中显示,效果如下图所示。

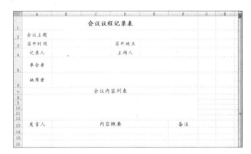

4. 美化表格

第 1 步 选择 A2:F28 单元格区域,在【开始】选项卡中,单击【字体】组中【边框】按钮的下拉按钮,在弹出的下拉列表中选择【所有框线】选项。

第 2 步 为表格内容添加全部框线,效果如下图所示。

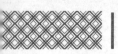

第3步 选择 A1:F1 单元格区域，单击【开始】选项卡下【样式】组中【单元格样式】按钮 单元格样式 的下拉按钮，在弹出的下拉列表中选择一种单元格样式。

第5步 使用同样的方法，再次修改单元格中文字的样式，最终效果如下图所示。

第4步 即可看到设置单元格样式后的效果。

至此，就完成了公司会议议程记录表的制作，最后按【Ctrl+S】组合键保存制作完成的表格。

16.4 制作公司年度总结报告 PPT

通过年度总结可以总结公司一年的运营情况，鼓励团队并增进同事之间的感情。因此，制作一份优秀的公司年度总结报告就显得尤为重要。

16.4.1 设计思路

年度总结报告标志着一个公司或组织一年工作的结束。公司年度总结包含企业员工表彰、企业历史回顾、企业未来展望等重要内容。

制作年度总结报告 PPT 就需要充分考虑年度总结的形式，不仅需要体现公司一年的运营情况，还需要总结经验、展望未来，达到鼓舞士气的效果。

16.4.2 知识点应用分析

制作公司年度总结 PPT 主要涉及以下知识点。

(1) 设计幻灯片的母版。

(2) 插入并编辑艺术字。

(3) 设置文本样式。

(4) 插入图片、自选图形、SmartArt 图形。

(5) 设计表格。

(6) 设置切换及动画效果。

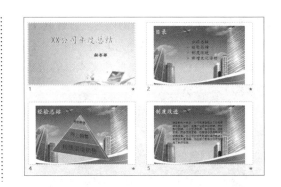

16.4.3 案例实战

制作公司年度总结报告 PPT 的具体操作步骤如下。

1. 设计幻灯片母版

第1步 新建一个演示文稿，并保存为"公司年度总结报告 .pptx"。

第2步 单击【视图】选项卡下【母版视图】组中的【幻灯片母版】按钮，切换至幻灯片母版视图。

第3步 在左侧的窗格中选择第 1 张幻灯片，单击【插入】选项卡下【图像】组中的【图片】按钮，弹出【插入图片】对话框，选择"素材 \ch16\ 背景 1.jpg"文件，单击【插入】

按钮，完成图片的插入。选择插入的图片并调整图片的大小和位置，效果如下图所示。

第4步 选择插入的图片，单击【格式】选项卡下【排列】组中【置于底层】按钮的下拉按钮，在弹出的下拉列表中选择【置于底层】选项。

第5步 即可将图片置于幻灯片页面的底层，效果如下图所示。

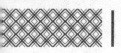
第6步 选择标题文本框中的内容，设置其【字体】为"华文行楷"，【字号】为"54"，【字体颜色】为"白色"，并调整标题文本框的位置，效果如下图所示。

第7步 在左侧窗格中选择第2张幻灯片，单击选中【幻灯片母版】选项卡下【背景】组中的【隐藏背景图形】复选框，隐藏插入的背景图形。

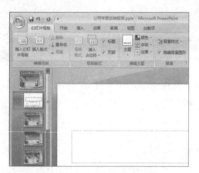

第8步 单击【幻灯片母版】选项卡下【背景】组中【背景样式】按钮 ◇背景样式 - 的下拉按钮，在弹出的下拉列表中选择【设置背景格式】选项。

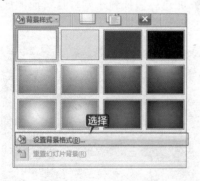

第9步 打开【设置背景格式】对话框，在【填充】

组下单击选中【图片或纹理填充】单选按钮，单击【文件】按钮。

第10步 打开【插入图片】对话框，选择"素材 \ch16\ 背景 2.jpg"文件，单击【插入】按钮，插入图片后效果如下图所示。

第11步 单击【幻灯片母版】选项卡下【关闭】组中的【关闭母版视图】按钮，返回至普通视图。

2. 设计 PPT 首页效果

第1步 删除首页幻灯片的占位符，单击【插

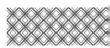
入】选项卡下【文本】组中的【艺术字】按钮 ，在弹出的下拉列表中选择一种艺术字样式。

第2步 即可在幻灯片中插入艺术字文本框，删除文本框中的内容并输入"××公司年度总结报告"文本，然后设置其【字体】为"楷体"，【字号】为"70"，并调整文本框至合适位置。

第3步 使用同样的方法输入艺术字"行政部"，并设置其【字体】为"楷体"，【字号】为"50"，效果如下图所示。

3. 制作"目录"幻灯片页面

第1步 新建"仅标题"幻灯片页面，在标题文本框中输入"目录"文本。

第2步 插入横排文本框，并输入目录相关内容，设置【字体】为"楷体"，【字号】为"32"，【字体颜色】为"黑色"，效果如下图所示。

第3步 选择输入的目录文本，单击【开始】选项卡下【段落】组中【编号】按钮 的下拉按钮，在弹出的下拉列表中选择一种编号样式。

第4步 添加编号后的效果如下图所示。

4. 制作"前言"幻灯片页面

第1步 插入"仅标题"幻灯片，输入标题为"前言"。

第2步 打开随书光盘中的"素材 \ch16\ 前言 .txt"文档，复制其内容，然后将其粘贴到幻灯片页面中，并根据需要设置字体和段落样式，效果如下图所示。

第3步 选择内容文本框，单击【格式】选项卡下【形状样式】组中的【其他】按钮，在弹出的下拉列表中选择一种形状样式。

第4步 调整文本框的大小，效果如下图所示。

5. 制作"获得成绩"幻灯片页面

第1步 插入"仅标题"幻灯片，输入标题"获得成绩"。

第2步 单击【插入】选项卡下【插图】组中的【SmartArt】按钮，弹出【选择 SmartArt 图形】对话框，在左侧列表中选择【列表】选项卡，在右侧选择【垂直 V 型列表】选项，然后单击【确定】按钮。

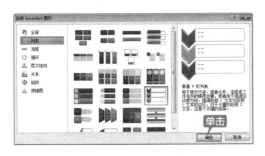

第3步 完成 SmartArt 图形的插入，根据需要输入相关内容并设置字体样式。

第4步 选中图型，单击【SmartArt 工具】→【设计】选项卡下【SmartArt 样式】组中的【更改颜色】按钮，在弹出的下拉列表中选择一种颜色样式。

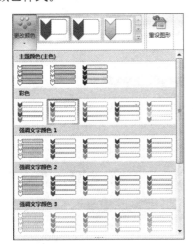

第5步 单击【SmartArt 样式】组中的【其他】按钮，在弹出的下拉列表中选择一种样式。

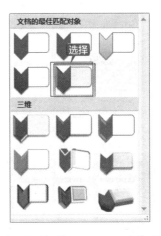

第6步 根据需要调整 SmartArt 图形的大小及文字的字体，效果如下图所示。

第7步 新建"空白"幻灯片，单击【插入】选项卡下【表格】组中的【表格】按钮，在弹出的下拉列表中选择【插入表格】选项。

第8步 弹出【插入表格】对话框，设置【列数】为"3"，【行数】为"3"，单击【确定】按钮。

第9步 插入一个3行3列的表格，并输入相关内容。

第10步 选中表格，单击【设计】选项卡下【表格样式】组中的【其他】按钮，在下拉列表中选择一种表格样式。

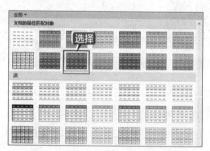

第11步 即可为表格应用该样式。根据需要更改表格中字体的样式，效果如下图所示。

第12步 单击【插入】选项卡下【插图】组中的【图表】按钮，打开【插入图表】对话框，选择【簇状柱形图】图表样式，单击【确定】按钮。

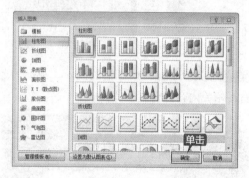

第13步 弹出"Microsoft Office PowerPoint中的图表"工作表，根据表格内容输入数据，并关闭工作表，完成图表的插入。选择插入的图表，在【设计】选项卡下【图表样式】组中选择一种图表样式，效果如下图所示。

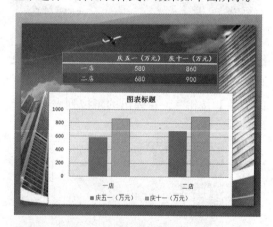

第14步 在图表中输入标题"活动期间销量"，并设置字体样式，完成图表的创建。

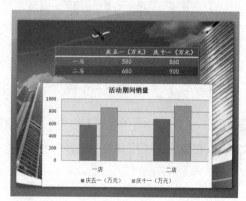

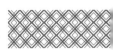

第15步 使用同样的方法，创建"年销售量"图表，效果如下图所示。

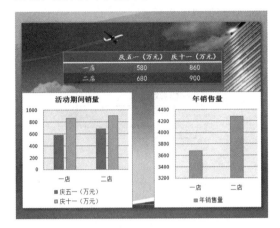

6. 制作其他幻灯片页面

第1步 插入"仅标题"幻灯片，输入标题为"问题及改进"，并根据需要绘制 SmartArt 图形，效果如下图所示。

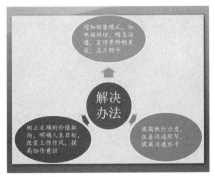

第2步 制作"新一年发展规划"幻灯片页面，效果如下图所示。

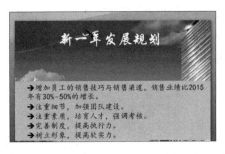

第3步 新建"标题幻灯片"幻灯片，并输入"谢谢欣赏！"艺术字文本并设置文字样式，效果如下图所示。

7. 添加动画和切换效果

第1步 选择要设置切换效果的幻灯片，这里选择第1张幻灯片，单击【动画】选项卡下【切换到此幻灯片】组中的【其他】按钮 ▼，在弹出的下拉列表中选择【推进和覆盖】→【向上推进】选项，即可自动预览该效果。

第2步 在【切换到此幻灯片】组中单击【切

换速度】下拉列表框，在弹出的下拉列表中选择【中速】选项，单击【全部应用】按钮将设置的切换效果应用至所有幻灯片页面。

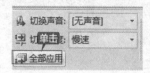

第3步 选择第1张幻灯片中要创建"进入"动画效果的文字。

第4步 单击【动画】选项卡【动画】组中的【自定义动画】按钮，打开【自定义动画】窗格，单击【添加效果】按钮，在弹出的下拉列表中选择【进入】→【飞入】选项，创建"进入"动画效果。

第5步 在下方即可看到添加的动画效果，设置【方向】为"自顶部"，【速度】为"慢速"，完成动画效果的设置。

第6步 使用同样的方法为其他内容设置动画效果如下图所示。

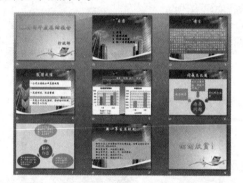

至此，就完成了公司年度总结报告 PPT 的制作。

第17章

Office 2007 在财务管理中的应用

本章导读

本章主要介绍 Office 2007 在财务管理中的应用，主要包括使用 Word 制作费用报销单、使用 Excel 编制试算平衡表、使用 PowerPoint 制作财务支出分析报告 PPT 等。通过本章学习，读者可以掌握 Word/Excel/PPT 在财务管理中的应用。

思维导图

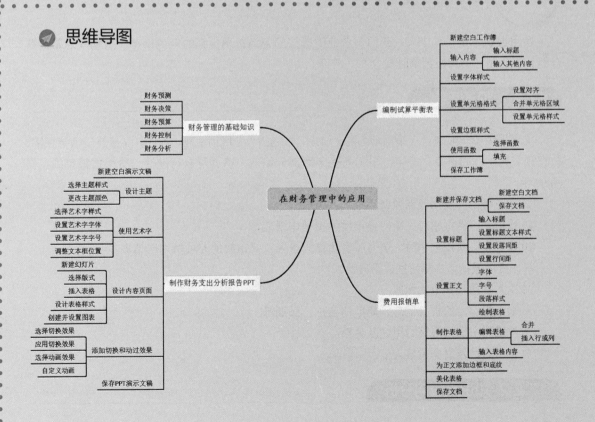

17.1 财务管理的基础知识

　　财务管理是企业管理的一个重要组成部分，是基于企业再生产过程中客观存在的资金运动和财务关系产生的，利用价值形式对再生产过程进行的管理，是组织资金运动、处理财务关系的一项综合性经济管理工作。目的就是以最少的资金占用和消耗，获得最大的经济利益。

　　财务管理职能是指财务管理应发挥的作用和应具有的功能，包括财务预测、财务决策、财务预算、财务控制和财务分析 5 部分。

　　在财务管理应用中通常会遇到余额调节表、企业财务收支分析、会计科目表、记账凭证、日记账、员工工资管理、损益表、资产负债表、现金流量表等内容的编制与操作，使用 Office 办公软件可以在财务管理领域制作财务报告文档、各类分析报表及数据展示演示文稿。Word 在编排文本、数据的优越性，不仅表现在效率上，更重要的是表现在美观上，可以使财务报告做到图文并貌；使用 Excel 则可以根据需要操纵数据，得到所需数据的核心部分，它的计算功能，省去了测试数据时的大量计算工作；使用 PowerPoint 可以制作出精美的数据分析展示 PPT，不仅美观，还能直观地反应出公司最近一段时间的财务状况。

17.2 制作费用报销单

　　费用报销单是员工个人或部门向企业财务部门申请费用报销的申请单据。报销单通常需要存档，因此制作费用报销单时要全面、严谨。

17.2.1 设计思路

　　费用报销单一般包含报销部门名称、日期、报销摘要、报销金额、备注，以及部门领导签字、公司领导签字、财务审核签字、报销人签字等部分组成，格式可自行设计。费用报销单的主要用途如下。

　　(1) 用于各部门费用及专项费用报销。

　　(2) 作为差旅费报销时，需附经审批的出差申请表。

　　(3) 属于专项费用报销时，需有项目负责人签名及经审批的专项费用申请表。

　　制作费用报销单主要包括以下几点。

　　(1) 输入费用报销单的标题。

　　(2) 输入报销单的相关信息，如部门名称，日期等。

　　(3) 详细列举费用报销的用途及金额。

　　(4) 费用总计及财务审核人信息。

17.2.2 知识点应用分析

　　使用 Word 2007 制作费用报销单主要涉及以下知识点。

(1) 设置字体、字号。

(2) 设置段落及边框样式。

(3) 插入表格。

(4) 合并单元格，设置表格对齐方式。

(5) 美化表格样式。

17.2.3 案例实战

制作费用报销单的具体操作步骤如下。

1. 输入基本信息

第1步 新建 Word 文档，并将其另存为"费用报销单 .docx"文件。

第2步 在文档中输入"费用报销单"文本，并设置其【字体】为"方正楷体简体"，【字号】为"小初"，并将其设置为"居中"显示。

第3步 选择输入的文本并单击鼠标右键，在弹出的快捷菜单中选择【段落】选项。

第4步 弹出【段落】对话框，在【间距】组中设置其【段前】为"1 行"，【段后】为"0.5 行"，单击【确定】按钮。

第5步 即可看到设置段落样式后的效果，按两次【Enter】键换行，并清除样式。根据需要输入费用报销单的基本信息，可以打开随书光盘中的"素材 \ch17\ 费用报销单资料 .docx"文件将第一部分内容复制到"费用报销单 .docx"文档中。

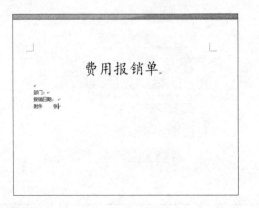

第6步 根据需要设置字体和字号及段落格式，效果如下图所示。

2. 制作表格

第1步 单击【插入】选项卡下【表格】组中【表格】按钮的下拉按钮，在弹出的下拉列表中选择【插入表格】选项。

第2步 弹出【插入表格】对话框，设置【列数】为"6"，【行数】为"12"，单击【确定】按钮。

第3步 即可完成表格的插入，如下图所示。

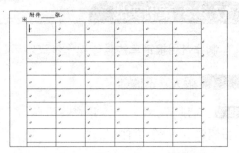

第4步 选择第1行中第1列和第2列的单元格，单击【布局】选项卡下【合并】组中的【合并单元格】按钮 合并单元格，将选择的单元格区域合并。

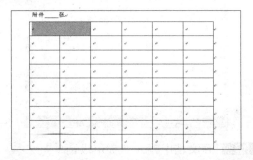

第5步 选择第1行至第3行最后两列的单元格区域并单击鼠标右键，在弹出的快捷菜单中选择【合并单元格】选项。

第6步 将选择的单元格区域合并，效果如下图所示。

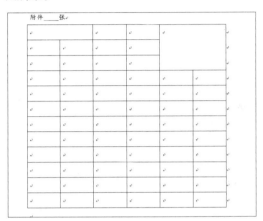

第7步 使用同样的方法合并其他单元格，效果如下图所示。

第8步 根据需要在表格中输入相关内容。

第9步 在表格下方换行并输入其他信息。

3. 设置文本样式

第1步 选择表格中的所有文本内容，设置【字体】为"华文楷体"，【字号】为"14"，效果如下图所示。

第2步 选择第一行前 3 列的单元格，单击【布局】选项卡下【对齐方式】组中的【水平居中】按钮，将其水平居中对齐。

第3步 为其他单元格设置居中对齐效果。

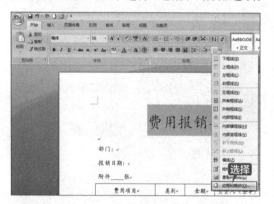

第4步 选择"费用报销单"文本，单击【开始】选项卡下【段落】组中【边框】按钮的下拉按钮，在弹出的下拉列表中选择【边框和底纹】选项。

第5步 弹出【边框和底纹】对话框，在【边框】选项卡下进行如下图所示的设置，单击【确定】按钮。

第6步 即可看到设置边框样式后的效果。

第7步 设置"费用报销单"文本的【字体颜色】为"红色"，并为下方的内容设置边框和底纹样式，效果如下图所示。

4. 设置表格样式

第1步 根据需要调整表格的列宽和行高，效果如下图所示。

第2步 将鼠标光标放置在表格内，单击【设计】选项卡下【表样式】组中的【其他】按钮，在弹出的下拉列表中选择一种表格样式。

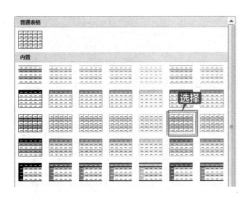

第 3 步 设置表样式后的效果如下图所示。

第 4 步 最后根据需要对表格进行调整，使其整齐美观，按【Ctrl+S】组合键保存文档。

至此，就完成了费用报销单的制作。

17.3 编制试算平衡表

本节通过 Excel 2007 编制一份试算平衡表。

17.3.1 设计思路

试算平衡表是定期地加计分类账各账户的借贷方发生及余额的合计数，用以检查借贷方是否平衡暨账户记录有无错误的一种表式。

试算平衡表可以分为两种，一种是将本期发生额和期末余额分别编制列表；另一种是将本期发生额和期末余额合并在一张表上进行试算平衡。但通过试算平衡表来检查账簿记录是否正确并不是绝对的，从某种意义上讲，如果借贷不平衡，就可以肯定账户的记录或者是计算有错误，但是如果借贷平衡，也不能肯定账户记录没有错误，因为有些错误并不影响借贷双方的平衡关系。

在借贷记账法下，其内容包括以下内容。

(1) 检查每次会计分录的借贷金额是否平衡。

(2) 检查总分类账户的借贷发生额是否平衡。

(3) 检查总分类账户的借贷余额是否平衡。

可按照以下思路编制试算平衡表。

(1) 输入试算平衡表的基本信息。

(2) 制作表头。

(3) 设置字体样式及表格边框。

(4) 输入公式。

17.3.2 知识点应用分析

使用 Excel 2007 制作试算平衡表主要涉及以下知识点。

(1) 输入文本内容。

(2) 设置字体及单元格样式。

(3) 设置边框样式。

(4) 函数的使用。

17.3.3 案例实战

编制试算平衡表的具体操作步骤如下。

1. 输入基本信息

第1步 新建 Excel 工作簿，并将其另存为"试算平衡表 .xlsx"文件。

第2步 选择 A1 单元格，输入"试算平衡表"文本。

第3步 根据需要输入其他内容，效果如下图所示。

2. 设置字体及单元格样式

第1步 选择 A1 单元格，设置文本【字体】为"华文楷体"，【字号】为"18"，效果如下图所示。

第2步 选择 A1:H1 单元格区域，单击【开始】选项卡下【对齐方式】组中【合并后居中】按钮 的下拉按钮，在弹出的下拉列表中选择【合并后居中】选项，将单元格区域合并。

第3步 使用同样的方法合并 B2:C2、G2:H2、A3:A4、B3:B4、C3:D3、E3:F3、G3:H3、A24:B24 单元格区域，效果如下图所示。

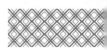

第4步 选择 A2:H24 单元格区域，根据需要设置【字体】为"华文新魏"，【字号】为"13"，并设置【对齐方式】为"居中"对齐。

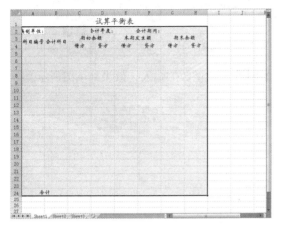

第5步 根据需要调整表格的列宽与行高，显示表格中的全部内容。

第6步 选择 A1 单元格，单击【开始】选项卡下【样式】组中【单元格样式】按钮的下拉按钮，在弹出的下拉列表中选择【标题】→【标题 1】选项。

第7步 设置单元格样式后，单元格字体格式会发生变化，根据需要重新设置字体格式，效果如下图所示。

3. 设置边框样式

第1步 选择 A3:H24 单元格区域，单击【开始】选项卡下【字体】组中【边框】按钮的下拉按钮，在弹出的下拉列表中选择【所有框线】选项。

第2步 添加边框后的效果如下图所示。

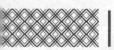

4. 使用函数

第1步 选择 C24 单元格，单击【公式】选项卡下【函数库】组中的【插入函数】按钮。

第2步 弹出【插入函数】对话框，在【选择函数】列表框中选择【SUM】选项，单击【确定】按钮。

第3步 弹出【函数参数】对话框，在【Number1】文本框中输入"C5：C23"，单击【确定】按钮。

第4步 完成函数的输入，效果如下图所示。

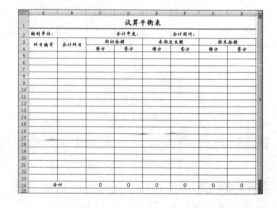

第5步 使用自动填充功能填充值 H24 单元格，完成其他函数的输入。至此，就完成了编制试算平衡表的操作，使用时只需要在表格中输入数据即可。

17.4 制作财务支出分析报告 PPT

本节使用 PowerPoint 2007 制作财务支出分析报告 PPT，达到完善企业财务制度、改进各部门财务管理的目的。

17.4.1 设计思路

财务支出分析报告 PPT 可以让企业领导看到企业近期的财务支出情况，能够促进公司制度的改革，制作出合理的财务管理制度。在制作财务支出分析报告 PPT 时，还需要对各部门的财

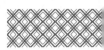
务情况进行简单的分析，不仅要使各部门能够清楚地了解自己部门的财务情况，还要了解其他部门的财务情况。

财务支出分析报告 PPT 主要包括以下几点。

(1) 首页介绍报告的名称、制作者信息。

(2) 各部门财务情况页面，列出需要对比同一时期内各部门的财务支出情况，最好以表格的形式列举，便于查看。

(3) 对比幻灯片页面，可以根据需求从多角度进行对比，如可以按照各部门各季度的财务支出情况对比、每季度各部门的财务支出情况对比。

(4) 分析页面，介绍通过各部门财务支出情况的对比可以发现什么样的问题，以及如何避免这些问题，从而健全企业的财务管理制度。

17.4.2 知识点应用分析

制作财务支出分析报告 PPT 主要涉及以下知识点。

(1) 插入艺术字。

(2) 插入与设置表格。

(3) 插入并设置图表。

(4) 设置动画和切换效果。

(5) 放映幻灯片。

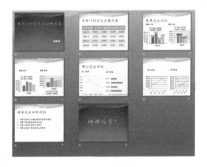

17.4.3 案例实战

使用 PowerPoint 2007 制作财务支出分析报告 PPT 的具体操作步骤如下。

1. 设置首页幻灯片

第1步 新建演示文稿，并将其另存为"财务支出分析报告 PPT.pptx"，并删除页面中所有的文本占位符。

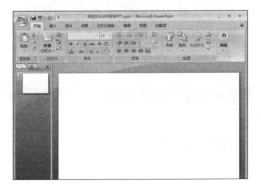

第2步 单击【设计】选项卡下【主题】组中的【其他】按钮，在弹出的下拉列表中选择一种主题样式。

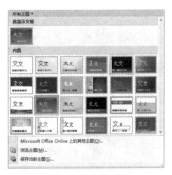

第3步 单击【设计】选项卡下【主题】组中的【颜色】按钮的下拉按钮，在弹出的下拉列表中选择一种主题颜色，效果如下图所示。

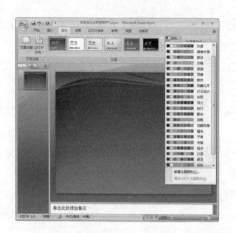

第4步 单击【插入】选项卡下【文本】组中的【艺术字】按钮 艺术字，在弹出的下拉列表中选择一种艺术字样式。

第5步 即可在幻灯片页面中插入【请在此键入您自己的文字】艺术字文本框，删除文本框中的文字，输入"各部门财务支出分析报告"文本。

第6步 根据需要在【开始】选项卡下【字体】组中设置字体及字号，并移动艺术字文本框的位置。

第7步 重复步骤4~6，输入新的艺术字。

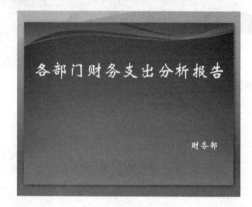

第8步 选择插入的标题艺术字，单击【格式】选项卡下【艺术字样式】组中【文本轮廓】按钮 的下拉按钮，设置文本轮廓颜色为"蓝色"，效果如下图所示。

2. 设计"各部门财务支出情况"幻灯片页面

第1步 单击【开始】选项卡下【幻灯片】组中的【新建幻灯片】按钮，在弹出的下拉列表中选择【标题和内容】选项。

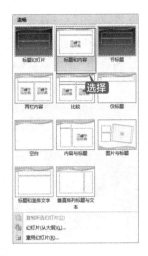

第2步 新建"标题和内容"幻灯片，在标题文本框中输入"各部门财务支出情况表"文本，单击【开始】选项卡下【字体】组中的【字体】按钮，在弹出的下拉列表中选择"华文新魏"选项，设置其【字号】为"55"，设置【字体颜色】为"蓝色"。

第3步 删除"内容"文本占位符，单击【插入】选项卡下【表格】组中的【表格】按钮，在弹出的下拉列表中选择【插入表格】选项。

第4步 弹出【插入表格】对话框，设置【列数】为"5"，【行数】为"5"，单击【确定】按钮。

第5步 完成表格的插入，输入相关内容（可以打开随书光盘中的"素材 \ch17\ 部门财务支出表 .xlsx"文件，按照表格内容输入），并适当调整表格内容的大小。

第6步 选择绘制的表格，在【设计】选项卡下【表格样式】组中根据需要更改表格的样式，效果如下图所示。

3. 设置"季度支出对比"幻灯片页面

第1步 新建"比较"幻灯片，在标题占位符中输入"季度支出对比"，在下方的文本框中分别输入"销售一部"和"销售二部"，并分别设置文字字体样式。

第2步 单击下方左侧文本占位符中的【插入图表】按钮 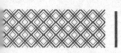，弹出【插入图表】对话框，选择要插入的"簇状柱形图"图表类型，单击【确定】按钮。

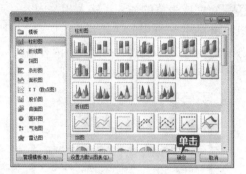

第3步 弹出"Microsoft Office PowerPoint中的图表"工作表，在其中根据第2张幻灯片页面中的内容输入相关数据。

第4步 关闭工作表，即可看到插入图表后的效果。选择插入的图表，单击【设计】选项卡下【图表样式】组中的【其他】按钮 ，在弹出的下拉列表中选择一种图表样式。

第5步 即可看到创建图表后的效果。

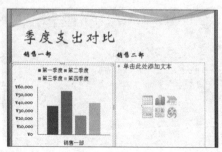

第6步 选择图表，单击【布局】选项卡下【标签】组中【数据标签】按钮 的下拉按钮，在弹出的下拉列表中选择【数据标签外】选项。

第7步 即可看到添加数据标签后的效果。

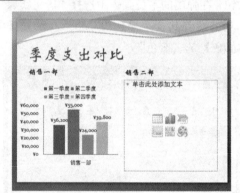

第8步 重复步骤2~7的操作，插入销售二部的图表，效果如下图所示。

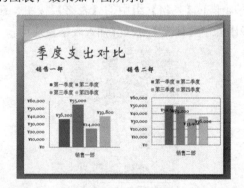

第9步 新建"比较"幻灯片，并插入销售三部和销售四部的图表，并设置图表样式，效果如下图所示。

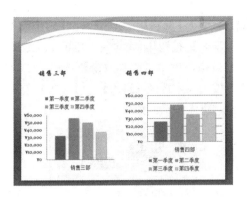

第10步 使用同样的方法，制作各季度部门对比幻灯片页面，效果如下图所示。

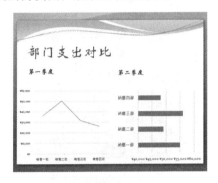

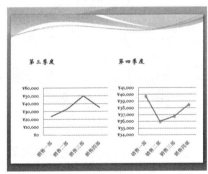

4. 设置其他幻灯片页面

第1步 新建"标题和内容"幻灯片，输入标题"财务支出对比分析"，并设置字体样式。

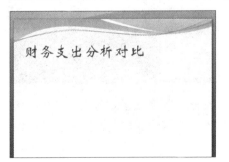

第2步 在内容文本框输入对比结果，并设置字体样式。

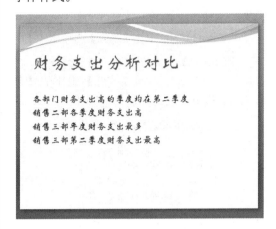

第3步 单击【开始】选项卡下【段落】组中【编号】按钮的下拉按钮，对输入的文本设置编号。

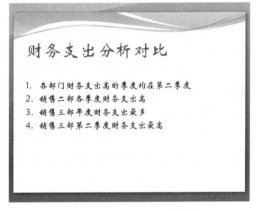

第4步 新建"标题幻灯片"幻灯片页面，插入艺术字文本框，输入"谢谢欣赏！"文本，并根据需要设置字体样式，完成结束幻灯片页面的制作。

5. 添加切换和动画效果

第1步 选择要设置切换效果的幻灯片，这里选择第1张幻灯片，单击【动画】选项卡下【切换到此幻灯片】组中的【其他】按钮，在弹出的下拉列表中选择【擦除】组下的【向右擦除】效果，即可自动预览该效果。

第2步 在【切换到此幻灯片】组中单击【切换速度】按钮后的下拉按钮，在弹出的下拉列表中选择【慢速】选项；单击【全部应用】按钮将设置的切换效果应用至所有幻灯片页面。

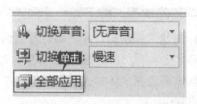

第3步 选择第1张幻灯片中要创建"进入"动画效果的文字。

第4步 单击【动画】选项卡【动画】组中的【自定义动画】按钮，打开【自定义动画】窗格，单击【添加效果】按钮，在弹出的下拉列表中选择【进入】→【飞入】选项，创建"进入"动画效果。

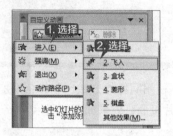

第5步 在下方即可看到添加的动画效果，设置【方向】为"自顶部"，设置【速度】为"慢速"，完成动画效果的设置。

第6步 使用同样的方法为其他内容设置动画效果，最终效果如下图所示。

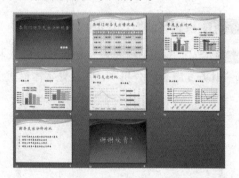

至此，就完成了财务支出分析报告PPT的制作，将制作完成的演示文稿进行保存即可。

第18章
Office 2007 在市场营销中的应用

🖱 本章导读

　　本章主要介绍 Office 2007 在市场营销中的应用，主要包括使用 Word 制作市场调研分析报告、使用 Excel 设计销售业绩统计表、使用 PowerPoint 制作项目推广 PPT 等。通过本章学习，读者可以掌握 Word/Excel/PPT 在市场营销中的应用。

✈ 思维导图

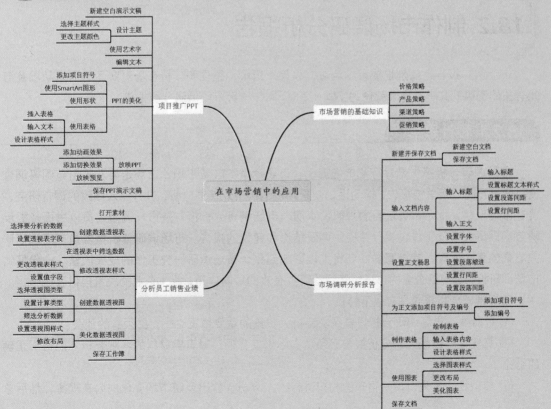

18.1 市场营销的基础知识

市场营销，又称为市场学、市场行销或行销学，是在创造、沟通、传播和交换产品中为顾客、客户、合作伙伴及整个社会带来价值的活动、过程和体系，是以顾客需要为出发点，根据经验获得顾客需求量及购买力的信息、商业界的期望值，有计划地组织各项经营活动，通过相互协调一致的产品策略、价格策略、渠道策略和促销策略，为顾客提供满意的商品和服务而实现企业目标的过程。

(1) 价格策略主要是指产品的定价，主要考虑成本、市场、竞争等，企业根据这些情况来给产品进行定价。

(2) 产品策略主要是指产品的包装、设计、颜色、款式、商标等，制作特色产品，让其在消费者心目中留下深刻的印象。

(3) 渠道策略是指企业选用何种渠道使产品流通到顾客手中，企业可以根据不同的情况选用不同的渠道。

(4) 促销策略主要是指企业采用一定的促销手段来达到销售产品，增加销售额的目的。

在市场营销领域可以使用 Word 制作市场调查报告、市场分析及策划方案等；使用 Excel 对统计的数据进行分析、计算，以图表的形式直观显示；使用 PowerPoint 制作营销分析、推广方案 PPT 等。

18.2 制作市场调研分析报告

市场调查报告，就是根据市场调查、收集、记录、整理和分析市场对商品的需求状况及与此有关的资料的文书。本节就使用 Word 2007 制作一份市场调研分析报告。

18.2.1 设计思路

市场调研分析报告是对行业市场规模、市场竞争、区域市场、市场走势及吸引范围等调查资料所进行的分析总结报告，换句话说就是用市场经济规律去分析，进行深入细致的调查研究，透过市场现状，揭示市场运行的规律、本质。市场调研分析报告是市场调研人员以书面形式反映市场调研内容及工作过程，并提供调研结论和建议的报告。市场调研分析报告是市场调研研究成果的集中体现，其撰写的好坏将直接影响到整个市场调研研究工作的成果质量。一份好的市场调研报告，能给企业的市场经营活动提供有效的导向作用，能为企业的决策提供客观依据。

市场调研分析报告具有以下特点。

(1) 针对性。市场调研分析报告是决策机关决策的重要依据之一，必须有的放矢。

(2) 真实性。市场调研分析报告必须从实际出发，通过对真实材料的客观分析才能得出正确的结论。

(3) 典型性。首先对调研得来的材料进行　　分析，找出反映市场变化的内在规律，然后总

结出准确可靠的报告结论。

(4) 时效性。市场调研分析报告要及时、迅速、准确地反映、回答现实市场中的新情况、新问题。

制作市场调研分析报告主要包括以下几点。

(1) 输入调查目的、调查对象及其情况、调查方式、调查时间、调查内容、调查结果、调查体会等内容。

(2) 设置报告文本内容的样式。

(3) 以表格和图表的方式展示数据。

18.2.2 知识点应用分析

制作市场调研分析报告主要涉及以下知识点。

(1) 设置字体和段落样式。

(2) 插入项目符号和编号。

(3) 插入并美化表格。

(4) 插入并美化图表。

(5) 保存文档。

18.2.3 案例实战

使用 Word 2007 制作市场调研分析报告的具体操作步骤如下。

1. 输入内容

第1步 新建空白 Word 文档，并将其保存为"市场调研分析报告 .docx"。

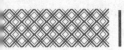

第2步 输入"市场调研分析报告"文本，并设置【字体】为"华文楷体"，【字号】为"28"，并设置其【段前】为"1行"，【段后】为"1行"，【对齐方式】为"居中"，效果如下图所示。

第3步 按【Enter】键换行，并清除格式，打开随书光盘中的"素材\ch18\市场调研报告.docx"文档，并将其内容添加至"市场调研分析报告.docx"文档中。

2. 设置字体及段落样式

第1步 选中"市场调研背景及目的"文本，在【开始】选项卡下的【字体】组中根据需要设置其【字体】为"华文楷体"，【字号】为"16"，效果如下图所示。

第2步 单击【开始】选项卡下【段落】组中的【段落设置】按钮，在弹出的【段落】对话框的【缩进和间距】选项卡的【间距】组中设置【段前】为"0.5"，【段后】为"0.5行"，并设置【行距】为"单倍行距"，设置完成后单击【确定】按钮。

第3步 设置段落样式后的效果如下图所示。

第4步 使用格式刷设置其他标题段落的样式，效果如下图所示。

第5步 设置正文文本的【字体】为"楷体"，【字号】为"12"，并设置【段落缩进】为"首行缩进2字符"，【行距】为"单倍行距"，效果如下图所示。

第6步 选择"问卷调研内容"下的正文，设置其【字体】为"楷体"，【字号】为"12"，效果如下图所示。

3. 添加项目符号和编号

第1步 选中"市场调研背景及目的"标题文本，单击【开始】选项卡下【段落】组中【编号】按钮的下拉按钮，在弹出的下拉列表中选择一种编号样式。

第2步 添加编号后的效果如下图所示。

第3步 为其他标题添加编号，效果如下图所示。

第4步 选择"一、 市场调研背景及目的"标题下的最后4行文本，单击【开始】选项卡下【段落】组中【编号】按钮的下拉按钮，在弹出的下拉列表中选择一种编号样式。

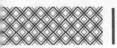

第5步 效果如下图所示。

第6步 选中"三、 调查程序"标题下的文本，单击【开始】选项卡下【段落】组中【项目符号】按钮 的下拉按钮，在弹出的下拉列表中选择一种项目符号样式。

第7步 添加项目符号后的效果如下图所示。

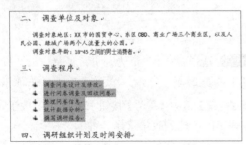

第8步 为其他需要添加编号和项目符号的文本添加编号和项目符号，效果如下图所示。

4. 插入并设置表格

第1步 将鼠标光标定位至"二、调查单位及对象"文本后，按【Enter】键换行，并清除当前段落的样式，单击【插入】选项卡下【表格】组中【表格】按钮的下拉按钮，在弹出的下拉列表中选择【插入表格】选项。

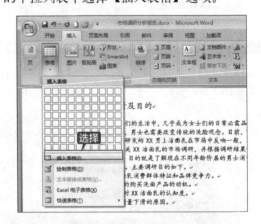

第2步 弹出【插入表格】对话框，设置【列数】为"2"，【行数】为"6"，单击【确定】按钮。

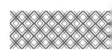

第 3 步 完成表格的插入，并在其中输入相关内容，效果如下图所示。

第 4 步 选择插入的表格，单击【设计】选项卡下【表格样式】组中的【其他】按钮，在弹出的下拉列表中选择一种表格样式。

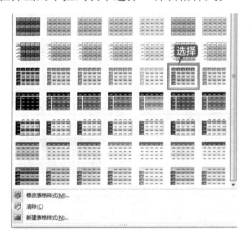

第 5 步 根据需要设置表格中的字体样式，效果如下图所示。

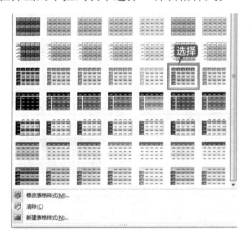

第 6 步 选择插入的表格，在【布局】选项卡下设置【对齐方式】为"居中"；选择第 2 列中第 2 行至第 4 行单元格，单击【布局】选项卡下【合并】组中的【合并单元格】按钮，完成单元格合并。使用同样的方法合并其他

单元格，完成表格的美化，效果如下图所示。

5. 插入图表

第 1 步 将鼠标光标放置在"调研结果"内容下方，按【Enter】换行，单击【插入】选项卡下【插图】组中的【图表】按钮。

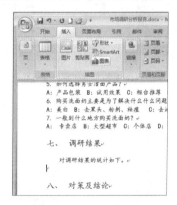

第 2 步 弹出【插入图表】对话框，选择"簇状柱形图"图表类型，单击【确定】按钮。

第 3 步 在弹出的"Microsoft Word 中的图表"工作表，在其中输入如图所示的数据（可以打开随书光盘中的"素材 \ch18\ 调研结果 .xlsx"文件，根据其中的数据输入）。

A	B	C	D	E	F
	答案A	答案B	答案C	答案D	答案E
1 问题1	0.02	0.38	0.1	0.3	0.2
2 问题2	0.24	0.12	0.14	0.28	0.22
3 问题3	0.1	0.25	0.4	0.15	0.1
4 问题4	0.2	0.5	0.3		
5 问题5	0.1	0.2	0.25	0.35	0.1

第4步 关闭 "Microsoft Word 中的图表" 工作表，完成图表的插入。在【设计】选项卡下【图表样式】组中选择一种图表样式并输入图表标题 "问题结果统计"，效果如下图所示。

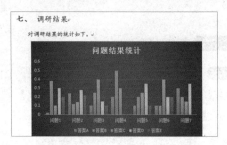

第5步 选择插入的图表，单击【布局】选项卡下【标签】组中【数据标签】按钮，在弹出的下拉列表中【数据标签外】选项。

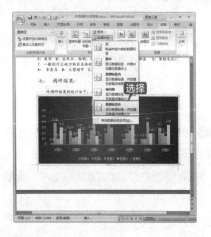

第6步 即可完成添加数据标签的操作，根据需要调整图表的大小，效果如下图所示。

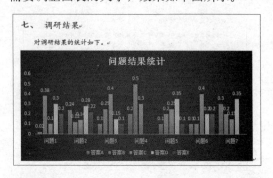

第7步 按【Ctrl+S】组合键保存制作完成的市场调研分析报告文档。最后效果如下图所示。

至此，就完成了市场调研分析报告文档的制作。

18.3 分析员工销售业绩

数据透视表是一种快捷、强大的数据分析方法，它允许用户使用简单、直接的操作分析数据库和表格中的数据。本节介绍使用数据透视表分析员工销售业绩的操作。

18.3.1 设计思路

销售业绩是指开展销售业务后实现销售净收入的结果。将销售人员的销售情况使用表格进

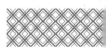

行统计，然后利用数据透视表动态地改变它们的版面布置，以便按照不同方式分析数据，也可以重新安排行号、列标和页字段。每一次改变版面布置时，数据透视表会立即按照新的布置重新计算数据。另外，如果原始数据发生更改，则可以更新数据透视表。例如，可以按季度来分析每个雇员的销售业绩，可以将雇员名称作为列标放在数据透视表的顶端，将季度名称作为行号放在表的左侧，然后对每一个雇员以季度计算销售数量，放在每个行和列的交汇处。

员工销售业绩表中需要详细记录每位员工每段时间的销售情况，为了便于使用数据透视表对销售数据进行分析，最好将数据按照季度或者姓名、员工编号等以一维数据表的形式排列。

18.3.2 知识点应用分析

分析员工销售业绩主要涉及以下知识点。

(1) 创建数据透视表。

(2) 更改数据透视表样式。

(3) 创建数据透视图。

(4) 美化数据透视图。

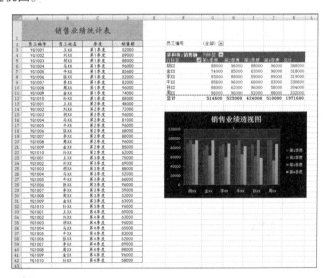

18.3.3 案例实战

使用 Excel 2007 的数据透视表分析员工销售业绩的具体操作步骤如下。

1. 创建数据透视表

第1步 打开随书光盘中的"素材 \ch18\ 销售业绩统计表 .xlsx"文件，选择数据区域的任意一个单元格，单击【插入】选项卡下【表格】组中【数据透视表】按钮的下拉按钮，在弹出的下拉列表中选择【数据透视表】选项。

第2步 弹出【创建数据透视表】对话框，在【请选择要分析的数据】组中单击选中【选择一个表或区域】单选按钮，单击【表／区域】文本框后的 按钮。

第3步 选择 A2:D42 单元格区域，单击 按钮。

第4步 返回【创建数据透视表】对话框，在【选择放置数据透视表的位置】组中单击选中【现有工作表】单选按钮，并选择要放置数据透视表的位置 F4 单元格，单击【确定】按钮。

第5步 弹出数据透视表的编辑界面，工作表中会出现数据透视表，在其右侧是【数据透视表字段列表】窗格。

第6步 在【数据透视表字段列表】窗格中将【员工编号】拖曳至【报表筛选】字段列表中，将【季度】拖曳至【列标签】字段列表中，将【员工姓名】拖曳至【行标签】字段列表中，将【销售额】拖曳至【数值】字段列表中，即可看到创建的数据透视表。

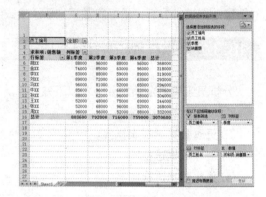

第7步 单击【列标签】后的下拉按钮 ，在弹出的下拉列表中仅选中【第1季度】和【第2季度】两个复选框，单击【确定】按钮。

第8步 即可看到仅显示上半年每位员工的销售情况。

2	员工编号	（全部）		
3				
4	求和项:销售额	列标签		
5	行标签	第1季度	第2季度	总计
6	胡XX	88000	96000	184000
7	金XX	74000	85000	159000
8	李XX	83000	88000	171000
9	刘XX	89000	72000	161000
10	马XX	96000	81000	177000
11	牛XX	85600	96000	181600
12	孙XX	88000	62000	150000
13	王XX	52000	48000	100000
14	张XX	52000	68000	120000
15	周XX	96000	96000	192000
16	总计	803600	792000	1595600

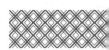

第9步 单击筛选项【员工编号】后的下拉按钮，在弹出的下拉列表中选中【选择多项】复选框，然后选中要搜索的员工编号前的复选框，单击【确定】按钮。

第10步 即可看到筛选出编号为 YG1006 至 YG1010 的员工上半年的销售情况。

第11步 如果要显示所有的数据，只需要再次执行同样的操作，选中【全选】复选框即可。

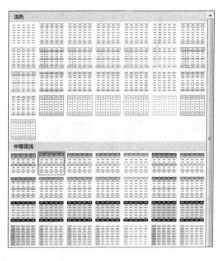

2. 更改数据透视表样式

第1步 选择数据透视表内任意一个单元格，单击【设计】选项卡下【数据透视表样式】组中的【其他】按钮，在弹出的下拉列表中选择一种样式。

第2步 即可将选择的数据透视表样式应用到数据透视表中。

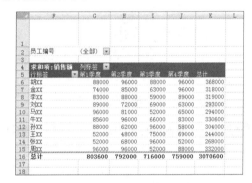

第3步 单击【选项】选项卡下【活动字段】组中的【字段设置】按钮，弹出【值字段设置】对话框，在【计算类型】列表框中选择【最大值】选项，单击【确定】按钮。

第4步 即可在"总计"行和列中分别显示每位员工各季度及各季度中员工销售业绩的最大值。

3. 创建数据透视图

第1步 选择数据透视表中的任意一个单元格，单击【选项】选项卡下【工具】组中的【数据透视图】按钮。

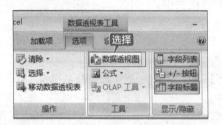

第2步 弹出【插入图表】对话框，选择【柱形图】下的【簇状柱形图】选项，单击【确定】按钮。

第3步 即可根据数据透视表创建数据透视图。

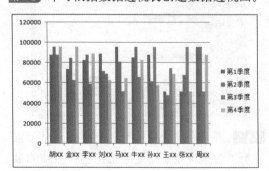

第4步 在【数据透视表字段列表】窗格中单击【求和项：销售额】后的下拉按钮，在弹出的下拉列表中选择【值字段设置】选项，弹出【值字段设置】对话框，更改汇总方式的【计算类型】为"求和"，单击【确定】按钮。

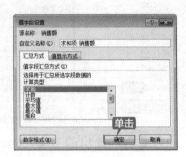

第5步 插入数据透视图之后，将打开【数据透视图筛选窗格】窗格，单击【轴字段】中【员工姓名】下拉按钮，在弹出的下拉列表选择【值筛选】→【大于或等于】选项。

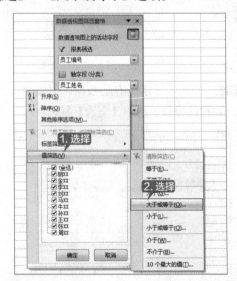

第6步 弹出【值筛选】对话框，设置值为"300000"，单击【确定】按钮。

第7步 即可仅显示出年销售额大于300000的员工及其各季度销售额。

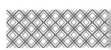

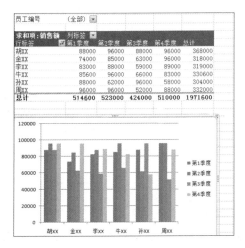

第8步 单击【数据透视图筛选窗格】窗格中【轴字段】的【员工姓名】下拉按钮，在弹出的下拉列表中选择【值筛选】→【清除筛选】选项，即可显示所有数据。

4. 美化数据透视图

第1步 选择插入的数据透视图，单击【设计】选项卡下【图表样式】组中的【其他】按钮 ，在弹出的下拉列表中选择一种样式，即可更改数据透视图的样式。

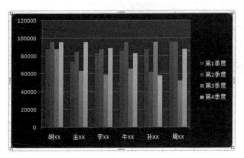

第2步 选择数据透视图，单击【布局】选项卡下【标签】组中【图表标题】按钮的下拉按钮，在弹出的下拉列表中选择【图表上方】选项。

第3步 即可在数据透视图上方显示【图表标题】文本框，输入"销售业绩透视图"文本，即可完成添加图表标题的操作。

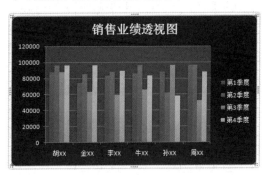

第4步 至此，就完成了使用数据透视表分析员工销售业绩的操作，最后只需要将制作完成的工作表进行保存即可。

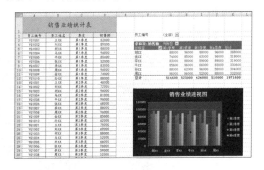

18.4 制作项目推广 PPT

项目推广 PPT 通俗来讲就是将公司新项目（或产品）中的内容向客户群体进行推广，是市场营销部门经常制作的演示文稿类型。本节使用 PowerPoint 2007 制作一份 ×× 楼盘的项目推广 PPT。

18.4.1 设计思路

项目推广是指企业项目（产品）研发后进入市场所经过的一个阶段，需要借助于一定的网络工具和资源，通过多种途径（如信息发布推广、搜索引擎推广、电子邮件推广、资源合作推广等方法）进行项目的推广，扩大消费群体的认知度。

为此，需要在前期制作一份详细的项目推广 PPT，在其中可以介绍公司新项目、制定推广途径并介绍详细的推广时间安排及各个部分的负责人等。

要制作一份好的 ×× 楼盘项目推广 PPT 可以按照以下思路设计。

(1) 制作 PPT 首页。

(2) 制作项目概述、居住特点幻灯片页面。

(3) 制作客户群体、户型解析幻灯片页面。

(4) 制作推广渠道、推广时间及安排幻灯片页面。

(5) 制作其他幻灯片页面。

18.4.2 知识点应用分析

制作项目推广 PPT 主要包括以下知识点。

(1) 设置幻灯片主题。

(2) 设置文本的字体和段落样式

(3) 插入并设置艺术字。

(4) 插入自选图形。

(5) 插入表格和图表。

(6) 插入 SmartArt 图形。

(7) 设置切换及动画效果。

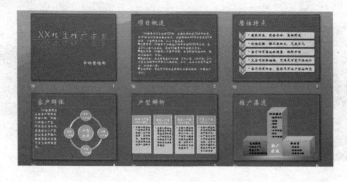

18.4.3 案例实战

制作项目推广 PPT 的具体操作步骤如下。

1. 设置幻灯片主题

第1步 新建演示文稿文档,并将其另存为"项目推广 PPT.pptx",并删除页面中的所有占位符。

第2步 单击【设计】选项卡下【主题】组中的【其他】按钮 ▼,在弹出的下拉列表中选择一种主题样式。

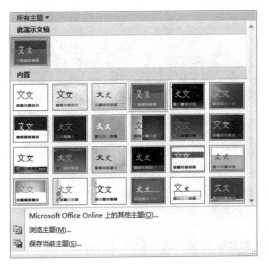

第3步 设置 PPT 主题后的效果如下图所示。

2. 制作 PPT 首页

第1步 删除首页中的文本占位符,单击【插入】选项卡下【文本】组中的【艺术字】按钮 ▲艺术字▼,在弹出的下拉列表中选择一种艺术字样式。

第2步 即可在幻灯片页面中插入【请在此键入您自己的内容文字】艺术字文本框,删除文本框中的文字,输入"××楼盘推广方案"文本。

第3步 选择输入的艺术字文本，设置其【字体】为"华文新魏"，【字号】为"80"，效果如下图所示。

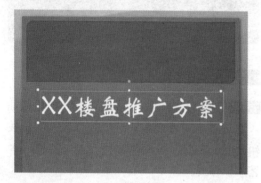

第4步 单击【格式】选项卡下【艺术字样式】组中【文本轮廓】按钮的下拉按钮，在弹出的下拉列表中设置颜色为"蓝色"。

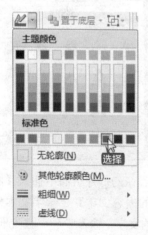

第5步 单击【格式】选项卡下【艺术字样式】组中【文字效果】按钮的下拉按钮，在弹出的下拉列表中选择【映像】→【全映像，8pt 偏移量】选项。

第6步 根据需要调整艺术字文本框的位置，效果如下图所示。

第7步 绘制横排文本框，输入"市场营销部"文本，并根据需要设置文字的样式及文本框的位置，效果如下图所示，完成首页制作。

3. 制作"项目概述"幻灯片页面

第1步 新建"仅标题"幻灯片页面，在标题文本框中输入"项目概述"文本，设置【字体】为"华文新魏"，【字号】为"60"，并设置【对

齐方式】为"左对齐"，效果如下图所示。

第2步 绘制横排文本框，打开随书光盘中的"素材\ch18\项目推广.txt"文件，并将"项目概述"下的文本内容粘贴至幻灯片页面的文本框中，设置【字体】为"华文新魏"，【字号】为"24"，并根据需要调整文本框的位置，效果如下图所示。

第3步 选择文本框中第一段文本内容，单击【开始】选项卡下【段落】组中的【段落】按钮，在【段落】对话框中设置【特殊格式】为"首行缩进1.7厘米"，单击【确定】按钮。

第4步 选择其余的文本，单击【开始】选项卡下【段落】组中【项目符号】按钮的下拉按钮，在弹出的下拉列表中选择一种项

目符号样式。

第5步 添加项目符号后的效果如下图所示。

4. 制作"居住特点"幻灯片页面

第1步 新建"仅标题"幻灯片页面，在标题文本框中输入"居住特点"文本，设置【字体】为"华文新魏"，【字号】为"60"，并设置【对齐方式】为"左对齐"，效果如下图所示。

第2步 单击【插入】选项卡下【插图】组

中的【SmartArt】按钮 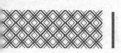，弹出【选择SmartArt 图形】对话框，选择【列表】中的【垂直 V 形列表】样式，单击【确定】按钮。

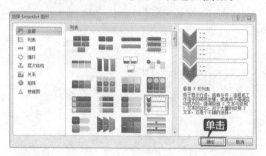

第3步 即可插入 SmartArt 图形，输入相关内容，效果如下图所示。

第4步 选择最后的一个形状，单击【设计】选项卡下【创建图形】组中【添加形状】按钮的下拉按钮，在弹出的下拉列表中选择【在后面添加形状】选项，在下方添加新形状。

第5步 使用同样的方法再次插入形状并输入相关内容，然后根据需要设置文字的样式，

效果如下图所示。

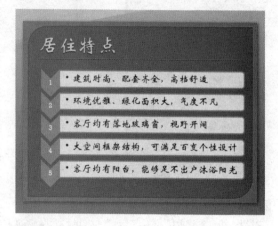

第6步 选择插入的 SmartArt 图形，单击【设计】选项卡下【SmartArt 样式】组中【更改颜色】按钮的下拉按钮，在弹出的下拉列表中选择【彩色】组中的第 2 种样式。

第7步 单击【设计】选项卡下【SmartArt 样式】组中【其他】按钮 ，在弹出的下拉列表中选择【三维】组中的【优雅】样式

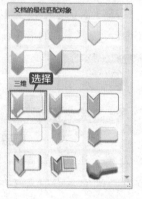

第8步 制作完成后的效果如下图所示。

5. 制作"客户群体""户型解析"幻灯片页面

第1步 新建"仅标题"幻灯片页面，在标题文本框中输入"客户群体"文本，设置【字体】为"华文新魏"，【字号】为"60"，并设置【对齐方式】为"左对齐"，效果如下图所示。

第2步 输入正文内容，然后插入"射线循环"SmartArt 图形样式，并输入相关内容，效果如下图所示。

第3步 新建"仅标题"幻灯片页面，在标题文本框中输入"户型解析"文本，设置【字体】为"华文新魏"，【字号】为"60"，并设置【对齐方式】为"左对齐"，效果如下图所示。

第4步 重复插入 SmartArt 图形的操作，输入相关内容并对图形进行美化操作，效果如下图所示。

6. 制作其他幻灯片页面

第1步 新建"仅标题"幻灯片页面，在标题文本框中输入"推广渠道"文本，设置【字体】为"华文新魏"，【字号】为"60"，并设置【对齐方式】为"左对齐"，效果如下图所示。

第2步 单击【插入】选项卡下【插图】组中【形

状】按钮的下拉按钮，在弹出的下拉列表中选择【立方体】形状。

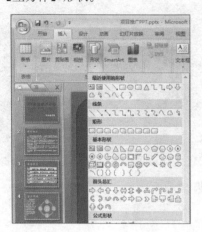

第3步 在幻灯片页面中绘制一个立方体，在绘制的立方体上单击鼠标右键，在弹出的快捷菜单中选择【编辑文字】选项。

第4步 根据需要在其中输入"推广渠道"，设置字体格式，并在【格式】选项卡下【形状样式】组中设置形状样式，效果如下图所示。

第5步 使用同样的方法绘制其他自选图形并设置形状样式，然后输入文本内容，效果如下图所示。

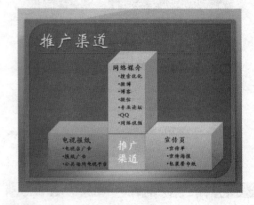

第6步 新建"仅标题"幻灯片页面，输入"项目推广时间及安排"文本，效果如下图所示。

第7步 单击【插入】选项卡下【表格】组中的【表格】按钮，在弹出的下拉列表中选择【插入表格】选项，在弹出的【插入表格】对话框中设置【列数】为"5"，【行数】为"4"，单击【确定】按钮。

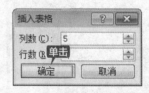

第8步 即可在幻灯片页面中插入表格。调整表格的位置并选择插入的表格，单击【表格工具】→【设计】选项卡下【表格样式】组中的【其他】按钮，在弹出的下拉列表中选择一种表格样式。

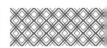

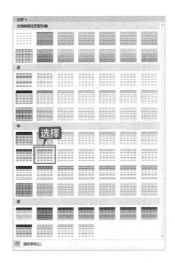

第9步 即可改变表格的样式。根据需要在表格中输入内容，并调整字体样式及表格的大小，效果如下图所示。

第10步 新建"空白"幻灯片页面，插入艺术字"谢谢欣赏！"，并根据需要调整字体及字号，效果如下图所示。

7. 添加切换和动画效果

第1步 选择要设置切换效果的幻灯片，这里选择第1张幻灯片，单击【动画】选项卡下【切换到此幻灯片】组中的【其他】按钮 ，在弹出的下拉列表中选择【擦除】组中的【向右擦除】效果，即可自动预览该效果。

第2步 在【切换到此幻灯片】组中单击【切换速度】按钮后的下拉按钮，在弹出的下拉列表中选择【慢速】选项；单击【全部应用】按钮将设置的切换效果应用至所有幻灯片页面。

第3步 选择第1张幻灯片中要创建"进入"动画效果的文字。

第 4 步 单击【动画】选项卡【动画】组中的【自定义动画】按钮 ，打开【自定义动画】窗格，单击【添加效果】按钮，在弹出的下拉列表中选择【进入】→【飞入】选项，创建"进入"动画效果。

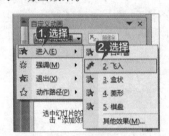

第 5 步 在下方即可看到添加的动画效果，设置【方向】为"自顶部"，设置【速度】为"慢速"，完成动画效果的设置。

第 6 步 使用同样的方法为其他内容设置动画效果。至此，就完成了项目推广PPT的制作，效果如下图所示。

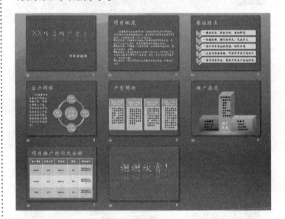